MCGS串口通信
从入门到精通实例教程

张辉 著

MCGS CHUANKOU TONGXIN
CONG RUMEN DAO JINGTONG SHILI JIAOCHENG

U0194829

化学工业出版社

·北京·

内 容 简 介

本书按照开发者的学习习惯，结合作者多年潜心开发实践和技术服务经验，通过丰富的应用实例，详尽介绍了通过不同电平接口的 Modbus RTU 指令及 MCGS 组态指令与各串口仪表进行通信的具体细节与核心技术。书中为读者展示了利用 MCGS 平台微型系统开发的全过程和外围串口通信的编程细节，包括 McgsPro 组态软件安装与调试，通过 TTL、RS-232 和 RS-485 接口与模拟输入输出仪表、数字输入输出仪表的串口通信，Modbus RTU 指令和 MCGS 的组态。书中所有的脚本程序都经过严格的审核、校对、调试与运行，所有的程序实例、源代码、测试工具、组态软件和微视频可以扫描书中二维码随时学习。同时为方便教学，本书配套教学课件。

本书可供自动化、计算机应用、电子信息、机电一体化、测控仪器等专业的技术人员和学生参考，也可作为工科相关专业的教材。

图书在版编目（CIP）数据

MCGS 串口通信从入门到精通实例教程 / 张辉著 .
北京：化学工业出版社，2024. 11. -- ISBN 978-7-122-
35984-1

Ⅰ. TN91

中国国家版本馆 CIP 数据核字第 20244E6N41 号

责任编辑：刘丽宏
文字编辑：袁玉玉　袁　宁
责任校对：宋　夏
装帧设计：刘丽华

出版发行：化学工业出版社（北京市东城区青年湖南街 13 号　邮政编码 100011）
印　　装：大厂回族自治县聚鑫印刷有限责任公司
787mm×1092mm　1/16　印张 15　字数 352 千字
2025 年 2 月北京第 1 版第 1 次印刷

购书咨询：010-64518888
售后服务：010-64518899
网　　址：http://www.cip.com.cn
凡购买本书，如有缺损质量问题，本社销售中心负责调换。

定　　价：78.00 元

前 言

当今世界，万物互联已成为一种趋势，采用 TTL、RS-232 和 RS-485 等串行通信接口的数字传感器正日益替代传统模拟传感器。串口以其优越的性价比和高效的灵活性广泛应用于科研、教学、交通、银行、物流、医疗、环保、冶金、化工等各个领域，普遍存在于智能仪表、手持便携仪器、人机交互界面和远程操控终端等设备中。

MCGS 及本书
学习说明

为了拓展串口通信应用范围与适应社会需求，本书详尽介绍不同电平接口的 Modbus RTU 指令及 MCGS 组态指令，使读者专注学习关键实用技术。

本书共十七章，分四部分讲解。第一部分入门篇由三章构成，主要讲解基础知识、基本概念、常用调试工具和组态软件，包括 McgsPro 组态软件、软件安装与调试、串行通信接口、数据编码方式、数据调制方式、数据传送方式、数据传输速率、串行通信接口标准、串口调试助手和循环冗余校验码等，该部分是串口技术应用的根本与基础。后三部分讲述通过 TTL、RS-232 和 RS-485 接口与模拟输入输出仪表、数字输入输出仪表通信的 Modbus RTU 指令和 MCGS 组态案例，详细解析 SetDevice 读写指令。为了保证各个章节案例的独立性与完整性，每个章节自成体系，内容表述详尽，使读者快速习得章节内容与核心技术。

本书重点讲解 Modbus RTU 协议，通过不同功能码对仪表输入继电器、输出继电器、输入寄存器和输出寄存器进行读写操作，快速与串口仪表建立通信，在此基础上拓展至 McgsPro 组态软件的 SetDevice 通信指令，在读写不同寄存器区域单个寄存器和多个寄存器方面列举了大量实例，并对指令构造过程详细论述。书中所有的脚本程序都经过严格的审核、校对、调试与运行，有助于读者在短时间内掌握串口通信编程技术，以碎片时间成本获得高倍技术效益。该书所有的程序实例、源代码、测试工具、组态软件和微视频均可在化学工业出版社官网资源下载平台免费下载，方便读者浏览、阅读和学习。

笔者精心设计和完成了每个章节的逻辑架构、仪表选型、通信测试、组态开发、文稿撰写、图表制作、格式编排、美工润色和审核校对等。厦门亨立德电子有限公司黄文通和江振斌提供了技术帮助，在该书章节架构方面给予了大量建议和意见，并定制开发了各章节不同型号硬件仪表，在此表示衷心感谢！

因笔者水平有限，书中难免有不足之处，敬请读者批评指正！望有志者利用闲暇时间坚持学习与积累，在各自领域学有所成，为社会贡献力量。

著者

公众号　　　　　　本书课件　　　　　　本书案例源程序

目 录

第1章

认识 MCGS

MCGS 是 Monitor and Control Generated System 的缩写，即监视与控制通用系统，是深圳昆仑技创科技开发有限责任公司基于 WinCE 和 Linux 操作系统开发的应用软件，包括 MCGSE 和 McgsPro 两个版本。MCGSE 基于 WinCE 操作系统，"MCGSE"中的字母"E"是英文单词"Embedded"的首字母，表示嵌入版；McgsPro 基于 Linux 操作系统，表示专业版。因此，MCGS 是运行在人机界面上的一种组态软件。

1.1 HMI人机界面

HMI 是 human machine interface 的缩写，即人机接口，又称人机界面或用户界面。HMI 由硬件和软件组成，是连接变频器、智能仪表、直流调速器、可编程逻辑控制器等外部工业控制设备，通过触摸屏、键盘、鼠标等输入操作指令或操作参数，利用显示屏显示操作界面，实现人与机器交互的数字设备。它能够完成人类信息与机器信息的转换，充当人类世界与机器世界的"翻译"。

1.1.1 HMI的构成

HMI 组成结构如图 1-1 所示，包括硬件与软件两部分。HMI 的硬件为触控屏计算机（touch panel computer，TPC），包括处理器、存储单元、显示单元、输入单元、输出单元、电源单元和通信接口等。处理器是 HMI 的核心单元，分为 8 位、16 位和 32 位，位数越大，产品性能越高。存储单元包括内存、SD 卡和 U 盘等。显示单元指液晶显示屏。输入单元包括键盘、鼠标、操作杆和触摸屏等。输出单元包括打印机、外接显示器等。通信接口种类多样，主要包括 USB、WiFi、网口、串口、4G、蓝牙、射频和红外等。HMI 的软件包括两部分：一部分是运行于 HMI 硬件中的操作系统，例如 WinCE、Linux 或安卓；另一部分是运行在这些操作系统上的 HMI 应用程序。首先在 PC 机的 Windows 操作系统上运行组态软件（例如 MCGSE、McgsPro 等），然后通过组态软件制作工程文件，最后，将工程文件通过 PC 机与 HMI 之间的网络接口或 U 盘下载到 HMI 中，工程文件在 HMI 处理器中运行时称为应用程序。

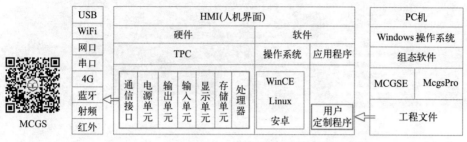

图 1-1　人机界面组成结构图

　　HMI 起到了"承上启下"的作用：将变频器、单片机、智能仪表、数据采集卡、可编程逻辑控制器等下位机中的数据显示在触摸屏上，实现可视化；同时将上位机或操作者"人"的指令"下达"给下位机，完成"上"指令的执行和"下"数据的传达。上位机与下位机通过 HMI 实现点到点的通信，因此，HMI 起到了媒介的作用。

　　人机界面与智能仪表通信过程如图 1-2 所示。HMI 中定义的变量通过 HMI 通道传给通信单元，再通过串口或网口等通信接口与下位机的智能仪表建立通信链路，智能仪表通过自身的通信单元将数据解包，根据数据包内容对单片机中对应的寄存器进行读取或写入，实现上位机与下位机的基本通信功能。

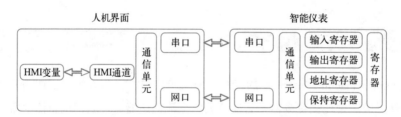

图 1-2　人机界面与智能仪表通信示意图

1.1.2　HMI 的功能

　　HMI 能实现的功能多种多样，主要包括以下内容。

（1）状态显示

　　各仪表设备的工作情况通常采用状态显示进行监测。例如，用指示灯表示设备是否处于运行模式，用数字显示测量参数的大小，用图形区分料罐是否处于充满状态，用动画表示工作进度等。状态显示是 HMI 的基本功能之一，能够帮助操作者实时了解设备或生产的现状。

（2）曲线显示

　　状态显示具有实时性，能够观察当前情况的特点，如果要获得过去时间的数据，则需通过曲线的方式表示。常用的曲线包括实时曲线、XY 曲线和历史曲线。实时曲线是以时间为单位，显示最近几分钟、几小时内的数据；XY 曲线是以用户关心的自变量与因变量作图，例如，生产产品的件数与生产人数之间的关系；历史曲线表示较长时间内的数据，仍以时间为自变量，从中可以观察几个月，甚至几年参数的变化规律，有利于辅助分析和决策。

（3）报警功能

当参数超过预设值时，必须给操作者提供必要的警示，包括声音、颜色、闪烁或文字提示等。实时报警是对参数值的及时检测与通告；如果用户没有及时处理，报警信息会加入列表中形成表格，通过报警滚动条可以查看各个时刻和位置处的报警信息；大量的报警信息汇集起来形成历史报警。警示本质上是对操作参数超过设定值的一种预告和记录，有可能是环境造成的，也有可能是工艺流程引起的，这些警示信息都将为用户后续分析原因提供数据支持。

（4）参数设置

参数设置主要包括开关类、数值类和字符类。开关类用于表示两个状态，相当于 0 和 1，例如，灯的亮与灭、阀门的开与闭以及继电器的通与断等；数值类相当于多个离散值，例如，加热炉控制温度的设定、储气罐内压力的预设和浓度阈值的界定等；字符类多用于用户熟悉的分类，是数值类的文字描述，供用户选择输入，例如，热电偶的类型、物料的选择和添加剂的种类等。

（5）设备组网

HMI 利用硬件接口，例如串口、网口、WiFi 和 4G 等与网络服务器、智能仪表和可编程逻辑控制器等设备通信，实现在局域网或广域网传输信息，扩大 HMI 应用范围。这也是网络云服务的发展趋势，利用服务器的高算力和智能算法分析能力，为终端控制提供优化的控制参数。

（6）配方管理

配方管理是指工艺过程中的运行参数、优化条件和调度数据等中间过程指标（例如，炉温控制过程中的比例系数、积分系数、微分系数和控温阈值等），存储在 HMI 数据构件中，可以实时调用修改、运行或导入导出。

（7）数据处理

HMI 内含处理器，可以进行终端数学运算、逻辑判断、算法分析和决策支持等，通过在线信息获取直接参与控制，处理实时发生的故障和问题，完成上位机设定参数的控制，具有较强大的数据处理能力和分析能力。

（8）数据记录

设备运行状态、操作流程、报警信息和历史数据等在参数优化、过程诊断和故障分析过程中需要作为分析依据的数据，需要及时存储在硬盘或网络服务器中。

（9）打印输出

HMI 设备通过蓝牙、网口、串口、WiFi 和 USB 等接口连接微型打印机、手持打印机、网络打印机或 USB 打印机，打印货物清单、收据、票据和测试报告等信息，便于数据存档、资料查阅和信息检索等。

1.1.3　HMI 的应用

HMI 在社会各行各业中以高性价比特性占据着重要地位，广泛应用于厂矿、实验研究、教学展示、技能培训和终端零售等领域，具体分类如下。

（1）包装机械

充填包装设备、纸箱包装设备、食品包装机设备、灌装机、封箱开箱机和物流分拣设备等。

（2）食品机械

蛋糕注浆机、灌肠机、果蔬加工设备、厨房设备和制冷设备等。

（3）暖通制冷

供暖监控、热换机组、空调设备、冷水制冷设备和深冷设备等。

（4）环保设备

脱硝脱硫设备、污废处理设备、臭气处理设备、水质监测设备、水净化设备和垃圾分拣设备等。

（5）能源行业

电能质量管理设备、光伏设备、储能设备、光热设备和充电桩等。

（6）楼宇自控

照明系统、恒压供水系统、消防巡检系统、温湿调节系统和室内富氧系统等。

（7）电子设备

半导体设备、贴片机、焊接设备、切割设备和打胶设备等。

（8）石油化工

反应釜、发酵罐、抽油机和其他化工设备等。

（9）气体设备

制氮机、制氧机、气体分离装置、气调保鲜设备、气体分析仪和气体报警系统等。

（10）智慧农业

自动浇灌设备、温湿度控制设备、土壤墒情监测设备、果实采摘设备、定距播种设备、秸秆打包设备、果蔬清洗设备、产品包装设备、遥控杀虫设备和虫害监测设备等。

1.2　MCGS软件

PC机将编写调试好的工程文件下载到HMI终端，工程文件在HMI操作系统中运行成为可执行的应用程序。因此，在PC机中要安装编辑和编译工程文件的应用软件，这种应用软件称为组态软件，即MCGSE和McgsPro。MCGSE生成的工程文件运行在WinCE嵌入式操作系统上，称为嵌入版；McgsPro生成的工程文件运行在Linux操作系统上，称为专业版。

1.2.1　嵌入版MCGSE

深圳昆仑技创科技开发有限责任公司的官网提供不同类型产品参数信息，拨打客服电话可获得软件安装包，解压"MCGS安装包_7.7.1.7_V1.3.rar"压缩包到硬盘，安装成功后在桌面上显示图1-3所示的图标。

软件安装

图1-3 MCGSE 组态环境与 MCGSE 模拟运行环境快捷方式图标

目前，MCGSE 组态环境和 MCGSE 模拟运行环境两款软件已经停产，其老客户仍可获得相应软件服务。MCGSE 是基于 Arm 芯片和 WinCE 嵌入式操作系统的组态软件，其工程名字为"*.mce"，可以理解为"Monitor and Control Embedded"的首字母组合。

嵌入版 MCGSE 开发的工程文件，如果需要转换为专业版 McgsPro，可参考以下基本步骤：

① 在 PC 机上同时安装 MCGSE 和 McgsPro 两款组态软件；

② MCGSE 仅支持 7.7.1.7 版本转换为 McgsPro，不支持其他嵌入式版本转换；

③ 工程转换过程不可逆，转换前可对原工程文件备份，也可以将转换工程后的备份文件".old"修改为".mce"文件打开；

④ 旧版本工程文件运行在 WinCE 系统，新版本工程文件运行在 Linux 系统，新旧版本软件使用的函数、构件、驱动差别较大，需要根据错误提示一个一个地修改。

1.2.2 专业版 McgsPro

① 在 MCGS 官网下载"McgsPro 3.3.6 6354 SP1.3 组态软件安装包"到硬盘；

② 安装组态软件时应关闭杀毒软件、防火墙，避免部分插件安装失败；

③ 安装时如提示"文件被锁定"，应关闭已打开的 MCP 文件后重新安装；

④ U 盘格式仅支持 FAT32，屏设置为主口模式；

⑤ 组态软件支持 Win7 及以上版本，不支持 WinXP 版本；

⑥ 此版本用于 E1/B 系列时仅支持 3.5.1.8002 及以上的运行环境，如人为降低运行环境，应联系代理获取"运行环境升级包"；

⑦ 将组态软件安装包解压后，双击 setup.exe 程序进行安装，软件安装完毕后在桌面显示如图 1-4 所示的图标。

图1-4 McgsPro 组态软件与 McgsPro 模拟器快捷方式图标

McgsPro 组态软件开发的工程文件为"*.mcp"，可以理解为"Monitor and Control Pro"的首字母组合。与"McgsPro 组态软件"对应的是"McgsPro 模拟器"软件，首先下载"McgsPro 3.3.6 7041-SP1.3 运行环境升级包"到硬盘，运行环境升级包使用方法如下：

① 下载软件标准发布版本；

② 解压运行环境升级包后，将 tpcbackup 文件拷至 U 盘根目录；

③ 将 U 盘插入屏端，根据提示进行环境升级。

1.3 组态体系结构

双击桌面"McgsPro 组态软件"图标，从"文件（F）"下拉菜单中选择"打开工程（O）"，选择某个工程文件，然后点击"打开（O）"按钮，主界面如图 1-5 所示。McgsPro 运行在 Windows 平台，支持 Win7 及以上版本，例如，Win8、Win10 和 Win11 等系统。工程文件组态完毕后，可以模拟测试，相当于调试（debug）版本，发现并解决问题后即可下载到 HMI 设备，此时相当于发行（release）版本。

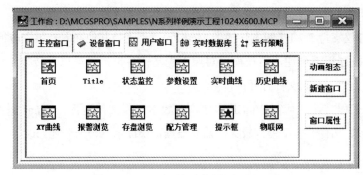

图 1-5　McgsPro 组态软件运行主界面图

McgsPro 的主界面包括主控窗口、设备窗口、用户窗口、实时数据库和运行策略五大部分，这五大部分构成了组态软件的体系结构，各部分的相互关系如图 1-6 所示。设备窗口处于体系结构的基础层，负责硬件驱动、通信协议、链路控制的组织与管理，与外部设备进行信息交换，是连接 HMI 与外部设备的纽带；实时数据库为中间层，在变量与变量、变量与信道间交换数据，在组态内部起到承上启下、上传下达和运算存储等的作用；用户窗口、主控窗口和运行策略处于人机交互界面层，方便用户观察、分析和操作，同时运行相应的控制算法对工艺过程进行控制。

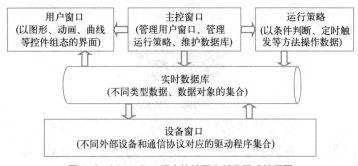

图 1-6　McgsPro 组态软件五大部分组成关系图

1.3.1 主控窗口

主控窗口是 McgsPro 的中枢。从图 1-6 可以看出，主控窗口负责控制用户窗口、实时数据库和运行策略，主控窗口的箭头全部指向外部，说明主控窗口的指令是控制这三个窗口。

主控窗口好比企业的管理系统，起到调度分配的功能。以超市为例：主控窗口相当于超市管理部门，负责商品的物流、入库、出库、销售、统计等；点心、饮料、水果、蔬菜、海鲜、衣服等商品相当于数据，存放在库房（实时数据库）。时逢节假日，管理部门（主控窗口）预先将大量商品（数据）运送到销售区，这个过程相当于执行应对节假日这一特殊情况（运行策略）；商品被贴上各式各样的打折标签，摆放在显眼的位置（用户窗口）。管理部门（主控窗口）就是调度中心，在时间和空间上协调各部分间的关系，即哪个商品（数据）在什么时间放在什么位置（用户窗口）。因此，主控窗口起到了"管家"的作用。

上述分析了组态软件的体系结构，从中可以看出组态的思想：将不同功能的模块分类，放在五个不同的结构中，用户只要根据工艺流程将不同的要素分在不同的结构中，再将它们匹配连接在一起，就构成了人 ⟷ 界面 ⟷ 机的结合，使数据信息流（状态信号、数据信号、控制指令等）在人 ⟷ 界面 ⟷ 机之间相互传递，组织形成一个监测与控制的整体，即实现"组态"的过程。

1.3.2　设备窗口

设备窗口负责输入与输出操作，从外部硬件设备读取数据或向外部执行器发送控制信号，好比人的眼睛、耳朵、鼻子和皮肤等感应器官以及手、脚等执行器官。设备窗口设置的是各种硬件设备的驱动，比如数据采集卡、智能仪表、可编程逻辑控制器、继电器模块、称重仪表和变频器等设备。为了与各种设备相连，必须要有设备的驱动，这样软件才能操控硬件。驱动程序就是与硬件配套的操控代码，不同公司的设备有不同的驱动程序，类似于计算机声卡、网卡等的驱动程序。如果组态软件连接的设备没有驱动，或者提供了通信协议，比如串口协议和指令格式，但是并没有提供相应的驱动，这时用户无法使用该设备，需要组态软件开发人员编写驱动程序或在组态软件中嵌入脚本程序，两者作用是相同的。驱动程序对代码进行了封装，保证了商业秘密；嵌入脚本程序灵活，但是会导致代码外泄。本书将全面完整地对各种各样的串口外部设备进行分类、归纳和案例分析，让读者轻松掌握底层驱动的开发过程。

1.3.3　用户窗口

用户窗口是一种以图形、表格和曲线等形式展现数据的平台，是人机交互界面，用户"人"与外部设备"机"之间通过这一界面进行信息交互。例如，将采集的数据以曲线显示，这一过程体现的是数据随时间的变化情况；将数据以柱状图展示，这表现的是数据之间的相互关系；将数据以饼状图示意，这给出的是部分与整体的关联。总之，没有用户窗口，相当于少了一个会话层的展示接口，至于底层如何从设备采集数据，如何去执行用户的按键指令和程序指令，用户并不关心，这就是现在人机交互的优势，让用户脱离底层复杂的编码过程，使控制过程更加专业化和模块化。所以，用户窗口需要由用户进行界面设计、构件布置、数据关联，真正体现组态软件"配置"的这一理念。这样做的目的是使用户窗口中的图、表、曲线、字符、动画等要素组成一幅完整的"画"面，并能够实时动态地反映工艺流程的变化，将此"画"（触摸屏展示的动画）与彼"画"（运行的工艺流程）实时地联系在一起。

1.3.4 实时数据库

实时数据库强调实时与库的概念，实时就是步调一致地与外部设备进行数据交换，或者从外部设备读入数据，或者向外部设备输出数据，而输入输出的数据要存储在一个库中，这个库是由若干个数值型、开关型、字符型等结构变量组成的集合。数据库相当于一个纽带，将硬件设备与上层软件监控界面连接在一起，向下可以与硬件设备实时更新数据，向上可以将数据输送到监控界面，所以数据库承担的是桥梁的作用，但是数据以何种方式进行组织，是排好序再上传，还是求出最大值再上传，这些都是由运行策略来完成的。

1.3.5 运行策略

运行策略相当于数据的组织方法，数据放到了库中，是杂乱无章的，必须经过分类和整理，按一定的规范和格式输出。比如将数据按从小到大的顺序排列起来，然后再输出到监控界面；或者将某一段有用的数据截取出来；还可能将不同位置的字节取出来重新组合等。运行策略相当于一种组织方式和管理手段，类似于行政部门的组织部，组织部的作用是"人尽其才"，目的是将"人"这一数据放到合适的位置，让其发挥最大的作用。运行策略的方便之处在于其能提供灵活的脚本语言，用户可以用语句、指令和函数编写各种程序代码完成特定功能，所以运行策略是一个"大家庭"，每一种具有某种功能的代码都称为一个"策略"，与高级语言中的过程、函数等相似，这些各司其职的策略组合在一起，就构成了整个系统的运行策略。实际上，其相当于执行功能的集合体。如果把组态软件比作一个人，运行策略就是人的各式各样的动作，比如走路、跑步、跳远、攀岩、吃饭、喝水和读书等。

第2章

初识串口

什么是串口？串口就是串行通信接口（serial communication port）。众所周知，中央处理单元（central processing unit，CPU）与外部设备之间的连接与数据交换需要通过接口电路来实现，由于外部设备种类繁多，其对应的接口电路也各不相同，因此，习惯上将这些连接CPU与外部设备的接口电路统称为输入/输出（input/output，I/O）接口。串口是输入/输出接口的一种，它是采用串行通信协议（serial communication protocol）在一条信号线上将数据一比特一比特逐位进行传输的通信模式，所以又称串行通信接口，也称为COM接口。实际上，串口类似于人类社会中的铁路、航道和公路等交通线路，在这些交通线路上来回穿梭的是火车、飞机和汽车等交通运输工具。将货物从一个源头（源）经过交通线路（路径）运到另一个目的地（汇），货物是被运输的介质，相当于计算机中要传输的数据，货物的流动过程形成"物流"。计算机中发送数据的机器称为发送器，接收数据的机器称为接收器，数据流动形成"数据流"，数据的传输过程称为"通信"。这样看来，计算机就是人类社会的一个缩影，而串口可以理解为一种单行道和双行道。单行道类似于独木桥，某个时间段只允许从一个方向向另一个方向行进。双行道虽然有两条路，但是方向相反，对于每一条路，任一时刻只能有一辆车行驶，可以将其形象地理解为"糖葫芦"。山楂相当于数据，竹签相当于路径，山楂只能一个一个前后"鱼贯而行"，一根竹签不可能并行穿两个山楂，这种通信方式就称为串行通信。如果同一时刻有两个或两个以上数据通过，就称为并行通信，类似于公路中的双行道、三行道等，同时沿一个方向可以允许多辆车并行。

2.1 通信接口

通信接口是指串口的接口电路与连接引脚，人们看不到接口电路，经常看到串口引脚。串口引脚有25针、9针、3针和2针等几种规格。串口刚出现时，采用25个引脚，包括电压信号引脚、电流信号引脚、数据引脚、备用引脚等；后来随着计算机的发展，一些电流信号引脚被省略，成为只有电压信号引脚的标准 9 针串口；后来又出现仅有 3 个数据引脚的 TTL 和 RS-232 接口；最后，出现了依靠 2 个数据引脚的差压信号通信的 RS-485 接口。

目前，串口的接口形式主要分为三大类。第一类是标准 9 针串行通信接口，这种接口除了使用第 2 引脚、第 3 引脚和地线进行数据通信外，还可以将剩余的引脚用于控制，以前使用电话线路进行通信的调制解调器（modulator-demodulator，MODEM）就是采用这种方式。第二类为 TTL 串行通信接口，这类接口主要用于单片机，因为单片机的电压一般为 3.3 V 或 5.0 V，不需要加转换芯片。第三类为 RS-485 串行通信接口，用于上位机与多台或多个地址的下位机进行通信，可以一对多。但是，台式机的机箱后方只有一个 9 针串口，如果用户使用第二个、第三个串口，或者用笔记本电脑连接串口，必须安装转换器，如图 2-1 所示。USB 接口包括 USB 转 RS-232、USB 转 RS-485 和 USB 转 TTL。这类转换器品种繁多，图 2-1 中列出了各类转换接口，用户应根据需要购置和安装。每种转换器内部芯片不同，兼容的操作系统也有差别，在购置前一定要确定好使用环境和功能再进行选型。

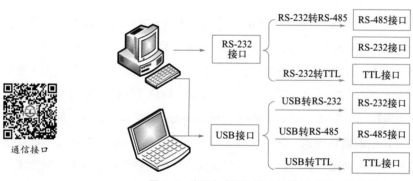

图 2-1　常用台式机与笔记本电脑串行接口转换图

2.1.1　9针接口

图 2-2 为常用的标准 9 针串口，简称 DB-9（data bus connector），也是简化 RS-232 接口的完整版。DB-9 接头有两种：一种为针状接头，称为公头（male connector），如图 2-2（a）所示；另一种为孔状接头，称为母头（female connector），如图 2-2（b）所示。

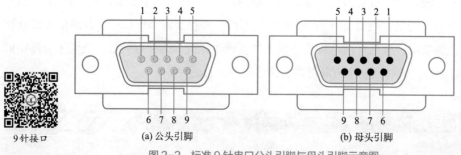

(a) 公头引脚　　　　　　　(b) 母头引脚

图 2-2　标准 9 针串口公头引脚与母头引脚示意图

公头的 9 个引脚排成两排，上排为 5 引脚，下排为 4 引脚。将 5 引脚一排向上，4 引脚一排向下放置，引脚的编号从 5 引脚一排的左侧开始，第一个引脚为 1，第二个引脚为 2，以此类推，当编至 5 时从 4 引脚一排的左侧开始编为 6，然后是 7、8，一直到第 9 个引脚。母头的编号正相反，将 5 孔一排向上，4 孔一排向下放置，编号从每一排右侧开始，第 1 个孔为 1，第 2 个孔为 2，以此类推，当编至 5 时从 4 孔一排的右侧开始编为 6，然后是 7、8，一直到第 9 个孔。每个引脚或孔的功能是按序号进行定义的，如表 2-1 所示。

表 2-1　标准 9 针串口各引脚信号功能说明表

9 针引脚号	功能说明	信号方向来自	英文	缩写
1	数据载波检测	调制解调器	data carrier detect	DCD
2	接收数据	调制解调器	received data	RxD
3	发送数据	PC	transmitted data	TxD
4	数据装置准备好	PC	data terminal ready	DTR
5	信号地	—	ground	GND
6	数据设备准备好	调制解调器	data set ready	DSR
7	请求发送	PC	request to send	RTS
8	允许发送	调制解调器	clear to send	CTS
9	振铃指示	调制解调器	ring indicator	RI

这 9 个引脚按功能可以分为三类，如图 2-3 所示。第一类为数据引脚，数据引脚上传输的是离散的数字信号，上位机向下位机传输数据或下位机向上位机传输数据，第 5 引脚起到平衡电压的作用。第二类为开关量输出引脚（控制引脚）。当数字信号为 1 时，输出 3 ~ 15 V电压；当数字信号为 0 时，输出 −3 ~ −15 V 电压，用来控制外部继电器的动作，例如给继电器供电或断电。第三类为开关量输入引脚（控制引脚）。当外部电压为 3 ~ 15 V 时，上位机接到的数字信号为 1；当外部电压为 −3 ~ −15 V 时，上位机接到的数字信号为 0。开关量输入引脚可以用来监测开关状态，例如继电器是处于打开状态还是关闭状态。表 2-2 给出了 RS-232 串口各个引脚的逻辑电平，并对引脚电压进行了实测。

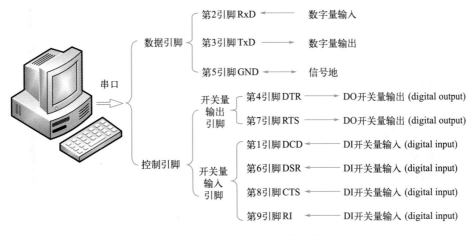

图 2-3　标准 9 针串口各引脚功能分类示意图

表2-2　RS-232串口各引脚逻辑电平对比表

引脚	功能	数据线	控制线		逻辑电平／V		空载电压／V	负载电压／V
			DI	DO	1	0		
1	数据载波检测（DCD）		←		3～15	-3～-15	0.2	—
2	接收数据（RxD）	√			-3～-15	3～15	0.2	未知
3	发送数据（TxD）	√			-3～-15	3～15	-10.8	未知
4	数据装置准备好（DTR）			→	3～15	-3～-15	-10.8	11.0
5	信号地（GND）	√			0	0	0.0	0.0
6	数据设备准备好（DSR）		←		3～15	-3～-15	0.2	—
7	请求发送（RTS）			→	3～15	-3～-15	-10.8	11.0
8	允许发送（CTS）		←		3～15	-3～-15	0.2	—
9	振铃指示（RI）		←		3～15	-3～-15	0.2	—

图2-4　台式机机箱后方的串口实物图

一般情况下，每台计算机都会有一个串口，可以观察台式机机箱后方各种接口中是否有图2-4所示接头。一般情况下，计算机后方的DB-9为公头。

此外，还可以通过Windows操作界面来观察。在Win11系统中，鼠标右键单击左下角，在弹出菜单中选择"设备管理器"，点击弹出视窗中"端口（COM和LPT）"前面的">"号展开子项，此时显示本台计算机所有的串口，如图2-5所示。从图2-5中可以看出，该笔记本电脑中有一个串行接口"USB Serial Port（COM3）"。

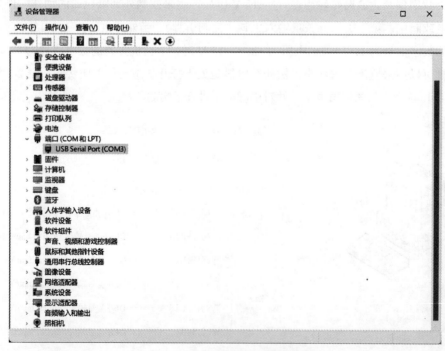

图2-5　笔记本电脑中串口查看界面图

2.1.2 3针接口

除了上述的标准 9 针串口，使用较多的还有 3 针接口和 2 针接口。这种接口一般采用接线端子或插拔式端子，没有控制引脚，主要用于数据通信，如单片机中的 TTL、打印设备的 RS-232、智能仪表的 RS-485。TTL 和 RS-232 都是一对一通信；RS-485 是一对多通信，即一台上位机，多台下位机，通过识别下位机的地址来传输数据。

3针接口

当上位机与仪表进行通信时，首先要将硬件电路连接正确，如图 2-6 所示。此时须分清两种情况：一种是通信方式，另一种为数据传输方向。通信方式是指 RS-232、RS-485 和 TTL。不同的通信方式对应信号的电压不同，例如 TTL 为 3.3 ～ 5.0 V，RS-232 为 3.0 ～ 15.0 V，RS-485 为差压方式，如果将 RS-232 电平连接到 TTL 电平上，会烧坏芯片，因此，必须严格对应。数据传输方向是上位机与仪表进行通信时数据的流动方向，每一个引脚已经规定了信号的电平高低与传输方向，两者通信时，上位机的发送引脚必须与仪表的接收引脚相连，同理，仪表的发送引脚必须与上位机的接收引脚相连。如果是 RS-232 或 TTL 通信方式，还要将 GND 相连，以保证上位机与通信仪表处于同一电压水平。RS-485 则不需要考虑收发关系，只要 A+ 对 A+，B- 对 B- 即可。A+ 与 B- 可以看作电池的正负极，A+ 表示正极，B- 表示负极，因此，A+ 的电压高于 B-。

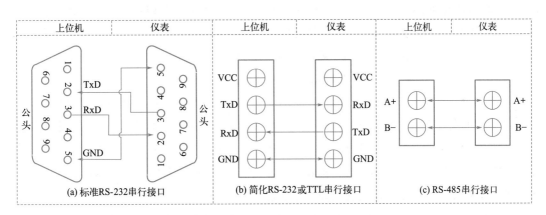

图 2-6 上位机与仪表通信时串行接口连线示意图

2.1.3 USB转接口

当台式机提供的串口不够用时，或者使用笔记本电脑时，必须采用 USB 转串口。这种转换器内部安装有芯片，当插入 USB 接口时，会检测硬件。如果芯片类型较老，则可以直接找到并安装对应驱动程序；如果采用较新的芯片，则需要手动安装。

图 2-7 是 USB 转 RS-485 和简化 RS-232 串行接口实物图，简化 RS-232 串行接口只保留了数据通信引脚，即第 2、3 和 5 引脚。这类转换器用途广泛，仅在第一次使用时安装驱动，以后可以像 U 盘一样即插即用。图 2-8 给出了 USB 转标准 9 针串行接口和 USB 转 TTL 串行接口实物图。

图 2-7 USB 转 RS-485 和简化 RS-232 串行接口实物图

(a)   (b)

图 2-8 USB 转标准 9 针串行接口和 USB 转 TTL 串行接口实物图

图 2-9 为一款市售 USB 转换器，可以转换为 TTL/RS-232/RS-485 三种电平。RS-232 为简化形式，只有数据通信引脚，没有信号控制引脚。图 2-9 左侧为 USB 梯形接口，可以直接连接 USB 线，即插即用；右侧接线端子标号从②到⑨。②与③分别连接 VCC 和 GND，VCC 表示直流电源的正极，GND 表示直流电源的负极，通常不需要外接电源，通过 USB 的供电即可满足要求。④和⑤是简化 RS-232 的接线端子。⑥和⑦分别表示 RS-485 的 A+ 和 B-，所有的 A+ 均连接在⑥端子，所有的 B- 均连接在⑦端子。⑧、⑨和③是 TTL 的三个端子，③与下位机的 GND 必须连在一起，⑧和⑨与下位机进行收 - 发对应连接，即⑧连接下位机的发送端子，⑨连接下位机的接收端子。该转换器内嵌芯片为 CP210x，大部分情况下需要手动安装驱动。将 USB 接口用线连接至电脑的 USB 处，计算机会自动检测新的硬件，若经过一段时间后，系统提示没有安装相应驱动，则说明这种内嵌芯片在 Win11 系统中识别起来非常困难，需要借助人工进行手动安装。在电脑桌面上，将鼠标移至桌面左下角"开始"图标处，点击鼠标右键弹出菜单，在菜单中选择"设备管理器"，在弹出的视窗中发现"其他设备"一项中"CP2102 USB to UART Bridge Controller"显示"！"号，如图 2-10 所示。这说明这个硬件设备的驱动存在问题，没有完全安装好。在这条记录上点击鼠标右键，弹出菜单，选中"更新驱动程序（P）..."，弹出图 2-11 所示界面。"自动搜索更新的驱动程序软件（S）"用于已经安装了驱动的硬件，如果第一次安装，采用"浏览计算机以查找驱动程序软件（R）"按钮，弹出图 2-12 所示的界面，选中"从计算机的设备驱动程序列表中选择（L）"按钮。有时，用户并不清楚所安装的设备叫什么名字，或者属于哪一类，因此，可以选中图 2-13 所示的"显示所有设备"。

图 2-9 USB 转换器（CP210x 芯片）实物图

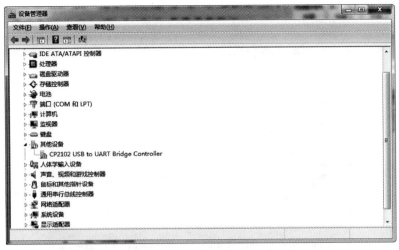

图 2-10　设备管理器窗口

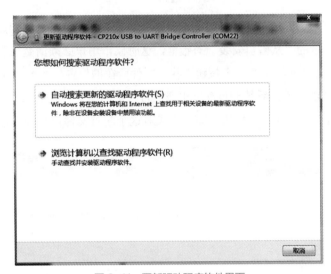

图 2-11　更新驱动程序软件界面

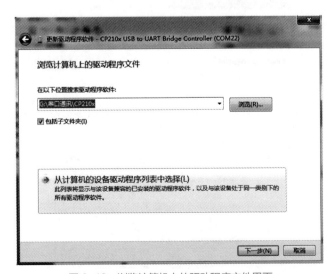

图 2-12　浏览计算机上的驱动程序文件界面

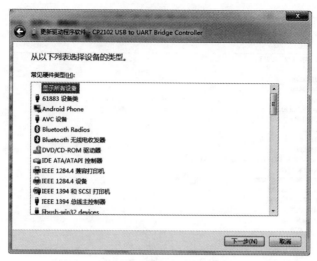

图 2-13　设备类型选择窗口

点击"下一步"按钮，图 2-14 界面显示硬件中的芯片驱动型号，继续点击"下一步"按钮，弹出图 2-15 所示的"从磁盘安装"对话框，这时候，用户必须清楚所要安装的驱动文件放在哪个盘中，点击"浏览（B）..."按钮，找到文件所在的位置。如图 2-16 所示，驱动文件一般是扩展名为 inf 的文件，系统会自动给出所在目录下的所有安装信息文件，用户只要一个一个地选择，然后点击"打开"按钮，即可完成对这个配置文件内相关驱动程序的安装。驱

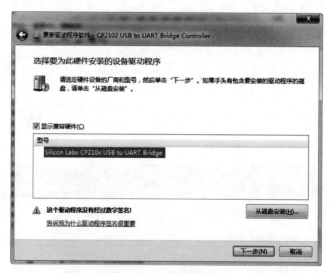

图 2-14　硬件选择窗口

图 2-15　磁盘安装路径窗口

动文件选定窗口如图 2-17 所示。安装完毕后，对应的驱动会显示出来，如图 2-18 所示。如图 2-19 所示，继续安装后面的 inf 文件信息，当"slabvxd.inf"文件安装后，在"端口（COM 和 LPT）"一项中出现"CP210x USB to UART Bridge Controller（COM22）"（如图 2-20 所示），说明串口驱动芯片安装成功，并且分配的串口为 COM22。

图 2-16　安装文件选择窗口

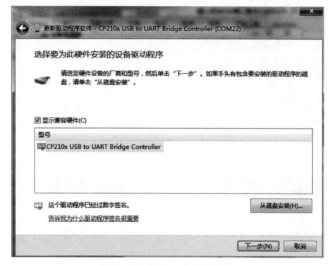

图 2-17　驱动文件选定窗口

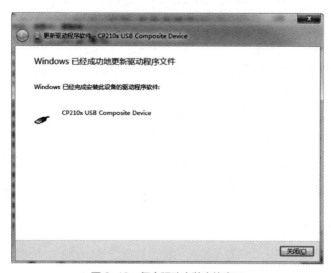

图 2-18　复合驱动安装完毕窗口

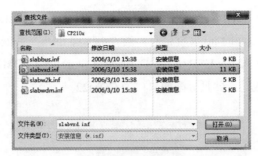

图 2-19 配置文件选择窗口

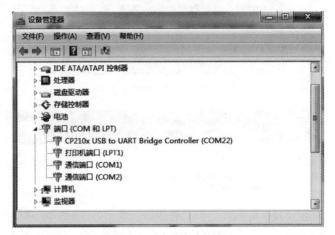

图 2-20 串口安装完毕窗口

2.2 异步串行通信

异步通信（asynchronous communication，ASYNC），又称起止式异步通信，是计算机通信中最常用的数据信息传输方式。它以字符为单位进行传输，字符之间没有固定的时间间隔要求，而每个字符中的各位则以固定时间传送。收、发双方取得同步的方法是在字符格式中设置起始位（start bit）和停止位（stop bit）。在一个有效字符正式发送前，发送器先发送一个起始位，然后发送有效字符位，在字符结束时再发送一个停止位，起始位至停止位构成一帧，停止位后面是不定长的空闲位。停止位和空闲位都规定为高电平（逻辑值为1），这样就保证起始位开始处一定有一个下降沿，如图 2-21 所示。从图 2-21 中可以看出，这种格式通过起始位和停止位来实现字符的界定或同步，故称为起止式协议。

在异步通信中有两个比较重要的指标：字符帧格式和波特率。数据通常以字符或者字节为单位组成字符帧传送。字符帧由发送端逐帧发送，通过传输线被接收设备逐帧接收。发送端和接收端可以由各自的时钟来控制数据的发送和接收，这两个时钟源彼此独立，互不同步。

2.2.1 数据格式

数据格式

异步通信规定传输数据由起始位、数据位（data bit）、奇偶校验位（parity bit）、停止位和空闲位组成，示例如图 2-21 所示。这种用起始位开始，停止位结束所构

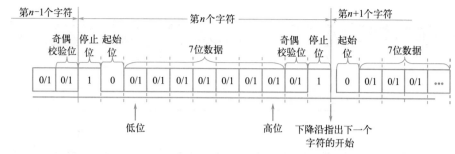

图 2-21　起止式协议的帧格式

成的一串信息称为帧（frame）。

① 起始位：起始位必须是持续一比特时间的逻辑 0 电平，标志传送一个字符的开始，接收方可用起始位使自己的接收时钟与数据同步。

② 数据位：数据位紧跟在起始位之后，它是衡量通信中实际数据位的参数。当计算机发送一个信息帧时，标准值是 5 位、6 位、7 位和 8 位，具体是几位取决于所传送的信息。比如，标准的 ASCII 码是 0 ～ 127（7 位），扩展的 ASCII 码是 0 ～ 255（8 位）。如果数据使用简单的文本（标准 ASCII 码），那么每个数据帧使用 7 位数据。传送数据时先传送字符的低位，后传送字符的高位。

③ 奇偶校验位：奇偶校验位仅占一位，用于进行奇校验或偶校验，也可以不设奇偶校验位。在串口通信中，有四种检错方式：偶、奇、高和低。当然没有校验位也是可以的。对于偶校验和奇校验的情况，串口会设置校验位（数据位后面的一位），用一个值确保传输的数据有偶数个或者奇数个逻辑高位。例如，如果数据是 01001110，那么对于偶校验，校验位为 0，保证逻辑高的位数是偶数个；如果是奇校验，校验位为 1，保证逻辑高的位数是奇数个，这样就有 5 个逻辑高位。高位和低位不真正地检查数据，如进行奇校验时，数据 01001110 和 01110010 的校验位都是 1，但是这两个数据是不同的，因此，奇偶校验仅是对数据进行简单的置逻辑高位或者置逻辑低位，不会对数据进行实质判断。这样做的好处是接收设备能够知道一个位的状态，有可能判断是否有噪声干扰了通信以及传输和接收数据是否同步。

④ 停止位：停止位为 1 位、1.5 位或 2 位，可由软件设定。它一定是逻辑 1 电平，标志着传送一个字符的结束。由于数据是在传输线上定时的，并且每一个设备都有各自的时钟，很可能在通信中两台设备间出现了小小的不同步，因此，停止位不仅仅表示传输的结束，而且能够为计算机提供校正时钟同步的机会。适用于停止位的位数越多，不同时钟同步的容忍程度越大，但是，数据传输速率也越慢。

⑤ 空闲位：空闲位表示线路处于空闲状态，停止位结束到下一个字符起始位之间的空闲位要由高电平来填充（只要不发送下一个字符，线路上就始终为空闲位），此时线路上为逻辑 1 电平。

综合以上分析，将各位顺序、英文缩写、逻辑状态和位数总结列于表 2-3。

【例 2-1】　传送 8 个位的数据 45H（01000101），奇校验，1 个停止位，则信号线上的波形是何种形式（注意：低位在前，高位在后）？

表 2-3 异步通信数据格式

位	英文缩写	逻辑状态	位数
起始位	begin（B）	逻辑 0	1 位
数据位	data（D0、D1……）	逻辑 0 或 1	5 位、6 位、7 位、8 位
校验位	奇校验——odd（O）、偶校验——even（E）	逻辑 0 或 1	1 位或无
停止位	stop（S）	逻辑 1	1 位、1.5 位或 2 位
空闲位	idle（I）	逻辑 1	任意数量

解：根据异步通信数据格式，将字符帧按起始位、数据位、校验位和停止位的顺序排列，其中高电平表示 1，低电平表示 0，得到字符帧的示意图，如图 2-22 所示。

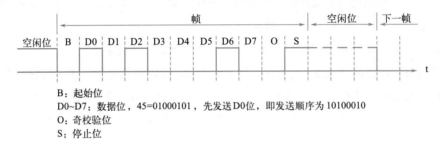

B：起始位
D0~D7：数据位，45=01000101，先发送 D0 位，即发送顺序为 10100010
O：奇校验位
S：停止位

图 2-22 异步通信数据格式

【例 2-2】 异步通信的速率按 9600 bit/s，每字符 8 位，1 个起始位，1 个停止位，无奇偶校验位，如果连续传送，则每秒传送多少个字符？

解：在此异步通信过程中，没有奇偶校验位，所以数据发送顺序为

1 个起始位＋8 个数据位＋0 个校验位＋1 个停止位＝10 个发送位

由于字符帧连续发送，所以中间没有空闲位，则实际每字符传送 10 位，每秒传送 9600/10 = 960 个字符。

2.2.2 数据编码方式

数字信道传输的是数字信号，模拟信道传输的是模拟信号，数字信号不可能通过为模拟信号设计的传输线（如电话线）传送，反之，模拟信号也不可能用为数字信号设计的线路（如同轴电缆）传送。但是，在某些情况下，需要用模拟信道将数字数据（或用数字信道将模拟数据）传至用户端。例如，某公司在上海办事处计算机上的财务报表，需要远传至北京总部，显然，计算机上的信息属于数字数据，而电话线属于模拟信道，这就要求将数字数据转化为模拟信号。又如，要传输 1000 Hz 的低频模拟信号，其对应的波长约 300 km，采用无线电传输时，空间距离已无法满足要求，因此，需要将低频模拟信号转化为数字信号，然后通过电磁波发送出去，到达终端后再转化为模拟信号。从以上两点可以看出，不同类型的数据在不同类型的信道上传输可以构成 4 种组合，即模拟数据→模拟信号→模拟信道、数字数据→模拟信号→模拟信道、模拟数据→数字信号→数字信道、数字数据→数字信号→数字信道，如图 2-23 所示。从图 2-23 中可以看出，用数字

数据编码与调制

信号承载数字数据或模拟数据的过程称为编码，用模拟信号承载数字数据或模拟数据的过程称为调制。更确切地讲，数据编码是把需要加工处理的数据信息用特定的数字来表示的一种技术，是根据一定数据结构和目标的定性特征，将数据转换为代码或编码字符，在数据传输中表示数据组成，并作为传送、接收和处理的一种规则和约定。

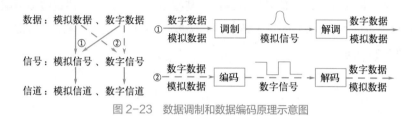

图 2-23   数据调制和数据编码原理示意图

目前，通信过程中常用的几种编码形式有不归零编码、曼彻斯特编码和差分曼彻斯特编码。

① 不归零编码（non-return-to-zero，NRZ）。NRZ 常用正电压表示 1，负电压表示 0，如图 2-24 所示。在一个码元时间内，电压均不需要回到零。其特点是全宽码，即一个码元占一个单元时钟脉冲的宽度。

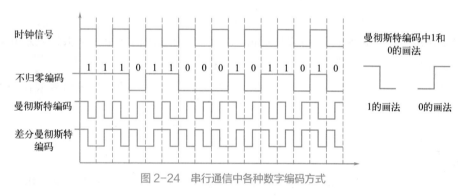

图 2-24   串行通信中各种数字编码方式

② 曼彻斯特（Manchester）编码，又称数字双相码。在曼彻斯特编码中，每个二进制位的中间都有电压跳变。当传输 1 时，在时钟周期的前一半为高电平，后一半为低电平；而在传输 0 时正相反，时钟周期的前一半为低电平，后一半为高电平。由于跳变都发生在每一个码元的中间位置（半个周期），接收端就可以方便地利用它作为同步时钟，因此这种曼彻斯特编码又称为自同步曼彻斯特编码。目前应用最广泛的以太网在数据传输时就采用这种数字编码。

③ 差分曼彻斯特编码（differential Manchester encoding），又称条件双相码。这种编码是曼彻斯特编码的一种修改形式，其不同之处是用每一位的起始处有无跳变来表示 0 和 1，若有跳变则为 0（也就是说，上一个波形图在高位，现在必须改在从低位开始；上一个波形图在低位，必须改在从高位开始），无跳变则为 1（也就是说，上一个波形图在高位，现在继续从高位开始；上一个波形图在低位，继续从低位开始）。如果对于第一个信号，则第一个是 0 的从低到高，第一个是 1 的从高到低，后面的就由有没有跳变来决定，而每一位中间的跳变只用作时钟信号的同步，所以差分曼彻斯特编码也是一种自同步编码。

同步曼彻斯特编码和差分曼彻斯特编码的每一位都是用不同电平的两个半位来表示的，

因此始终保持直流的平衡，不会造成直流的累积。

2.2.3 数据调制方式

模拟信号在一定频率范围内线路上进行的载波传输为频带传输，当数字数据转换为模拟信号时，需要用基带脉冲（数字信号）对载波的某些参量进行控制，使这些参量随基带脉冲变化。根据载波 $A\sin(\omega t + \varphi)$ 的三个特性，即幅度、频率、相位，调制包括常用的三种调制技术，如图 2-25 所示。

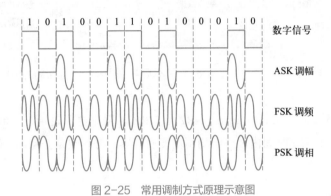

图 2-25 常用调制方式原理示意图

① 幅移键控法（amplitude-shift keying，ASK），用载波的两个不同振幅表示 0（0 V）和 1（5 V）。

② 频移键控法（frequency-shift keying，FSK），用载波的两个不同频率表示 0（1.2 Hz）和 1（2.4 kHz）。

③ 相移键控法（phase-shift keying，PSK），用载波起始相位的变化表示 0（同相）和 1（反相）。

在远程通信时，发送的数字信息，如二进制数据，首先要调制成模拟信息。串行数据在传输时通常采用调幅（amplitude modulation，AM）和调频（frequency modulation，FM）两种方式传送数字信息。

（1）调幅方式

幅度调制是用某种电平或电流来表示逻辑 1，称为传号（mark）；而用另一种电平或电流来表示逻辑 0，称为空号（space）。使用 mark/space 形式通常有四种标准，即 TTL（transistor transistor logic）标准、RS-232 标准、20 mA 电流环标准和 60 mA 电流环标准。

① TTL 标准。用 5V 电平表示逻辑 1；用 0 V 电平表示逻辑 0。这里采用的是正逻辑。

② RS-232 标准。用 −3 ～ −15 V 之间的任意电平表示逻辑 1；用 3 ～ 15 V 电平表示逻辑 0。这里采用的是负逻辑。

③ 20 mA 电流环标准。线路中存在 20 mA 电流表示逻辑 1，不存在 20 mA 电流表示逻辑 0。

④ 60 mA 电流环标准。线路中存在 60 mA 电流表示逻辑 1，不存在 60 mA 电流表示逻辑 0。

（2）调频方式

频率调制方式是用两种不同的频率分别表示二进制中的逻辑 1 和逻辑 0，通常使用曼彻斯特编码标准。

2.2.4 数据传送方式

在串行通信中，数据通常是在两个站（如终端和微机）之间进行传送，按照数据流的方向可分成三种基本的传送方式，即全双工、半双工和单工，如图 2-26 所示。但单工目前已很少采用。

数据传送方式与
数据传输速率

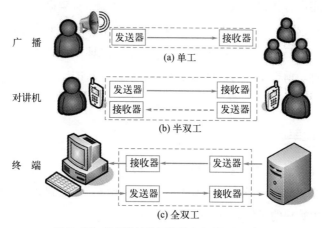

图 2-26 数据传输的三种基本方式原理示意图

（1）单工

如果甲可以向乙发送数据，但是乙不能向甲发送数据，这样的通信就是单工通信（simplex communication）。单工数据传输只支持数据在一个方向上传输，如传呼机、广播等。

（2）半双工

若使用同一根传输线既作接收又作发送，虽然数据可以在两个方向上传送，但通信双方不能同时收发数据，这样的传送方式就是半双工（half duplex）制。采用半双工方式时，通信系统每一端的接收器和发送器，通过收 / 发开关转接到通信线上，进行方向的切换，因此，会产生时间延迟。收 / 发开关实际上是由软件控制的电子开关。

对讲机是一种典型的半双工模式，如图 2-26（b）所示。当甲、乙两人对讲时，甲按下通话开关，呼叫乙，乙听到后如果需要回复，也要按下对讲机的通话开关，对甲呼叫。两个对讲机使用的是同一频率的波段，即同一线路，但是两人不能同时讲话，必须通过开关切换才能完成呼叫。因此，对讲机工作在半双工方式下。此外，有些计算机和显示终端之间也采用半双工方式工作。当计算机主机用串行接口连接显示终端时，在半双工方式下，输入过程和输出过程使用同一通路，这时，从键盘打入的字符在发送到主机的同时就被送到终端上显示出来，而不是用回送的办法，所以能避免接收过程和发送过程同时进行的情况。

目前多数终端和串行接口都为半双工方式提供了换向能力，也为全双工方式提供了两条独立的引脚。在实际使用时，一般并不需要通信双方同时发送又接收，像打印机这类的单向传送设备，使用半双工甚至单工就可以，也无须倒向。

（3）全双工

当数据的发送和接收分流，分别由两根不同的传输线传送时，通信双方都能在同一时刻进行发送和接收操作，这样的传送方式就是全双工（full duplex）制。在全双工方式下，通信系统的每一端都设置了发送器和接收器，因此，能控制数据同时在两个方向上传送。全双工方式无须进行方向的切换，因此，没有切换操作所产生的时间延迟，这对那些不能有时间延误的交互式应用（例如远程监测和控制系统）十分有利。这种方式要求通信双方均有发送器和接收器，同时，需要 2 根数据线传送数据信号（可能还需要控制线和状态线，以及地线）。比如，计算机主机用串行接口连接显示终端，而显示终端带有键盘。这样，一方面，键盘上输入的字符送到主机内存；另一方面，主机内存的信息可以送到屏幕显示。通常，用键盘输入 1 个字符以后，先不显示，计算机主机收到字符后，立即回送到终端，然后终端再把这个字符显示出来。这样，前一个字符的回送过程和后一个字符的输入过程是同时进行的，即工作于全双工方式。

2.2.5 数据传输速率

在编写通信程序的过程中，经常会涉及波特率这一名词，有时也会遇到比特率、通信速率等有关概念，如果对这些有关通信的基本知识了解不清，在设置相关参数时就会出错，下面对串行通信过程中数据的通信速率进行详细说明。

数据通信速率也称为数据传输速率，是指数据在信道中传输的速度，它可分为码元速率和信息速率两种表示方式。码元速率（R_B）是指每秒传送的码元数，单位为波特（baud），又称为波特率。信息速率（R_b）是指每秒传送的信息量，单位为 bit/s（bps，比特/秒），又称为比特率。那么，码元数与信息量有何区别呢？

码元（codecell）是指时间轴上的一个对信号进行编码的单元。信号可以是符号、数字、颜色和音频等，对于同一个信号，由于采用的编码不同，编码后形成的码元个数也不相同。例如，要设计一套编码，这套编码能够区别 26 个大写英文字母。如果用二进制对 26 种不同的状态进行区别，则至少需要 5 位二进制数，因为二进制中每一位只能表示两种状态，即 0 和 1，2 位表示 2^2 种状态，3 位表示 2^3 种状态，以此类推，要将 26 种状态全部区分开，至少需要 5 位才能实现。而采用十进制对 26 个大写英文字母进行编码只需 2 位即能实现，因为十进制的每一位能表示 10 种状态，即 0、1、2……9，2 位能表示 10^2 种状态。通过上述分析可以看出，对于同一个符号，由于采用的编码不同，其结果的表示所使用的位数也不同。对于 26 个大写英文字母的编码，二进制需要 5 位，而十进制仅需 2 位。在二进制中，每一位上的状态，即 0 和 1 是码元；十进制中每一位上的状态，即 0、1、2……9 也是码元。如果每秒传输 10 个大写英文字母，用二进制编码表示时每秒需传输 10×5=50 个码元，而用十进制编码时每秒只需传输 10×2=20 个码元。由此可以看出，波特率所指的码元与采用编码的进制有关。而比特率中的信息量是指对信号进行二进制编码时每秒所传输的码元数。所以，波特率与比特率的关系为

$$R_B = \log_2 N \tag{2-1}$$

$$R_b = \log_2 2 \tag{2-2}$$

$$R_B/R_b = \log_2 N/\log_2 2 = \log_2 N \tag{2-3}$$

式中　N——信号的编码极数，即所使用编码的所有状态数，二进制为 2，十进制为 10。

在计算机中，一个符号的含义为高低电平，它们分别代表逻辑 1 和逻辑 0，所以每个符号所含的信息量刚好为 1 bit，因此在计算机通信中，常将比特率称为波特率，即 1 baud=1 bit/s。例如，电传打字机最快传输速率为 10 字符 /s，每字符包含 11 个二进制位，则数据传输速率为

$$11 \text{ bit/ 字符 } \times 10 \text{ 字符 } /s = 110 \text{ bit/s} = 110 \text{ baud}$$

计算机中常用的波特率是 110 bit/s、300 bit/s、600 bit/s、1200 bit/s、2400 bit/s、4800 bit/s、9600 bit/s、19200 bit/s、28800 bit/s、33600 bit/s，目前最高可达 56 kbit/s。

在数据传输速率中还有一个概念，其称为位时间，又称位周期。位时间是指传送一个二进制位所需的时间，用 T_d 表示。$T_d = 1$ bit/ 波特率。

【例 2-3】　试计算波特率为 110 bit/s、300 bit/s、600 bit/s、1200 bit/s、2400 bit/s 时对应的位周期？

解：各波特率对应的位周期分别为

$$T_{110} = 1/110 \approx 0.0091 \text{（s）}$$

$$T_{300} = 1/300 \approx 0.0033 \text{（s）}$$

$$T_{600} = 1/600 \approx 0.0017 \text{（s）}$$

$$T_{1200} = 1/1200 \approx 0.0008 \text{（s）}$$

$$T_{2400} = 1/2400 \approx 0.0004 \text{（s）}$$

2.3　串行通信接口标准

串行通信接口标准

在数据通信、计算机网络以及分布式工业控制系统中，经常采用串行通信来交换数据和信息。串行通信接口标准经过长期使用和发展，已经形成几种成熟的标准和规范，如 EIA-232-C（又称 RS-232C，简称 RS-232）、TIA/EIA-422-A（又称 RS-422-A，简称 RS-422）、EIA-423-A（简称 RS-423）和 TIA/EIA-485-A（简称 RS-485）。字母"A"代表第一个版本，字母"C"代表第三个版本。

1969 年，RS-232C 作为串行通信接口的电气标准，定义了数据终端设备（data terminal equipment，DTE）和数据通信设备（data communication equipment，DCE）间按位串行传输的接口信息，合理安排了接口的电气信号和机械要求，在世界范围内得到了广泛的应用。但它采用单端驱动非差分接收电路，因而存在着传输距离不远（最大传输距离 15 m）和传送速率不高（最大位速率为 20 kbit/s）的问题。而远距离串行通信必须使用 MODEM，增加了成本。在分布式控制系统和工业局部网络中，传输距离常介于近距离（＜ 20 m）和远距离（＞ 2 km）

之间，这时 RS-232C（25 针连接器）不能采用，用 MODEM 又不经济，因而需要制定新的串行通信接口标准。

1977 年，美国电子工业协会制定了 RS-449。它除了保留与 RS-232C 兼容的特点外，还在提高传输速率、增加传输距离及改进电气特性等方面做了很大努力，并增加了 10 个控制信号。与 RS-449 同时推出的还有 RS-422 和 RS-423，它们是 RS-449 的标准子集。

为避免出现 RS-232 通信距离短、速率低的问题，RS-422 标准规定采用平衡驱动差分接收电路，将传输速率提高到 10 Mbit/s，速率低于 100 kbit/s 时的传输距离延长到 4000 ft（英尺，1 ft ≈ 0.3048 m），并允许在一条平衡总线上最多连接 10 个接收器。RS-422 是一种单机发送、多机接收的单向、平衡传输规范，被命名为 TIA/EIA-422-A 标准。

RS-423 标准规定采用单端驱动差分接收电路，其电气性能与 RS-232C 几乎相同，两者均是全双工的。其设计成可连接 RS-232C 和 RS-422。它一端可与 RS-422 连接，另一端则可与 RS-232C 连接，提供了一种从旧技术到新技术过渡的手段。同时又提高了位速率（最大为 300 kbit/s）和传输距离（最大为 600 m）。

为扩展应用范围，EIA 又于 1983 年在 RS-422 基础上制定了 RS-485 标准，增加了多点、双向通信能力，即允许多个发送器连接到同一条总线上，同时增加了发送器的驱动能力和冲突保护特性，扩展了总线共模范围，后命名为 TIA/EIA-485-A 标准。因 RS-485 是半双工的，当用于多站互连时可节省信号线，便于高速、远距离传送。许多智能仪器设备均配有 RS-485 总线接口，将它们联网也十分方便。

串行通信由于接线少、成本低，在数据采集和控制系统中得到了广泛的应用，产品也越来越丰富多样。

2.3.1 RS-232C 标准

RS-232C 标准即 EIA-232C 标准，其中 EIA（Electronic Industries Alliance）代表美国电子工业协会，RS（recommended standard）代表推荐标准，232 是标识号，C 代表 RS-232 的最新一次修改（1969 年），说明在此之前有 RS-232A 和 RS-232B 两个标准。RS-232C 标准的全名是数据终端设备和数据通信设备之间串行二进制数据交换接口技术标准。它是目前最常用的一种串行通信接口，1969 年正式公布实施。该标准规定了串行通信接口的连接电缆、机械特性、电气特性、信号功能及传送过程。最初，该标准规定采用一个 25 针引脚的 DB-25 连接器，对连接器每个引脚的信号内容加以定义，还对各种信号的电平加以规定，适用于数据传输速率在 0 ～ 20000 bit/s 范围内的通信；之后，IBM 的 PC 机将 RS-232 简化成了 DB-9 连接器，从而成为事实标准；而工业控制的 RS-232 一般只使用 RxD、TxD 和 GND 三条线。

RS-232C 标准最初是为远程通信连接数据终端设备与数据通信设备而制定的，因此这个标准的制定并未考虑计算机系统的应用要求，但目前它又广泛地被用于作为计算机（更准确地说，是计算机接口）与终端或外设之间的近端连接标准，显然，这个标准的有些规定和计算机系统是不一致的，甚至是相矛盾的，因此，有时 RS-232C 标准会出现计算机不兼容的问题。RS-232C 标准中所提到的"发送"和"接收",都是站在 DTE 立场上,而不是站在 DCE 的立场来定义的。由于在计算机系统中,往往是 CPU 和 I/O 设备之间传送信息,两者都是 DTE,因此双方都能发送和接收。

由于设备厂商都生产与 RS-232C 标准兼容的通信设备,因此,它作为一种标准,目前已在微机通信接口中广泛采用。

2.3.1.1 电气特性

RS-232C 对电气特性、逻辑电平和各种信号功能都做了规定。

在 TxD 和 RxD 数据线上:逻辑 1(MARK)=-3 ~ -15 V;逻辑 0(SPACE)=3 ~ 15 V。

在 RTS、CTS、DSR、DTR 和 DCD 等控制线上:信号有效(接通,ON 状态,正电压)= 3 ~ 15 V;信号无效(断开,OFF 状态,负电压)= -3 ~ -15 V。

以上规定说明了 RS-232C 标准对逻辑电平的定义。对于数据(信息码),逻辑 1(传号)的电平低于 -3 V,逻辑 0(空号)的电平高于 3 V。对于控制信号,接通状态(ON),即信号有效的电平高于 3 V;断开状态(OFF),即信号无效的电平低于 -3 V,也就是当传输电平的绝对值大于 3 V 时,电路可以有效地检查出来,介于 -3 ~ 3 V 之间的电压无意义,低于 -15 V 或高于 15 V 的电压也无意义,因此,实际工作时,应保证电平在 ±(3 ~ 15)V 之间。

RS-232C 在数据线上用 3 ~ 15 V 表示 0,-3 V ~ -15 V 表示 1,而晶体管 - 晶体管逻辑集成电路(TTL)用 3.3V 高电平表示 1,0.0 V 低电平表示 0,两者对逻辑状态的规定正好相反,电平高低也不同。因此,为了能够同计算机接口或终端的 TTL 器件连接,必须在 RS-232C 与 TTL 电路之间进行电平和逻辑关系的变换,实现这种变换可用分立元件,也可用集成电路芯片。

目前较为广泛地使用集成电路转换器件,如 MC1488、SN75150 芯片可完成 TTL 电平到 EIA 电平的转换,而 MC1489、SN75154 可实现 EIA 电平到 TTL 电平的转换。MAX232 芯片可完成 TTL 电平与 EIA 电平的双向转换,图 2-27 显示了 MC1488 和 MC1489 的内部结构和引脚。MC1488 的引脚 2、4、5、9、10、12 和 13 接 TTL 输入。引脚 3、6、8、11 输出端接 RS-232C。MC1489 的 1、4、10、13 脚接 EIA 输入,而 3、6、8、11 脚接 TTL 输出。

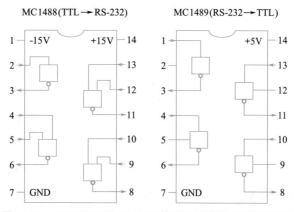

图 2-27　MC1488 和 MC1489 芯片的内部结构和引脚示意图

TTL 电平与 EIA 电平转换关系示意图如图 2-28 所示。图 2-28 中的左边是微机串行接口电路中的主芯片，即通用异步收发传输器（universal asynchronous receiver/transmitter，UART），它是 TTL 器件；右边是 RS-232C 连接器，要求高电压。因此，RS-232C 所有的输出、输入信号都要分别经过 MC1488 和 MC1489 转换器，进行电平转换和逻辑转换后才能送到连接器或从连接器送进来。

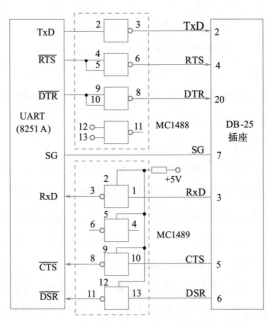

图 2-28　TTL 电平与 EIA 电平转换关系示意图

2.3.1.2　连接器的机械特性

（1）连接器

由于 RS-232C 并未定义连接器的物理特性，因此，出现了 DB-25 和 DB-9 各种类型的连接器，其引脚的定义也各不相同，下面分别介绍 DB-25 和 DB-9 两种主要连接器。

① DB-25 连接器。PC 和 XT 机采用 DB-25 连接器，DB-25 连接器定义了 25 根信号线，分为 4 组：

a. 异步通信的 9 个电压信号（含信号地 SG，signal ground），即 2、3、4、5、6、7、8、20、22；

b. 20 mA 电流环信号 9 个（12、13、14、15、16、17、19、23、24）；

c. 空引脚 6 个（9、10、11、18、21、25），备用；

d. 保护地（protective earth，PE）1 个，作为设备接地端（1）。

DB-25 连接器的外形及信号线分配如图 2-29 所示。注意，20 mA 电流环信号仅 IBM PC 和 IBM PC/XT 机提供，AT 机及其之后机型，已不支持。

② DB-9 连接器。AT 机及其之后机型，不支持 20 mA 电流环接口，使用 DB-9 连接器，作为提供多功能 I/O 卡或主板上 COM1 和 COM2 两个串行接口的连接器。它只提供异步通信的 9 个信号。DB-9 连接器的引脚分配与 DB-25 引脚信号完全不同。因此，若与配接 DB-25

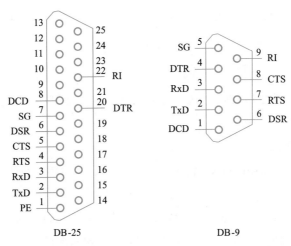

图 2-29　DB-25 与 DB-9 连接器的外形及信号线分配示意图

连接器的 DCE 设备连接，必须使用专门的电缆线。通常，一些设备与 PC 机的 RS-232 口相连时，由于不使用控制信号，因此只需三条接口线，即发送数据 TxD、接收数据 RxD 和信号地 GND。RS-232 传输线采用屏蔽双绞线。

（2）最大直接传输距离

RS-232C 标准规定，若不使用 MODEM，在码元畸变小于 4% 的情况下，DTE 和 DCE 之间最大传输距离约为 15 m（50 ft），可见这个最大的距离是在码元畸变小于 4% 的前提下给出的。为了保证码元畸变小于 4% 的要求，接口标准在电气特性中规定，驱动器的负载电容应小于 2500 pF，此时的通信速率低于 20 kbit/s。其实，4% 的码元畸变是很保守的，在实际应用中，约有 99% 的用户是按码元畸变 10% ~ 20% 的范围工作的，因此，实际传输的最大距离会远超过 15 m。美国 DEC（Digital Equipment Corporation）公司曾规定允许码元畸变为 10%，采用两种电缆测得信号的最大传输距离，实验结果如表 2-4 所示。其中，1# 电缆为屏蔽电缆，内有三对双绞线，每对由 22AWG（American wire gauge）组成，外层覆以屏蔽网；2# 电缆为不带屏蔽的电缆，内有 22AWG 的四芯电缆。AWG 指的是美国线标分类，数字越大，线越细，电阻越大。从实验结果可以看出，对于同一种电缆，随着距离的延长，电阻增加，信号衰减增强，传输波特率降低；外层覆屏蔽网的电缆对于信号的衰减起到缓冲作用，加屏蔽网的电缆传输距离明显优于未加屏蔽网的电缆，说明屏蔽电缆在串行通信中对高速波特率信号的传输起到了至关重要的作用。

表 2-4　不同波特率下信号的最大传输距离

波特率 /baud	1# 电缆传输距离 /m	2# 电缆传输距离 /m	波特率 /baud	1# 电缆传输距离 /m	2# 电缆传输距离 /m
110	1500	900	2400	300	150
300	1500	900	4800	300	75
1200	900	900	9600	75	75

多年来，随着 RS-232 器件以及通信技术的改进，RS-232 通信距离已经大大增加。采用

RS-232 增强器后可以将普通 RS-232 口的通信距离直接延长到 1000 m；如果采用射频技术，其传输半径可以达到 5000 m。

2.3.1.3 RS-232C 的接口信号

RS-232C 标准接口有 25 条线，包括 4 条数据线、11 条控制线、3 条定时线、7 条备用线和未定义线，常用的只有 9 根。

（1）联络控制信号线

数据装置准备好（data set ready，DSR）——有效状态为 ON，表明 MODEM 处于可以使用的状态。

数据终端准备好（data terminal ready，DTR）——有效状态为 ON，表明数据终端可以使用。

这两个信号有时连到电源上，一上电就立即有效。这两个设备状态信号有效，只表示设备本身可用，并不说明通信链路可以开始进行通信了，能否开始进行通信要由下面的控制信号决定。这与家里的电话机非常相似，电话机有电可以打电话，但是拨的电话号码不一定通，相当于通信链路处于不确定状态。

请求发送（request to send，RTS）——用来表示 DTE 请求 DCE 发送数据，即当终端要发送数据时，使该信号有效（ON 状态），向 MODEM 请求发送。它用来控制 MODEM 是否要进入发送状态。

允许发送（clear to send，CTS）——用来表示 DCE 准备好接收 DTE 发来的数据，是对请求发送信号 RTS 的响应信号。当 MODEM 已准备好接收终端传来的数据，并向前发送时，使该信号有效，通知终端开始沿发送数据线 TxD 发送数据。

RTS/CTS 请求应答联络信号用于半双工 MODEM 系统中发送方式和接收方式之间的切换。在全双工系统中，因配置双向通道，故不需要 RTS/CTS 联络信号，使其变高。

接收线信号检出（received line detection，RLSD）——用来表示 DCE 已接通通信链路，告知 DTE 准备接收数据。当本地的 MODEM 收到由通信链路另一端（远地）的 MODEM 送来的载波信号时，使 RLSD 信号有效，通知终端准备接收，并且由 MODEM 将接收下来的载波信号解调成数字数据后，沿接收数据线 RxD 送到终端。此线也叫做数据载波检测（data carrier dectect，DCD）线。

振铃指示（ringindicator，RI）——当 MODEM 收到交换台送来的振铃呼叫信号时，使该信号有效（ON 状态），通知终端，已被呼叫。

（2）数据发送与接收线

发送数据（transmitted data，TxD）——终端通过 TxD 将串行数据发送到 MODEM（DTE → DCE）。

接收数据（received data，RxD）——终端通过 RxD 线接收从 MODEM 发来的串行数据（DCE → DTE）。

（3）地线

信号地（signal ground，SG）和保护地（protective ground，PG）信号线无方向。

上述控制信号线何时有效、何时无效的顺序表示了接口信号的传送过程。例如，只有当 DSR 和 DTR 都处于有效（ON）状态时，才能在 DTE 和 DCE 之间进行传送操作。若 DTE 要发送数据，则预先将 DTR 线置成有效（ON）状态，等 CTS 线上收到有效（ON）状态的回答后，才能在 TxD 线上发送串行数据。这种顺序的规定对半双工的通信线路特别有用，因为半双工的通信需要确定 DCE 已由接收方向改为发送方向，这时数据才能开始发送。

如果将上述过程形容为打电话，DTE 与 DCE 相当于通信双方的电话机；DSR 和 DTR 相当于双方的电话机都处于上电状态；RTS 和 CTS 相当于建立通话，确认对方是自己想要找的人；TxD 和 RxD 相当于两人说话的具体内容。

2.3.2 RS-422 与 RS-485 标准

RS-422、RS-485 与 RS-232 不一样，其区别如表 2-5 所示。RS-422 与 RS-485 的数据信号采用差分传输方式，也称作平衡传输，使用一对双绞线，将其中一根线定义为 A，另一根线定义为 B。在通常情况下，发送驱动器 A、B 之间的正电平在 $2 \sim 6$ V 之间，是一个逻辑状态；负电平在 $-2 \sim -6$ V 之间，是另一个逻辑状态。另有一个信号地 C。在 RS-485 中还有一个使能端，而在 RS-422 中这是可用可不用的。使能端用于控制发送驱动器与传输线的切断与连接。当使能端起作用时，发送驱动器处于高阻状态，称作第三态，即它是有别于逻辑 1 与 0 的第三态。

接收器也作与发送端相对的规定，收、发端通过平衡双绞线将 AA 与 BB 对应相连。在发送端，逻辑 1 表示 AB 两线间的电压差为 $2 \sim 6$ V；逻辑 0 表示两线间的电压差为 $-2 \sim -6$ V。在接收端，当在 AB 两线间有大于 200 mV 的电平时，输出正逻辑电平；当小于 -200 mV 时，输出负逻辑电平。接收器接收平衡线上的电平范围通常在 200 mV ~ 6 V 之间。这样，随着线路的延长，电阻增加，传输信号在电线上开始衰减，由于采用差分电路，A 与 B 上的信号同时衰减，两者差很容易保持一个固定值，这是差分驱动与单端驱动的本质差别。

表 2-5　RS-232、RS-422 与 RS-485 接口标准间的比较

项目		RS-232	RS-422	RS-485
工作方式		单端（非平衡）	差分（平衡）	差分（平衡）
节点数		1 收、1 发	1 发、10 收	1 发、32 收
最大传输电缆长度		15 m	1200 m（100 kbit/s）	1200 m（100 kbit/s）
最大传输速率		20 kbit/s	10 Mbit/s、1 Mbit/s@100m	10 Mbit/s、1 Mbit/s@100m
连接方式		一点对一点	一点对多点（4 线）	一点对多点（4 线）、多点对多点（2 线）
电气特性	逻辑 0	3 ～ 15V	两线间的电压差为 -2 ～ -6V	两线间的电压差为 -2 ～ -6V
	逻辑 1	-3 ～ -15V	两线间的电压差为 2 ～ 6V	两线间的电压差为 2 ～ 6V

2.3.2.1 RS-422 电气规定

RS-422 标准全称是平衡电压数字接口电路的电气特性，它定义了接口电路的特性。由

于接收器采用高输入阻抗和发送驱动器，比 RS-232 具有更强的驱动能力，所以允许在相同传输线上连接多个接收节点，最多可接 10 个节点，即一个主设备（master），其余为从设备（salve）。从设备之间不能通信，所以 RS-422 支持一点对多点的双向通信。接收器输入阻抗为 4 kΩ，故发送端最大负载能力是 10×4 kΩ+100 Ω（终接电阻）。RS-422 四线接口由于采用单独的发送和接收通道，因此不必控制数据方向，各装置之间任何必需的信号交换均可以按软件方式（XON/XOFF 握手）或硬件方式（一对单独的双绞线）实现。

RS-422 的最大传输距离为 4000ft（约 1219 m），最大传输速率为 10 Mbit/s。其平衡双绞线的长度与传输速率成反比，在 100 kbit/s 速率以下，才可能达到最大传输距离。只有在很短的距离下才能获得最高传输速率。一般 100 m 长的双绞线上所能获得的最大传输速率仅为 1 Mbit/s。RS-422 一般情况下需要连接终接电阻，要求其阻值约等于传输电缆的特性阻抗。在短距离传输时可不需终接电阻，即一般在 300 m 以下不需终接电阻。终接电阻接在传输电缆的最远端。RS-422 转换器与 RS-422 设备之间的 4 条导线最好是铜芯双绞线，如远传可适当增加导线直径。RS-422 型转换器之间以及转换器与设备间互连信号定义如表 2-6 所示。

表 2-6　RS-422 型转换器之间以及转换器与设备间互连信号定义列表

两个 RS-422 型转换器相连		RS-422 型转换器与 RS-422 设备相连	
RS-422 转换器	RS-422 转换器	RS-422 转换器	RS-422 设备
第 1 脚（TDA）	第 4 脚（RDA）	第 1 脚（TDA）	R-
第 2 脚（TDB）	第 3 脚（RDB）	第 2 脚（TDB）	R+
第 3 脚（RDB）	第 2 脚（TDB）	第 3 脚（RDB）	T+
第 4 脚（RDA）	第 1 脚（TDA）	第 4 脚（RDA）	T-
第 5 脚（GND）	第 5 脚（GND）	第 5 脚（GND）	GND

2.3.2.2　RS-485 电气规定

由于 RS-485 是从 RS-422 基础上发展而来的，所以 RS-485 许多电气规定与 RS-422 相似，如都采用平衡传输方式，都需要在传输线上接终接电阻等。

在使用 RS-485 接口时，传输线路从发生器到负载的数据信号传输所允许的最大电缆长度是数据信号速率的函数，这个长度数据主要是受信号失真及噪声等的影响。最大电缆长度与信号速率的关系曲线是由使用 24 AWG 铜芯双绞电话电缆（线径为 0.51 mm）、每 1 m 线间旁路电容为 52.5 pF、终端负载电阻为 100Ω 时得出的。

平衡双绞线的长度与信号速率成反比，在 100 kbit/s 速率以下，才可能使用规定最长的电缆长度。当数据信号速率降低到 90 kbit/s 以下时，假定最大允许的信号损失为 6 dBV，则电缆长度被限制在 1200 m 以内，实际上可达 3000 m。只有在很短的距离下才能获得最高速率传输，一般 100 m 长双绞线最大传输速率仅为 1 Mbit/s。

在相同的数据信号速率下，使用不同线径的电缆，计算得到的最大电缆长度是不相同的。例如：当数据信号速率为 600 kbit/s 时，采用 24 AWG 电缆，最大电缆长度是 200 m；若采用

19 AWG 电缆（线径为 0.91mm），则电缆长度将可以大于 200 m；若采用 28 AWG 电缆（线径为 0.32 mm），则电缆长度只能小于 200 m。RS-485 的远距离通信建议采用屏蔽电缆，并且将屏蔽层作为地线。

RS-485 的最高传输速率为 10 Mbit/s，但是，由于 RS-485 常常与 PC 机的 RS-232 口通信，所以实际上一般最高只有 115.2 kbit/s；又由于太高的速率会使 RS-485 传输距离减小，所以往往以 9600 bit/s 或更低速率传输。

RS-485 通信线由两根双绞线组成，它是通过两根通信线之间的电压差的方式来传递信号，因此被称为差分电压传输。差模干扰在两根信号线之间传输，属于对称性干扰。消除差模干扰的方法是在电路中增加一个偏值电阻，并采用双绞线。RS-485 的电气特性规定：在发送端，逻辑 1 用两线间的电压差为 2 ～ 6 V 表示，逻辑 0 用两线间的电压差为 −2 ～ −6 V 表示；在传输过程中，由于电缆存在电阻，当距离增加时，电压在线缆上的压降增大，因此，在接收端，规定 A 线比 B 线高 200 mV 以上即认为是逻辑 1，A 线比 B 线低 200 mV 以上即认为是逻辑 0。这样，传输信号的稳定性大大增强。

RS-485 接口采用平衡驱动器和差分接收器的组合，抗噪声干扰性好；且其总线收发器具有高灵敏度，能检测低至 200 mV 的电压，所以传输信号能在千米以外得到恢复。此外，RS-485 接口在总线上允许连接多达 128 个收发器，即 RS-485 具有多机通信能力，这样用户可以利用单一的 RS-485 接口方便地建立起设备网络。基于 RS-485 接口具有的长距离传输和多站能力等优点，其成为首选的串行接口。

RS-485 与 RS-422 的不同还在于两者的共模输出电压是不同的，RS-485 的在 −7 ～ 12 V 之间，而 RS-422 的在 −7 ～ 7 V 之间。RS-485 满足所有 RS-422 的规范，所以 RS-485 的驱动器可以在 RS-422 网络中应用。

RS-485 需要 2 个终接电阻，其阻值要求等于传输电缆的特性阻抗。在短距离传输时可不需终接电阻，即一般在 300 m 以下不需终接电阻。终接电阻接在传输总线的两端。RS-485 型转换器之间以及转换器与设备间互连信号定义如表 2-7 所示。

表 2-7　RS-485 型转换器之间以及转换器与设备间互连信号定义列表

两个 RS-485 型转换器相连		RS-485 型转换器与 RS-485 设备相连	
RS-485 转换器	RS-485 转换器	RS-485 转换器	RS-485 设备
第 1 脚	第 1 脚	第 1 脚（TDA）	T-/R- 或 485-
第 2 脚	第 2 脚	第 2 脚（TDB）	T+/R+ 或 485+
第 5 脚	第 5 脚	第 5 脚（GND）	GND

RS-485 采用半双工工作方式，任何时候只能有一点处于发送状态，因此，发送电路须由使能信号加以控制。RS-485 一般只需 2 根信号线，均采用屏蔽双绞线传输，用于多点互连时非常方便，可以省掉许多信号线。

RS-485 的国际标准并没有规定 RS-485 的接口连接器标准，所以采用接线端子或者 DB-9、DB-25 等连接器均可。目前，RS-485 接口是事实工业标准。

串口调试工具

　　　　目前，用于串口调试的工具软件较多，这些软件的功能基本相同，主要用于测试串口是否正常工作以及串行控制代码的准确性。由于测试过程简便快捷、直观有效，因此，这类工具软件已广泛应用于电子技术行业和测控行业，成为工程技术人员的必备工具。下面对两种常用的串口调试软件进行简要介绍，为广大初学者和技术人员提供借鉴与帮助。

2.4.1　串口助手

　　串口助手是一款测试串口通信的工具软件，将其功能分为四项，即串口设置、数据发送、数据接收和数据保存，如图 2-30 所示。

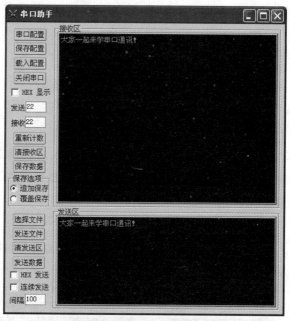

图 2-30　串口助手显示界面

（1）串口设置

　　串口设置包括串口参数的配置、保存和载入。点击"串口配置"按钮，可以对端口号、通信波特率、数据位、停止位、奇偶校验位和流控制进行设置。点击"保存配置"会弹出文件保存对话框，可以将上述串口配置信息保存为".ini"文件。当点击"载入配置"按钮时，可将该文件打开，直接调入配置信息。

（2）数据发送

　　数据发送包括文件发送和输入发送两种。采用文件发送时，点击"选择文件"按钮，从弹出对话框中选取要打开的文本文件，然后点击"发送文件"按钮，文件信息直接显示在"接收区"。当采用输入发送时，在"发送区"输入要传送的数据，点击"发送数据"按钮，输入信息显示在上面的"接收区"。在数据发送过程中如果不勾选"HEX 发送"选项，则以字符方式发送；如果选中"HEX 发送"一项，则以十六进制发送，但必须保证在发送区输入的是十六进制数。勾选"连续发送"选项后，会以"间隔"内设置的时间进行定时发送，无须按"发送数据"按钮。每发送一个字符，"发送"计数器将累加 1；每接收一个字符，"接收"计数器将累加 1，"重新计数"按钮可以将"发送"与"接收"计数器清零。"清发送区"按钮可以将发送区内的信息清空。

（3）数据接收

数据接收分为字符接收和十六进制接收两种方式，默认状态为字符接收方式，当勾选"HEX 显示"时，在接收区收到的字符以十六进制显示。当需要清空接收区时，可以通过点击"清接收区"按钮实现。

（4）数据保存

接收到的数据可以通过"保存数据"按钮实现，但该软件并未指明数据保存在哪个文件。保存选项中的追加保存和覆盖保存决定了数据的保存形式。追加保存是在以前数据的基础上继续添加；覆盖保存是抹掉以前的数据，以现有数据替换先前数据。

2.4.2　串口调试助手

串口调试助手功能较上述串口助手软件进行了较大的改进，其界面如图 2-31 所示。在功能方面，该软件除具有串口设置、数据发送、数据接收、数据保存和状态显示等功能外，还丰富了数据保存功能，这是该软件的特色之处。点击"更改"按钮，弹出文件保存路径，选择合适的目录，然后点击"保存显示数据"，此时，数据以"rec00.txt"文件名保存；当第二次保存时，数据以"rec01.txt"文件名保存；当第三次保存时，数据以"rec02.txt"文件名保存，以此类推，文件名不会重合。如果删掉前面的文件，则数据会以排序方式紧接数据文件名中"rec"后面的号码自动命名，具有一定的智能性。

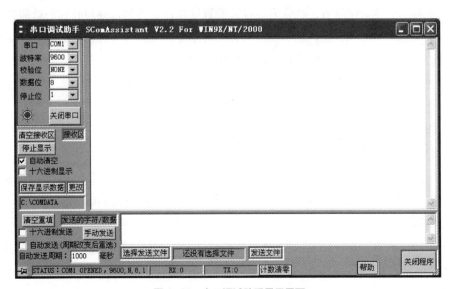

图 2-31　串口调试助手显示界面

第3章

循环冗余校验码

CRC 的全称为 cyclic redundancy check，意思是循环冗余校验，这是常用的一种数据校验方法。什么是数据校验？数据在传输过程中，例如两台计算机通过网络传输文件，由于线缆、接口等的问题，可能出现误码（本来应该接收到 1，实际却接收到了 2），这就需要找到一种措施，发现这个错误的接收码，方法是再发送多余的数据让接收方验证是否正确，这就是数据校验。

3.1 校验码种类

校验方法很多，其中最简单的一种校验方法是求和校验，将传送的数据以字节为单位相加求和，并将总和传给接收方，接收方对收到的数据也计算总和，并与收到的总和校验码进行比较，如果传输中出现误码，总和校验码会出现差异，从而知道有误码产生，可以让发送方重新发送数据，这种方法计算量大，不便于数据通信。

CRC 校验是将数据列除以某个固定的数，将所得余数作为校验码，这样，无论数据多大，余数总不会超过除数，而除数是多少呢？主要包括以下几种。

（1）CRC8

对应的除数多项式为 X8+X5+X4+1，这是什么意思？实际上是将二进制数对应的某个位置 1。对于上面的多项式就是要对第 0 位、第 4 位、第 5 位和第 8 位置 1，其余位全为 0，表示成完整的二进制数是 $(0000\ 0001\ 0011\ 0001)_2$，换算为十六进制即为 $(01\ 31)_{16}$。

（2）CRC12

对应多项式为 X12+X11+X3+X2+1，对第 0 位、第 2 位、第 3 位、第 11 位和第 12 位置 1，其余位全为 0，表示成完整的二进制数是 $(0001\ 1000\ 0000\ 1101)_2$，换算为十六进制即为 $(18\ 0D)_{16}$。

（3）CCITT CRC16

对应多项式为 X16+X12+X5+1，对第 0 位、第 5 位、第 12 位和第 16 位置 1，其余位全为 0，表示成完整的二进制数是 (0001 0001 0000 0010 0001)$_2$，换算为十六进制即为 (01 10 21)$_{16}$。

（4）ANSI CRC16

多项式为 X16+X15+X2+1，对第 0 位、第 2 位、第 15 位和第 16 位置 1，其余位全为 0，表示成完整的二进制数是 (0001 1000 0000 0000 0101)$_2$，换算为十六进制即为 (01 80 05)$_{16}$。

（5）CRC32

对应多项式 X32+X26+X23+X22+X16+X12+X11+X10+X8+X7+X5+X4+X2+X1+1，对第 0 位、第 1 位、第 2 位、第 4 位、第 5 位、第 7 位、第 8 位、第 10 位、第 11 位、第 12 位、第 16 位、第 22 位、第 23 位、第 26 位、第 32 位置 1，其余位全为 0，表示成完整的二进制数是 (0001 0000 0100 1100 0001 0001 1101 1011 0111)$_2$，换算为十六进制即为 (01 04 C1 1D B7)$_{16}$。

根据 CRC 校验原理可知，在 CRC8 中出现了误码但没发现的概率是 $1/2^8$，在 CRC16 中的概率是 $1/2^{16}$，而在 CRC32 中的概率则是 $1/2^{32}$，一般在数据不多的情况下用 CRC16 校验，而在整个文件中一般用 CRC32 校验。

CRC 确定以后，说明找到了除数，被除数为待处理的数据序列，两者可以进行除法运算：首先是被除数与除数高位对齐后，被除数减去除数，得到差；如果差大于除数，除数再与差的最高位对齐，进行减法；直到差比除数小，最后的这个差就是余数。CRC 的加法（或减法）是不进（借）位的。例如：10 减去 01，结果是 11，而不是借位减法得到的 01，所以，CRC 的加法和减法所得的结果是一样的，10 加 01 的结果是 11，10 减 01 的结果也是 11，这其实就是异或操作，即不同为 1，相同为 0。

3.2　MCGS计算CRC

为了提高运算速度，往往将 CRC 校验码做成表格，通过查表快速计算一系列字节中每个字节的校验码，然后通过叠加累计运算，得到最终的校验码。下面是通过查表计算指定字节序列校验码的 C 语言源程序，定义了存放高字节 CRC 值的数组 auchCRCHi 与存放低字节 CRC 值的数组 auchCRCLo，针对以 pBuff 为起始地址，长度为 nBuffLen 的每一个字节，逐个与其对应的 CRC 值进行异或运算。

3.2.1　CRC计算过程

C语言CRC
计算过程

```
/*高位字节的CRC值*/
static const unsigned char auchCRCHi[] = {
    0x00, 0xC1, 0x81, 0x40, 0x01, 0xC0, 0x80, 0x41, 0x01, 0xC0, 0x80, 0x41, 0x00, 0xC1, 0x81, 0x40,
    0x01, 0xC0, 0x80, 0x41, 0x00, 0xC1, 0x81, 0x40, 0x00, 0xC1, 0x81, 0x40, 0x01, 0xC0, 0x80, 0x41,
    0x01, 0xC0, 0x80, 0x41, 0x00, 0xC1, 0x81, 0x40, 0x00, 0xC1, 0x81, 0x40, 0x01, 0xC0, 0x80, 0x41,
    0x00, 0xC1, 0x81, 0x40, 0x01, 0xC0, 0x80, 0x41, 0x01, 0xC0, 0x80, 0x41, 0x00, 0xC1, 0x81, 0x40,
    0x01, 0xC0, 0x80, 0x41, 0x00, 0xC1, 0x81, 0x40, 0x00, 0xC1, 0x81, 0x40, 0x01, 0xC0, 0x80, 0x41,
    0x00, 0xC1, 0x81, 0x40, 0x01, 0xC0, 0x80, 0x41, 0x01, 0xC0, 0x80, 0x41, 0x00, 0xC1, 0x81, 0x40,
```

```
0x00, 0xC1, 0x81, 0x40, 0x01, 0xC0, 0x80, 0x41, 0x01, 0xC0, 0x80, 0x41, 0x00, 0xC1, 0x81, 0x40,
0x01, 0xC0, 0x80, 0x41, 0x00, 0xC1, 0x81, 0x40, 0x00, 0xC1, 0x81, 0x40, 0x01, 0xC0, 0x80, 0x41,
0x01, 0xC0, 0x80, 0x41, 0x00, 0xC1, 0x81, 0x40, 0x00, 0xC1, 0x81, 0x40, 0x01, 0xC0, 0x80, 0x41,
0x00, 0xC1, 0x81, 0x40, 0x01, 0xC0, 0x80, 0x41, 0x01, 0xC0, 0x80, 0x41, 0x00, 0xC1, 0x81, 0x40,
0x00, 0xC1, 0x81, 0x40, 0x01, 0xC0, 0x80, 0x41, 0x01, 0xC0, 0x80, 0x41, 0x00, 0xC1, 0x81, 0x40,
0x01, 0xC0, 0x80, 0x41, 0x00, 0xC1, 0x81, 0x40, 0x00, 0xC1, 0x81, 0x40, 0x01, 0xC0, 0x80, 0x41,
0x00, 0xC1, 0x81, 0x40, 0x01, 0xC0, 0x80, 0x41, 0x01, 0xC0, 0x80, 0x41, 0x00, 0xC1, 0x81, 0x40,
0x01, 0xC0, 0x80, 0x41, 0x00, 0xC1, 0x81, 0x40, 0x00, 0xC1, 0x81, 0x40, 0x01, 0xC0, 0x80, 0x41,
0x01, 0xC0, 0x80, 0x41, 0x00, 0xC1, 0x81, 0x40, 0x00, 0xC1, 0x81, 0x40, 0x01, 0xC0, 0x80, 0x41,
0x00, 0xC1, 0x81, 0x40, 0x01, 0xC0, 0x80, 0x41, 0x01, 0xC0, 0x80, 0x41, 0x00, 0xC1, 0x81, 0x40
};
```

```
/*低位字节的CRC值*/
static const unsigned char auchCRCLo[] = {
0x00, 0xC0, 0xC1, 0x01, 0xC3, 0x03, 0x02, 0xC2, 0xC6, 0x06, 0x07, 0xC7, 0x05, 0xC5, 0xC4, 0x04,
0xCC,0x0C, 0x0D,0xCD, 0x0F, 0xCF, 0xCE, 0x0E, 0x0A, 0xCA, 0xCB, 0x0B, 0xC9, 0x09, 0x08, 0xC8,
0xD8,0x18, 0x19, 0xD9, 0x1B, 0xDB, 0xDA, 0x1A, 0x1E, 0xDE, 0xDF, 0x1F, 0xDD, 0x1D, 0x1C,0xDC,
0x14, 0xD4, 0xD5,0x15, 0xD7, 0x17, 0x16, 0xD6, 0xD2, 0x12, 0x13, 0xD3, 0x11, 0xD1, 0xD0, 0x10,
0xF0, 0x30, 0x31, 0xF1, 0x33, 0xF3, 0xF2, 0x32, 0x36, 0xF6, 0xF7, 0x37, 0xF5, 0x35, 0x34, 0xF4,
0x3C,0xFC, 0xFD,0x3D, 0xFF, 0x3F, 0x3E, 0xFE, 0xFA, 0x3A, 0x3B, 0xFB, 0x39, 0xF9, 0xF8, 0x38,
0x28, 0xE8, 0xE9,0x29, 0xEB, 0x2B, 0x2A, 0xEA, 0xEE, 0x2E, 0x2F, 0xEF, 0x2D, 0xED, 0xEC, 0x2C,
0xE4,0x24, 0x25, 0xE5, 0x27, 0xE7, 0xE6, 0x26, 0x22, 0xE2, 0xE3, 0x23, 0xE1, 0x21, 0x20, 0xE0,
0xA0,0x60, 0x61, 0xA1, 0x63, 0xA3, 0xA2, 0x62, 0x66, 0xA6, 0xA7, 0x67, 0xA5, 0x65, 0x64, 0xA4,
0x6C,0xAC,0xAD,0x6D, 0xAF, 0x6F, 0x6E, 0xAE, 0xAA, 0x6A, 0x6B, 0xAB, 0x69, 0xA9, 0xA8,0x68,
0x78, 0xB8, 0xB9, 0x79, 0xBB, 0x7B, 0x7A, 0xBA, 0xBE, 0x7E, 0x7F, 0xBF, 0x7D, 0xBD, 0xBC, 0x7C,
0xB4, 0x74, 0x75, 0xB5, 0x77, 0xB7, 0xB6, 0x76, 0x72, 0xB2, 0xB3, 0x73, 0xB1, 0x71, 0x70, 0xB0,
0x50, 0x90, 0x91, 0x51, 0x93, 0x53, 0x52, 0x92, 0x96, 0x56, 0x57, 0x97, 0x55, 0x95, 0x94, 0x54,
0x9C, 0x5C, 0x5D, 0x9D, 0x5F, 0x9F, 0x9E, 0x5E, 0x5A, 0x9A, 0x9B, 0x5B, 0x99, 0x59, 0x58, 0x98,
0x88, 0x48, 0x49, 0x89, 0x4B, 0x8B, 0x8A, 0x4A, 0x4E, 0x8E, 0x8F, 0x4F, 0x8D, 0x4D, 0x4C, 0x8C,
0x44, 0x84, 0x85, 0x45, 0x87, 0x47, 0x46, 0x86, 0x82, 0x42, 0x43, 0x83, 0x41, 0x81, 0x80, 0x40
};
```

```c
unsigned short GenCRC16 (unsigned char *pBuff, unsigned short nBuffLen)
{
    unsigned char uchCRCHi = 0xFF;
    unsigned char uchCRCLo = 0xFF;
    unsigned uIndex;

    while (nBuffLen--)
    {
        uIndex = uchCRCLo ^ *pBuff++;
        uchCRCLo = uchCRCHi ^ auchCRCHi[uIndex];
        uchCRCHi = auchCRCLo[uIndex];
    }

    return (uchCRCHi << 8 | uchCRCLo);
}
```

CRC手动计算
过程

现假定要校验的字节序列为"00 03 00 00 00 02"，通过分步计算得到其校验码。初始值 uchCRCHi = 0xFF；初始值 uchCRCLo = 0xFF。

（1）第一个字节 00

取字节序列的第一个字节 00。

$$uIndex = uchCRCLo \text{ ^ } *pBuff++=0xFF\text{^}0x00=0xFF$$
$$uchCRCLo = uchCRCHi \text{ ^ } auchCRCHi[uIndex] = 0xFF\text{^ } auchCRCHi[0xFF] = 0xFF\text{^}0x40 = 0xBF$$
$$uchCRCHi = auchCRCLo[uIndex]= auchCRCLo[0xFF]=0x40$$

（2）第二个字节 03

取字节序列的第二个字节 03。

$$uIndex = uchCRCLo \text{ ^ } *pBuff++=0xBF\text{^}0x03=0xBC$$
$$uchCRCLo = uchCRCHi \text{ ^ } auchCRCHi[uIndex] = 0x40 \text{ ^ } auchCRCHi[0xBC] = 0x40\text{^}0x01 = 0x41$$
$$uchCRCHi = auchCRCLo[uIndex]= auchCRCLo[0xBC]=0xB1$$

（3）第三个字节 00

取字节序列的第三个字节 00。

$$uIndex = uchCRCLo \text{ ^ } *pBuff++=0x41\text{^}0x00=0x41$$
$$uchCRCLo = uchCRCHi \text{ ^ } auchCRCHi[uIndex] = 0xB1 \text{ ^ } auchCRCHi[0x41] = 0xB1\text{^}0xC0 = 0x71$$
$$uchCRCHi = auchCRCLo[uIndex] = auchCRCLo[0x41] = 0x30$$

（4）第四个字节 00

取字节序列的第四个字节 00。

$$uIndex = uchCRCLo \text{ ^ } *pBuff++=0x71\text{^}0x00=0x71$$
$$uchCRCLo = uchCRCHi \text{ ^ } auchCRCHi[uIndex] = 0x30 \text{ ^ } auchCRCHi[0x71] = 0x30\text{^}0xC0 = 0xF0$$
$$uchCRCHi = auchCRCLo[uIndex]= auchCRCLo[0x71]=0x24$$

（5）第五个字节 00

取字节序列的第五个字节 00。

$$uIndex = uchCRCLo \text{ ^ } *pBuff++=0xF0\text{^}0x00=0xF0$$
$$uchCRCLo = uchCRCHi \text{ ^ } auchCRCHi[uIndex] = 0x24 \text{ ^ } auchCRCHi[0xF0] = 0x24\text{^}0x00 = 0x24$$
$$uchCRCHi = auchCRCLo[uIndex]= auchCRCLo[0xF0]=0x44$$

（6）第六个字节 02

取字节序列的第六个字节 02。

$$uIndex = uchCRCLo \text{ ^ } *pBuff++=0x24\text{^}0x02=0x26$$
$$uchCRCLo = uchCRCHi \text{ ^ } auchCRCHi[uIndex] = 0x44 \text{ ^ } auchCRCHi[0x26] = 0x44\text{^}0x81 = 0xC5$$
$$uchCRCHi = auchCRCLo[uIndex]= auchCRCLo[0x26]=0xDA$$

通过上述计算可得，CRC 校验码的低字节为 0xC5，高字节为 0xDA。

3.2.2　数据库组态

　　MCGS 组态软件编程的灵活性不如 C 语言，没有指针，难以实现高效程序代码的编写，尤其是数组。本例通过字符串方式模拟 C 语言中的数组，将 CRC 高字节表和低字节表中的十六进制以空格分开的字符串形式赋给变量，每个十六制字节占用的宽度保持相同，这样，当从某一个索引位置获取字节数据时，只要将该字节的索引值与字符宽度进行乘积运算，即可得到字节在字符串中的偏移位置，通过字符串操作函数截取其中字节片段，实现指定字节数据的获取。

　　字符串在 McgsPro 中的显示采用标签构件，在字符串中的存储采用字符型变量，这两者区别较大。前者为了显示，字节排列要求整齐，而标签构件不支持自动换行功能，因此，需要对整个字符串进行"断句"，每一行设一回车换行符，标签构件才能一行一行地将数据显示在可视区；后者是字符型变量，字节数据必须连贯一致地存储在变量中，中间不能出现回车换行符，一旦出现，字符型变量便认为是结束。前者用于显示，后者用于存储，采用两种不同的技巧达到"视觉"与"底层运算"的双重目的。

本案例仅用到实时数据库与用户窗口，但脚本代码较复杂，首先在实时数据库建立所需要的数据存储变量和临时变量，指定变量类型，如图 3-1 所示。在"对象内容注释"中详尽地给出变量说明，如图 3-2 所示。

图 3-1　CRC 校验码计算过程所需变量定义列表图

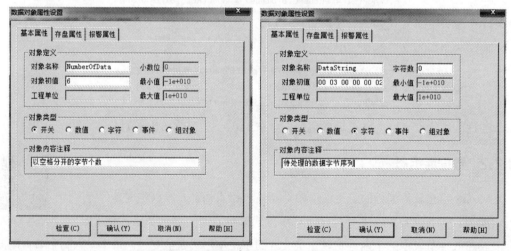

图 3-2　字节个数变量与字节数据变量设置界面

NumberOfData 和 DataString 两个变量给定了初始值，省去了程序运行时每次都要从界面输入的麻烦，当然，用户仍然可以按照自己的要求输入相应的字节序列，每个字节之间必须以空格隔开，字节个数与 NumberOfData 要完全一致。

本例程序的脚本代码实际上是查表法求 CRC 的一种变形，用字符串代替数组，用索引值代替指针，完全根据 McgsPro 的语法与函数要求进行编写，实现难度较大。

3.2.3　界面组态

在用户窗口中点击"工具箱"中的"常用符号"按钮，如图 3-3 所示，选中"凹槽平面"与"凹平面"，在用户窗口中添加相应的图形。将凹平面对象的背底颜色设为白色，在其上放置一个标签构件，边框颜色设为无，内部填充色设为白色，这样，就可以形成一个可以显示文字的具有凹凸感的画框，标签内的内容初值可以设为 CRC 低字节列表和高字节列表，每一行保证以回车换行符结尾，按上述过程构造出 CRC 高位字节值表、CRC 低位字节值表和数据输入示例，如图 3-4 所示。

界面组态

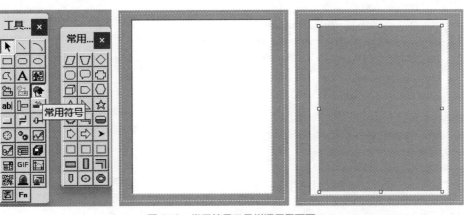

图 3-3　常用符号工具栏调用界面图

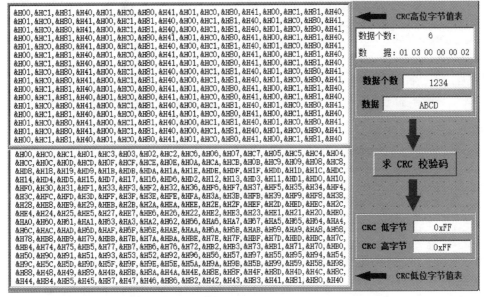

图 3-4　CRC 校验码计算界面设计图

3.2.4　程序代码

在用户窗口中加入"求 CRC 校验码"按钮，这是唯一执行相应指令的触发开关，点击"求 CRC 校验码"后执行如下所示脚本程序。

程序代码

```
'*********************************************************************
CRCLow=255
CRCHigh=255
I=0
J=0
iIndex=0
TempString=DataString
While I<NumberOfData
    I=I+1
    '从字符串中取出以空格为间隔的各个字节
    If I<NumberOfData then
        '如果字节在前面，中间总会出现空格
        LastPosition=!instr(1, TempString," ")
        Data=!Hex2I(!mid(TempString,1,LastPosition-1))
        TempString=!trim(!Right(TempString,!Len(TempString)-LastPosition))
    Else
        '最后一个字节，没有空格
        Data=!Hex2I(!trim(TempString))
    Endif
    '每个字节与CRC表中对应位置的CRC值进行异或运算
    iIndex=!BitXOR(CRCLow, Data)
    J=iIndex
    '如果是CRC高字节表中的第一个字节
    If J=0 then
        DataIndexInTableHigh=!Hex2I(!Mid(TableOfCRCHigh,3,2))
    Endif
    '如果是CRC高字节表中的最后一个字节
    If J=255 then
        DataIndexInTableHigh =!Hex2I(!Mid(TableOfCRCHigh,!Len(TableOfCRCHigh)-1,2))
    Endif
    '如果是CRC高字节表中的中间字节
    If ((J<255)and (J>0))then
        DataIndexInTableHigh=!Hex2I(!Mid(TableOfCRCHigh,J*5+3, 2))
    Endif
    '计算CRC低字节的值
    CRCLow=!BitXOR(CRCHigh,DataIndexInTableHigh)
    '如果是CRC低字节表中的第一个字节
    If J=0 then
        DataIndexInTableLow=!Hex2I(!Mid(TableOfCRCLow,3,2))
    Endif
    '如果是CRC低字节表中的最后一个字节
    If J=255 then
        DataIndexInTableLow =!Hex2I(!Mid(TableOfCRCLow,!Len(TableOfCRCLow)-1, 2))
    Endif
    '如果是CRC低字节表中的中间字节
    If ((J<255)and (J>0))then
        DataIndexInTableLow=!Hex2I(!Mid(TableOfCRCLow,J*5+3, 2))
    Endif
    '计算CRC高字节的值
    CRCHigh= DataIndexInTableLow
Endwhile
'*********************************************************************
```

程序运行后的界面如图 3-5 所示，在"数据个数"标签后面的输入框中输入字节个数 6，在"数据"标签后面的输入框中输入以空格为分隔符的十六进制数"00 03 00 00 00 02"，点击"求 CRC 校验码"即可求出这 6 个字节的 CRC 校验码，CRC 低字节为 0xC5，高字节为 0xDA，这与前面采用手动计算得到的结果一致。

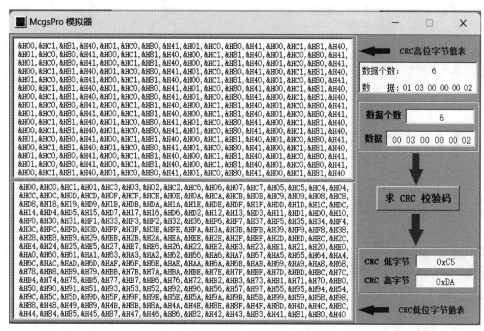

图 3-5　CRC 校验码计算过程图

第4章

TTL 之模拟输入——电压电流表

4.1 电压电流表

LDDP4C仪表
介绍

LDDP4C面板
参数设置

LDDP4C端子
连线

亨立德 LDDP4C-R2A-S4-R2C-DC5A-NNN（以下简称 LDDP4C）是一款电压电流表，如图 4-1 所示。"DP"代表直流电压电流表；"C"表示仪表前面板宽 96 mm，高 48 mm；"R2A"表示辅助输出 OUT1 安装了大容量继电器常开触点开关输出模块，15 端子为公共触点 COM，16 端子为常开触点 NO（normally open）；"S4"代表 OUT2 接口安装了光电隔离 TTL 通信接口模块；"R2C"代表辅助输出 OUT4 安装了大容量继

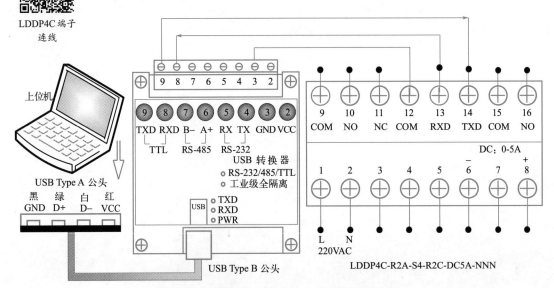

图 4-1　电压电流表 LDDP4C 通信线路连接示意图

电器常开常闭触点开关输出模块，11 端子为常闭触点 NC（normally closed），10 端子为常开触点 NO，9 端子为公共触点 COM；"DC5A"表示直流电流，8 端子为直流正极端，6 端子为直流负极端；LDDP4C 的 1 端子与 2 端子分别连接交流 220 V 的火线（L）与零线（N）。

　　上位机采用笔记本电脑或台式机，称为主机，通过 USB 转换器的 TTL 接口与下位机 LDDP4C 相连，下位机 LDDP4C 称为从机，并且仅能进行一对一通信。由于 TTL 接口采用单端驱动电路，USB 转换器的 GND 端子 3 必须与 LDDP4C 的 12 端子相连，USB 转换器的 TXD 端子 9 必须与 LDDP4C 的 14 端子相连，USB 转换器的 RXD 端子 8 与 LDDP4C 的 13 端子相连，三根线既不能接错，也不能漏接。LDDP4C 的仪表地址为 12，上位机采用万能地址 254，通信波特率设为 9600 bit/s。

4.1.1　Modbus RTU 读指令

　　仪表参数存储在仪表内部的各个寄存器中，Modbus RTU 读指令是指读取各个寄存器的内容，包括读取单个寄存器和读取多个寄存器。

Modbus RTU
读写指令

　　读取单个寄存器与读取多个寄存器指令的区别在于读取寄存器的个数不同。读取单个寄存器指令对应的寄存器个数为 1，而读取多个寄存器指令对应的寄存器个数为多个。例如，LDDP4C 的"Addr（地址）""bAud（波特率）"和"CHEC（奇偶校验）"三个参数分别存放于从 0 开始计算的第 500、501 和 502 地址的三个寄存器，要读取这三个寄存器的内容，如果采用读取单个寄存器指令，则需要发送三次指令；而如果采用读取多个寄存器指令，则只需要发送一次，将寄存器个数设为 3 即可。两种指令相比较：前者灵活，效率低；后者效率高，但需要对指令进行解析，用户可根据实际需要选择指令。

　　表 4-1 给出了 LDDP4C 只读地址、只读波特率，以及同时读取地址、波特率和奇偶校验指令的编码过程和返回数据格式。

表 4-1　电压电流表 LDDP4C 读指令格式列表

指令格式	仪表地址	功能码	寄存器起始地址		要读取字数		循环冗余校验码	
			高字节	低字节	高字节	低字节	低字节	高字节
编码顺序	第 1 字节	第 2 字节	第 3 字节	第 4 字节	第 5 字节	第 6 字节	第 7 字节	第 8 字节
只读地址	FEH	03H	01H	F4H	00H	01H	D0H	0BH
	发送指令：FE 03 01 F4 00 01 D0 0B 解释说明：向地址为 254（FEH）的电压电流表 LDDP4C 发送读保持寄存器（03H）指令，从寄存器的 500（01F4H）地址开始读，读取 1（0001H）个寄存器，"D0 0B"为 CRC 码 返回数据：FE 03 02 00 0C AC 55 解释说明：从地址为 254(FEH)的电压电流表 LDDP4C 返回 2 个字节(02H)指令，寄存器内容为"00 0C"，说明仪表地址为 12，"AC 55"为 CRC 码								
只读波特率	FEH	03H	01H	F5H	00H	01H	81H	CBH
	发送指令：FE 03 01 F5 00 01 81 CB 解释说明：向地址为 254（FEH）的电压电流表 LDDP4C 发送读保持寄存器（03H）指令，从寄存器的 501（01F5H）地址开始读，读取 1（0001H）个寄存器，"81 CB"为 CRC 码 返回数据：FE 03 02 00 03 EC 51 解释说明：从地址为 254（FEH）的电压电流表 LDDP4C 返回 2 个字节（02H）指令，寄存器内容为"00 03"，说明通信波特率为 9600 bit/s，"EC 51"为 CRC 码								

续表

指令格式	仪表地址	功能码	寄存器起始地址		要读取字数		循环冗余校验码	
			高字节	低字节	高字节	低字节	低字节	高字节
	FEH	03H	01H	F4H	00H	03H	51H	CAH
同时读取地址、波特率和奇偶校验	发送指令：FE 03 01 F4 00 03 51 CA 解释说明：向地址为 254（FEH）的电压电流表 LDDP4C 发送读保持寄存器（03H）指令，从寄存器的 500（01F4H）地址开始读，读取 3（0003H）个寄存器，"51 CA" 为 CRC 码 返回数据：FE 03 06 00 0C 00 03 00 00 84 80 解释说明：从地址为 254（FEH）的电压电流表 LDDP4C 返回 6 个字节（06H）指令，第 1 个寄存器内容为 "00 0C"，第 2 个寄存器内容为 "00 03"，第 3 个寄存器内容为 "00 00"，"84 80" 为 CRC 码							

注：表中数字后面的 "H" 表示十六进制。

采用 SSCOM 串口 / 网络数据调试器，如图 4-2 所示，设置通信参数为 "9600bps，8，1，None，None"，即波特率为 9600 bit/s，8 位数据位，1 位停止位，无奇偶校验，无流控制。在调试器软件右侧窗格中输入读指令，点击窗格右侧 "读地址""读波特率" 和 "读地址、波特率和奇偶校验" 等按钮发送，图 4-2 左侧窗格中为 Modbus RTU 读指令的应答帧。为了区分各条指令的发送时间与接收时间，在调试器软件界面中必须勾选 "加时间戳和分包显示"。

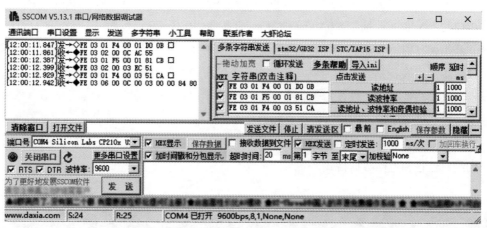

图 4-2　电压电流表 LDDP4C 通信参数 Modbus RTU 读指令界面图

表 4-2 为 LDDP4C 仪表参数列表，在仪表面板修改各参数值后，通过表 4-2 中读参数 Modbus RTU 指令可以获得各参数当前设定值。

表 4-2　电压电流表 LDDP4C 仪表参数列表

参数	显示符号	寄存器地址（十六进制）	取值范围	说明	读参数 Modbus RTU 指令
电流值	无	0x00（3 区）	0 ~ 5000	电流值为 0.2A	发送：FE 04 00 00 00 01 25 C5 接收：FE 04 02 00 02 2C E5
仪表地址	Addr	0x01F4（4 区）	0 ~ 255	254：万能地址； 255：广播地址； 0 ~ 252：多从机时地址取不同值； LDDP4C 地址为 12	发送：FE 03 01 F4 00 01 D0 0B 接收：FE 03 02 00 0C AC 55

续表

参数	显示符号	寄存器地址（十六进制）	取值范围	说明	读参数 Modbus RTU 指令
波特率	bAud	0x01F5	0 → 1200； 1 → 2400； 2 → 4800； 3 → 9600； 4 → 192b； 5 → 384b； 6 → 576b	0：1200 bit/s； 1：2400 bit/s； 2：4800 bit/s； 3：9600 bit/s； 4：19200 bit/s； 5：38400 bit/s； 6：57600 bit/s。 LDDP4C 波特率为 9600 bit/s	发送：FE 03 01 F5 00 01 81 CB 接收：FE 03 02 00 03 EC 51
奇偶校验	CHEC	0x01F6	0 → nuLL； 1 → EvEn； 2 → odd	0：无奇偶校验； 1：偶校验； 2：奇校验。 LDDP4C 奇偶校验为无奇偶校验：0	发送：FE 03 01 F6 00 01 71 CB 接收：FE 03 02 00 00 AC 50
系统密码	P_C	0x01F8	0 ~ 9999	用于进入菜单进行参数操作，出厂初始密码为"2"。 LDDP4C 系统密码为 2	发送：FE 03 01 F8 00 01 10 08 接收：FE 03 02 00 02 2D 91
线性输入或变送输出下限	LoL	0x03EC	-999 ~ 9999	线性输入的量程下限为0000H，即 0.0	发送：FE 03 03 EC 00 01 51 B4 接收：FE 03 02 00 00 AC 50
线性输入或变送输出上限	HiL	0x03ED	-999 ~ 9999	线性输入的量程上限为1388H，即 500.0	发送：FE 03 03 ED 00 01 00 74 接收：FE 03 02 13 88 A1 06
调整系数	K	0x03EE	0.000 ~ 2.000	斜率调整系数为 0000H，即 0.000	发送：FE 03 03 EE 00 01 F0 74 接收：FE 03 02 00 00 AC 50
平移修正	AdJu	0x03EF	-99.9 ~ 999.9	AdJu 参数用于对测量的静态误差进行修正。AdJu 参数通常为 0，当有静态误差和特殊要求时才进行设置。当输入为温度时，小数点固定在十位。平移修正为 0002H，即 0.2	发送：FE 03 03 EF 00 01 A1 B4 接收：FE 03 02 00 02 2D 91
小信号切除	Cut	0x03F0	-999 ~ 9999	用于切除测量中无效的小信号，当测量值小于该值时，测量的显示值采用 Cut2 设定的值。设定值为 0 时无效。小信号切除为 0002H，即 0.2	发送：FE 03 03 F0 00 01 90 72 接收：FE 03 02 00 02 2D 91
小信号切除替代	Cut2	0x03F1	-999 ~ 9999	当测量值小于 Cut 设定值时，测量值的显示值。Cut 为 0 时无效。小信号切除替代为 0003H，即 0.3	发送：FE 03 03 F1 00 01 C1 B2 接收：FE 03 02 00 03 EC 51
滤波系数	FiL	0x03F2	0 ~ 99	数字滤波使输入数据光滑，0 表示没有滤波，数值越大，响应越慢，测量值越稳定。滤波系数为 0002H，即 2	发送：FE 03 03 F2 00 01 31 B2 接收：FE 03 02 00 02 2D 91

续表

参数	显示符号	寄存器地址（十六进制）	取值范围	说明	读参数 Modbus RTU 指令
小数点	Poin	0x03F3	0 → ＿＿＿＿.; 1 → ＿＿＿.＿; 2 → ＿＿.＿＿; 3 → ＿.＿＿＿	当输入为温度时，测量值（present value，PV）固定有一位小数点，与 Poin 设置无关 个位：＿＿＿＿.; 十位：＿＿＿.＿; 百位：＿＿.＿＿; 千位：＿.＿＿＿。 小数点设置为 0001H，即 1 位小数	发送：FE 03 03 F3 00 01 60 72 接收：FE 03 02 00 01 6D 90
报警值 1	A1	0x03F5	-999 ~ 9999	报警值 1 为 0001H，即 0.1	发送：FE 03 03 F5 00 01 80 73 接收：FE 03 02 00 01 6D 90
报警值 2	A2	0x03F6	-999 ~ 9999	报警值 2 为 0002H，即 0.2	发送：FE 03 03 F6 00 01 70 73 接收：FE 03 02 00 02 2D 91
报警值 3	A3	0x03F7	-999 ~ 9999	报警值 3 为 0003H，即 0.3	发送：FE 03 03 F7 00 01 21 B3 接收：FE 03 02 00 03 EC 51
报警值 4	A4	0x03F8	-999 ~ 9999	报警值 4 为 0010H，即 1.6	发送：FE 03 03 F8 00 01 11 B0 接收：FE 03 02 00 10 AD 9C
报警回差	Hy	0x03F9	0 ~ 2000	报警回差为 0005H，即 0.5	发送：FE 03 03 F9 00 01 40 70 接收：FE 03 02 00 05 6C 53
报警 1 模式	A1_M	0x03FA	0 → LA; 1 → HA	报警 1 模式为 0000H，即 LA	发送：FE 03 03 FA 00 01 B0 70 接收：FE 03 02 00 00 AC 50
报警 2 模式	A2_M	0x03FB		报警 2 模式为 0001H，即 HA	发送：FE 03 03 FB 00 01 E1 B0 接收：FE 03 02 00 01 6D 90
报警 3 模式	A3_M	0x03FC		报警 3 模式为 0000H，即 LA	发送：FE 03 03 FC 00 01 50 71 接收：FE 03 02 00 00 AC 50
报警 4 模式	A4_M	0x03FD		报警 4 模式为 0001H，即 HA	发送：FE 03 03 FD 00 01 01 B1 接收：FE 03 02 00 01 6D 90
报警 1 输出位置	A1_o	0x03FE	0 → nuLL; 1 → out1; 2 → out2; 3 → out3; 4 → out4	报警 1 输出位置为 0001H，即 out1	发送：FE 03 03 FE 00 01 F1 B1 接收：FE 03 02 00 01 6D 90
报警 2 输出位置	A2_o	0x03FF		报警 2 输出位置为 0002H，即 out2	发送：FE 03 03 FF 00 01 A0 71 接收：FE 03 02 00 02 2D 91
报警 3 输出位置	A3_o	0x0400		报警 3 输出位置为 0003H，即 out3	发送：FE 03 04 00 00 01 91 35 接收：FE 03 02 00 03 EC 51
报警 4 输出位置	A4_o	0x0401		报警 4 输出位置为 0004H，即 out4	发送：FE 03 04 01 00 01 C0 F5 接收：FE 03 02 00 04 AD 93

4.1.2　Modbus RTU 写指令

　　Modbus RTU 写指令是指向各个寄存器写入参数的内容。操作者可以在仪表面板修改各个参数，也可在上位机发送 Modbus RTU 写指令，如表 4-3 所示。

表 4-3　电压电流表 LDDP4C 写单个寄存器指令格式列表

指令格式	仪表地址	功能码	寄存器起始地址		要写入内容		循环冗余校验码	
			高字节	低字节	高字节	低字节	低字节	高字节
编码顺序	第 1 字节	第 2 字节	第 3 字节	第 4 字节	第 5 字节	第 6 字节	第 7 字节	第 8 字节
写地址	FEH	06H	01H	F4H	00H	01H	1CH	0BH
	发送指令：FE 06 01 F4 00 01 1C 0B 解释说明：向地址为 254（FEH）的电压电流表 LDDP4C 发送写保持寄存器（06H）指令，向寄存器的 500（01F4H）地址写入 1（0001H），即将仪表地址改为 1，"1C 0B"为 CRC 码 返回数据：FE 06 01 F4 00 01 1C 0B 解释说明：写操作成功								
写波特率	FEH	06H	01H	F5H	00H	02H	0DH	CAH
	发送指令：FE 06 01 F5 00 02 0D CA 解释说明：向地址为 254（FEH）的电压电流表 LDDP4C 发送写保持寄存器（06H）指令，向寄存器的 501（01F5H）地址写入 2（0002H），即将波特率改为 4800 bit/s，"0D CA"为 CRC 码 返回数据：FE 06 01 F5 00 02 0D CA 解释说明：写操作成功								

注：表中数字后面的"H"表示十六进制。

4.2　MCGS组态

本例以直流 24 V 风扇为例，24 V 正极引线从 8 端子接入仪表，从 6 端子引出连接至风扇的正极，风扇负极引出线连接至直流电源地，形成闭合回路。LDDP4C 仪表的"Poin"参数设为一位小数，仪表地址设为 12，通信波特率为 9600 bit/s，奇偶校验设为无奇偶校验模式。

4.2.1　窗口关联与数据库

在"工作台"窗体选择"用户窗口"属性页，选中"public"窗口，如图 4-3 ① 所示，在"编辑 (E)"下拉菜单中选择"拷贝 (C)"命令②，再选择"粘贴 (V)" 命令③，在用户窗口生成新的窗体"public_ 复件 1"④，点击"窗口属性"按 钮⑤，弹出"用户窗口属性设置"对话框，在"窗口名称"内输入"第 4 章 _ LDDP4C"⑥，点击"确认 (Y)"完成新窗体"第 4 章 _LDDP4C"⑦的创建。

窗口关联与
设备组态

在"目录"用户窗口双击"第 4 章"按钮，弹出"标准按钮构件属性设置"对话框，点击"操作属性"属性页，勾选"打开用户窗口"，在后面下拉列表中选择"第 4 章 _LDDP4C"用户窗口，勾选"关闭用户窗口"，在后面下拉列表中选择"目录"用户窗口。向用户窗口"第 4 章 _LDDP4C"拷入一个上箭头"🏠"构件，双击该构件，在"标准按钮构件属性设置"对话框中选择"操作属性"属性页，勾选"打开用户窗口"，在后面下拉列表中选择"目录"用户窗口，勾选"关闭用户窗口"，在后面下拉列表中选择"第 4 章 _LDDP4C"用户窗口。这样，上级窗口"目录"与下级窗口"第 4 章 _LDDP4C"实现了关联。

为了与其他仪表数据对象区别，采用"仪表型号 _ 仪表参数"形式命名，例如，当前值参数符号为"PV"，对应数据对象名称为"LDDP4C_PV"。用鼠标左键点击"新增对象"按钮，在"实时数据库"属性页底端自动增加一个数据对象，双击该数据对象，弹出图 4-4 右侧图所示"数据对象属性设置"对话框，在"对象名称"后面输入框中输入数据对象"LDDP4C_PV"，"对象初值"一般设为 0，"对象类型"设为"整数"，点击"确认（Y）"完成一个数据对象的创建。再依次创建"LDDP4C_Switch"和"LDDP4C_Fan"数据对象，在后续构件关联与组态脚本程序中使用。"LDDP4C_Switch"用于控制搅拌器的启动与电流的显示，"LDDP4C_Fan"用于控制搅拌器的转动。

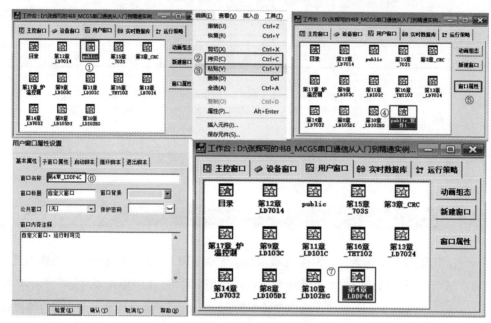

图 4-3　新建窗口过程示意图

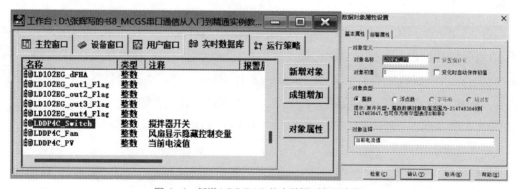

图 4-4　新增 LDDP4C 仪表数据对象示意图

4.2.2　设备组态

在"工作台"窗体选择"设备窗口"属性页，双击属性页中的"设备窗口"，如图 4-5 中①所示，此时，在"查看（V）"菜单中点击下拉项中的"设备工具箱（E）"②，弹出"设备工具箱"，点击"通用串口父设备"③，向设备窗口添加"通用串口父设备 2--[TTL]"④；双击新建的"通用串口父设备 2--[TTL]"，弹出"通用串口设备属性编辑"对话框，按⑤所示将串口号改为 COM4，波特率改为 9600 bit/s，"数据校验方式"选择"0- 无校验"，与 LDDP4C 相一致；再从"设备工具箱"中选择"ModbusRTU_ 串口"⑥放入"通用串口父设备 2--[TTL]"形成子设备⑦；双击该图标，将"设备名称"改为"电压电流表"⑧，"设备地址"设为 12 ⑨，"设备注释"改为"LDDP4C"，"校验数据字节序"设为"0-LH[低字节，高字节]"⑩。完成串口设备组态，程序运行时，通过 SetDevice 函数中的"Read"指令从仪表读入数据。

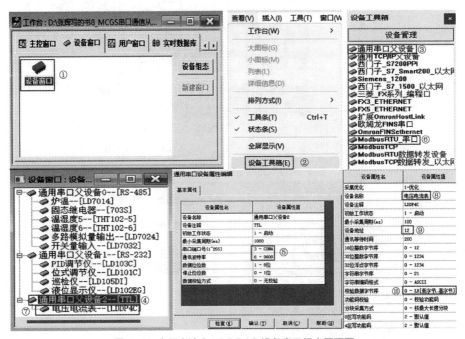

图 4-5　电压电流表 LDDP4C 设备窗口组态界面图

4.2.3　界面组态

如图 4-6 所示，在"工具栏"中点击"工具箱"①按钮，在弹出的"工具箱"中选择"插入元件"按钮②，弹出"元件图库管理"对话框，"类型"选择"公共图库"，在下面的目录中选择"电杆"③，从右侧中选择"电杆 4"④，将选中的"电杆 4"构件放入"第 4 章 _ LDDP4C"窗体中。

在"工具栏"中点击"工具箱"按钮，在弹出的"工具箱"中选择"插入元件"按钮，弹出"元件图库管理"对话框，如图 4-7 所示，"类型"选择"公共图库"①，在下面的目录中选择"开关"②，在该对话框右侧中选择"开关 6"③，将选中的"开关 6"构件放入"第 4 章 _LDDP4C"窗体中，双击"开关 6"图标，弹出"单元属性设置"对话框，将"数据操作对象"和"表达式"分别关联"LDDP4C_Switch"数据对象④。

在"工具栏"中点击"工具箱"按钮，在弹出的"工具箱"中选择"插入元件"按钮，弹出"元件图库管理"对话框，如图 4-8 所示，"类型"选择"公共图库"，在下面的目录中选择"搅拌器"①，在该对话框右侧中选择"搅拌器 1"②，将选中的"搅拌器 1"构件放入"第 4 章 _LDDP4C"窗体中，双击"搅拌器 1"图标，弹出"单元属性设置"对话框，将"表达式"与"LDDP4C_Fan"数据对象关联③。

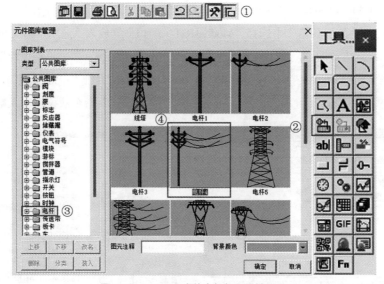

图 4-6　MCGS 窗体电杆组元设计界面

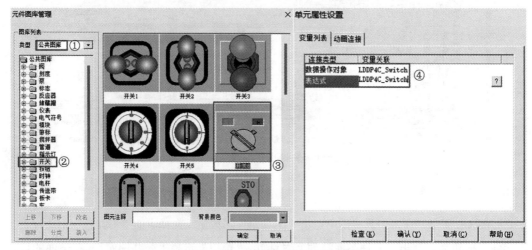

图 4-7　MCGS 窗体开关组元设计界面

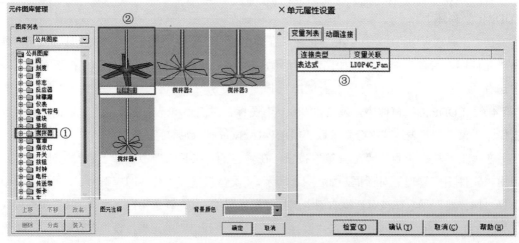

图 4-8　MCGS 窗体搅拌器组元设计界面

在"工作台"窗体属性页窗口中选择"用户窗口",双击"第 4 章 _LDDP4C"图标进入窗体,在"工具栏"窗口中点击"工具箱"图标,在弹出的"工具箱"窗口中点击"标签"按钮,向"第 4 章 _LDDP4C"窗体添加标签,如图 4-9 所示。在"标签动画组态属性设置"对话框"属性设置"属性页中设置"填充颜色"为淡粉色,"边线颜色"为黑色,"字符颜色"为蓝色,"边线线型"为最细线,在"输入输出连接"中勾选"显示输出"选项①;以"当前值"参数为例,在"显示输出"属性页的"表达式"中输入"LDDP4C_PV*0.1"②,勾选"单位"标签,在后面输入框中输入"A",设定电流单位③,选中"浮点数"④选项按钮,勾选"四舍五入","固定小数位数"输入 2。从仪表寄存器读入到"LDDP4C_PV"数据对象的内容乘以0.1 后显示在该标签。

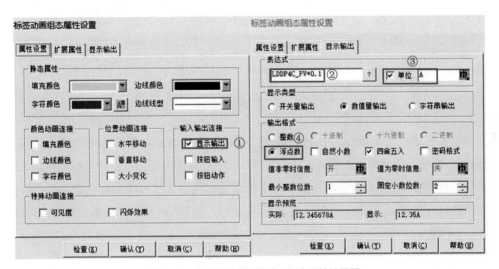

图 4-9 电流当前值标签动画组态属性设置图

4.2.4 运行策略

在"工作台"窗体属性页窗口中选择"运行策略",点击右侧的"新建策略"按钮①,如图 4-10 所示,在弹出的"选择策略的类型"中选择"循环策略"②,点击"确认 (Y)"按钮后生成新的策略。点击"策略属性"按钮弹出"策略属性设置"对话框,在"循环策略属性"中"策略名称"后面的输入框中输入

脚本策略

图 4-10 新建循环策略过程示意图

"LDDP4C_风扇"，在"定时循环执行，循环时间（ms）"后面的输入框中输入"200"，表明每 0.2s 执行一次循环策略。

右键点击"按照设定的时间循环运行"图标③，在弹出菜单中选择"新增策略行 (A)"选项，双击"脚本程序"④，在脚本程序框中输入脚本⑤：

```
LDDP4C_Fan= NOT LDDP4C_Fan
```

LDDP4C 为整型数据对象，用于控制搅拌器的转动，每 200 ms 执行一次数据对象反转赋值，相当于数据对象的值在 0 与 1 之间切换，对应的两个搅拌器互相显示与隐藏，形成转动效果。

双击"第 4 章 _LDDP4C"图标进入窗体，在右侧灰色区域中双击鼠标左键，弹出"用户窗口属性设置"对话框，选中"循环脚本"属性页。如图 4-11 所示，在"循环脚本"中输入以下内容：

```
if(LDDP4C_Switch)then
    '读取电流值
    !SetDevice(电压电流表,6,"Read(3,1,WUB=LDDP4C_PV)")
else
    LDDP4C_PV = 0
Endif
```

点击工具栏中"下载运行"按钮，选择"模拟"运行方式，依次点击"工程下载"和"启动运行"按钮，运行界面如图 4-12 所示。图 4-12 左侧图为关闭状态，对应的电流指示为"0.00A"，输电线路颜色为黑色，表示没有电流通过；点击旋钮开关的红色箭头或箭头上方的灰色区域，开关转向"ON"位置，电流指示为从仪表读入的数据，输电线路颜色为红色，搅拌器开始转动。

图 4-11　循环脚本程序编辑界面图

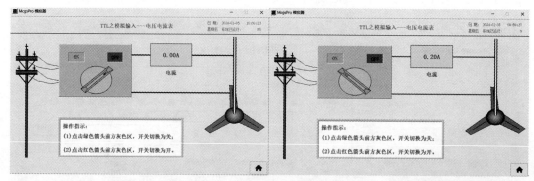

图 4-12　LDDP4C 运行界面图

第5章

TTL 之模拟输出——称重表

5.1 称重表

亨立德 LD601C-R2A-S4-R2C-NNN（以下简称 LD601C）是一款连接称重传感器的仪表。"C"表示仪表前面板宽 96 mm，高 48 mm；"R2A"表示辅助输出 OUT1 安装了大容量继电器常开触点开关输出模块，15 端子为公共触点 COM，16 端子为常开触点 NO，如图 5-1 所示；"S4"代表 OUT2 接口安装了光电隔离 TTL 通信接口模块；"R2C"代表辅助输出 OUT4 安装了大容量继电器常开常闭触点开关输出模块，11 端子为常闭触点 NC，10 端子为常开触点 NO，9 端子为公共触点 COM；LD601C 的 1 端子与 2 端子分别连接交流 220 V 的火线与零线。

LD601C仪表
介绍

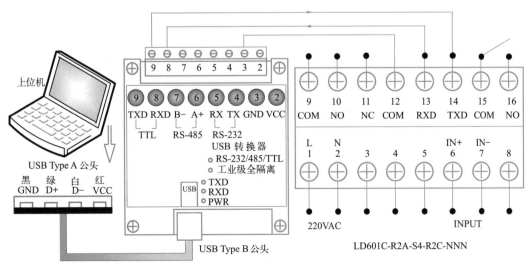

图 5-1 称重表 LD601C 通信线路连接示意图

LD601C 端子连线

上位机采用笔记本电脑或台式机，称为主机，通过 USB 转换器的 TTL 接口与下位机 LD601C 相连，下位机 LD601C 称为从机，并且仅能进行一对一通信。TTL 接口采用单端驱动电路，USB 转换器的 GND 端子 3 必须与 LD601C 的 12 端子相连，USB 转换器的 TXD 端子 9 必须与 LD601C 的 14 端子相连，USB 转换器的 RXD 端子 8 必须与 LD601C 的 13 端子相连，三根线既不能接错，也不能漏接。有时上位机与下位机的 TXD 端子与 RXD 端子需要互换，根据实际仪表进行测试。LD601C 的仪表地址为 13，上位机采用万能地址 254，通信波特率设为 9600 bit/s。

5.1.1　仪表参数

称重仪 LD601C 仪表参数列表如表 5-1 所示。当前值（present value，PV）和最大值存储在第 3 区输入寄存器从 0 开始的第 0 个寄存器和第 1 个寄存器；其他参数存储在第 4 区输出寄存器。表 5-1 列出了各个参数的寄存器地址。输入类型"tyPE"参数表示仪表连接传感器类型，对于 LD601C 称重仪仅有一个参数值 16，对应仪表面板数码管显示符号"dP4"，表示线性输入。

表 5-1　称重仪 LD601C 仪表参数列表

参数	显示符号	寄存器地址（十六进制）	取值范围	说明
当前值	无	0x00（3区）	-999 ~ 9999	显示当前值 PV
最大值	无	0x01（3区）	-999 ~ 9999	记录称量过程中的最大值
输入类型	tyPE	0x00（4区）	16 → dP4	dP4：线性输入
小数点	Poin	0x01	0 → ____.; 1 → ___ _.; 2 → __ .__; 3 → _.___	个位：____.; 十位：___ _.; 百位：__ .__; 千位：_.___
热电偶冷端温度补偿方式	tCCP	0x02	0 → nuLL; 1 → diod; 2 → Cu50	"diod"表示仪表内测温元件补偿，测量仪表后部接线端附近温度，并以此对热电偶冷端进行补偿；Cu50 表示热电阻 Cu50 补偿
线性输入下限	LoL	0x03	-999 ~ 9999	线性输入的量程下限
线性输入上限	HiL	0x04	-999 ~ 9999	线性输入的量程上限
平移修正	AdJu	0x05	-999 ~ 9999	AdJu 参数用于对测量的静态误差进行修正。AdJu 参数通常为 0，当有静态误差和特殊要求时才进行设置
滤波系数	FiL	0x06	0 ~ 99	数字滤波使输入数据光滑，0 表示没有滤波，数值越大，响应越慢，测量值越稳定
变送输出方式	trAn	0x07	0 → 4-20 mA; 1 → 0-10 mA	与 LoL、HiL 配合设置产生变送电流输出，trAn 表示电流输出的下限到上限
1 号辅助输出	out1	0x08	0 → LA; 1 → HA; 2 → LLA; 3 → HHA	辅助输出可以任意配置。 LA：下限报警； HA：上限报警； LLA：下下限报警； HHA：上上限报警
2 号辅助输出	out2	0x09		
3 号辅助输出	out3	0x0A		
4 号辅助输出	out4	0x0B		

续表

参数	显示符号	寄存器地址（十六进制）	取值范围	说明
下限报警值	LA	0x0C	-999 ~ 9999	当 PV < LA 时，报警输出
上限报警值	HA	0x0D	-999 ~ 9999	当 PV > HA 时，报警输出
下下限报警值	LLA	0x0E	-999 ~ 9999	当 PV < LLA 时，报警输出
上上限报警值	HHA	0x0F	-999 ~ 9999	当 PV > HHA 时，报警输出
回差	Hy	0x10	0 ~ 2000	回差是控制和报警输出的缓冲量，用于避免因测量输入值波动而导致控制频繁变化或报警频繁产生 / 解除
小信号切除	Cut	0x11	-999 ~ 9999	用于切除测量中无效的小信号，当测量值小于该值时，测量的显示值采用 Cut2 设定的值。设定值为 0 时无效
小信号切除替代	Cut2	0x12	-999 ~ 9999	当测量值小于 Cut 设定值时，测量的显示值。当 Cut 为 0 时无效
调整系数	K	0x13	0.000 ~ 2.000	斜率调整系数
变送输出下限	tr_L	0x14	-999 ~ 9999	变送输出的下限
变送输出上限	tr_H	0x15	-999 ~ 9999	变送输出的上限
仪表地址	Addr	0x16	0 ~ 254	0 ~ 254：多从机时地址取不同值
波特率	bAud	0x17	0 → 2400； 1 → 4800； 2 → 9600； 3 → 192b	0：2400 bit/s； 1：4800 bit/s； 2：9600 bit/s； 3：19200 bit/s
操作员密码	P_C1	0x18	-999 ~ 9999	操作员参数保护密码，初始值为 1
工程师密码	P_C2	0x19	-999 ~ 9999	工程师参数保护密码，初始值为 2

5.1.2　Modbus RTU 读指令

Modbus RTU
读写指令

仪表参数存储在仪表输入寄存器和输出寄存器中，Modbus RTU 读指令是指读取各个寄存器的内容，包括读取单个寄存器和读取多个寄存器。对于采用 TTL 电平接口的 LD601C，只能读取单个寄存器，不能采用万能地址 254，也不能一次读取多个寄存器。

表 5-2 给出了读取仪表地址、波特率、操作员密码和工程师密码 Modbus RTU 指令格式。主机发送的指令称为问询帧，从机返回的指令称为应答帧。根据应答帧内容解析寄存器存储的仪表参数值。

采用 SSCOM 串口 / 网络数据调试器，如图 5-2 所示，设置通信参数为 "9600bps，8，1，None，None"，即波特率为 9600 bit/s，8 位数据位，1 位停止位，无奇偶校验，无流控制。在调试器软件右侧窗格中输入读指令，点击窗格右侧 "读地址" "读波特率" "读操作员密码" 和 "读工程师密码" 等按钮发送问询帧，图 5-2 左侧窗格中为 Modbus RTU 读指令的应答帧。表 5-3 为 LD601C 仪表参数 Modbus RTU 列表，在仪表面板修改各参数值后，通过表 5-3 中读参数 Modbus RTU 指令获得各参数当前设定值。

表 5-2　称重表 LD601C 读指令格式列表

指令格式	仪表地址	功能码	寄存器起始地址		要读取字数		循环冗余校验码	
			高字节	低字节	高字节	低字节	低字节	高字节
编码顺序	第1字节	第2字节	第3字节	第4字节	第5字节	第6字节	第7字节	第8字节
	0DH	03H	00H	16H	00H	01H	65H	02H
读仪表地址	发送指令：0D 03 00 16 00 01 65 02 解释说明：向地址为 13（0DH）的称重表 LD601C 发送读保持寄存器（03H）指令，从寄存器的 22（0016H）地址开始读，读取 1（0001H）个寄存器，"65 02" 为 CRC 码 返回数据：0D 03 02 00 0D 69 80 解释说明：从地址为 13（0DH）的称重表 LD601C 返回 2 个字节（02H）指令，该寄存器内容为 "00 0D"，说明 LD601C 的仪表地址为 13，"69 80" 为 CRC 码							
	0DH	03H	00H	17H	00H	01H	34H	C2H
读波特率	发送指令：0D 03 00 17 00 01 34 C2 解释说明：向地址为 13（0DH）的称重表 LD601C 发送读保持寄存器（03H）指令，从寄存器的 23（0017H）地址开始读，读取 1（0001H）个寄存器，"34 C2" 为 CRC 码 返回数据：0D 03 02 00 02 29 84 解释说明：从地址为 13（0DH）的称重表 LD601C 返回 2 个字节（02H）指令，该寄存器内容为 "00 02"，对应波特率为 9600 bit/s，"29 84" 为 CRC 码							
	0DH	03H	00H	18H	00H	01H	04H	C1H
读操作员密码	发送指令：0D 03 00 18 00 01 04 C1 解释说明：向地址为 13（0DH）的称重表 LD601C 发送读保持寄存器（03H）指令，从寄存器的 24（0018H）地址开始读，读取 1（0001H）个寄存器，"04 C1" 为 CRC 码 返回数据：0D 03 02 00 01 69 85 解释说明：从地址为 13（0DH）的称重表 LD601C 返回 2 个字节（02H）指令，该寄存器内容为 "00 01"，说明操作员密码为 1，"69 85" 为 CRC 码							
	0DH	03H	00H	19H	00H	01H	55H	01H
读工程师密码	发送指令：0D 03 00 19 00 01 55 01 解释说明：向地址为 13（0DH）的称重表 LD601C 发送读保持寄存器（03H）指令，从寄存器的 25（0019H）地址开始读，读取 1（0001H）个寄存器，"55 01" 为 CRC 码 返回数据：0D 03 02 00 02 29 84 解释说明：从地址为 13（0DH）的称重表 LD601C 返回 2 个字节（02H）指令，该寄存器内容为 "00 02"，说明工程师密码为 2，"29 84" 为 CRC 码							

注：表中数字后面的 "H" 表示十六进制。

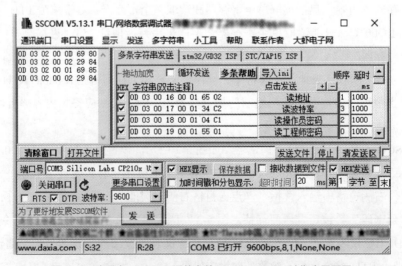

图 5-2　称重表 LD601C 通信参数 Modbus RTU 读指令界面图

表 5-3　读称重表 LD601C 各个仪表参数 Modbus RTU 指令列表

参数	显示符号	寄存器地址（十六进制）	取值范围	读参数 Modbus RTU 指令	说明
当前值	无	0x00（3 区）	-999 ~ 9999	发送：0D 04 00 00 00 01 31 06 接收：0D 04 02 00 08 A8 F7	返回值为 0008H，小数点位数为 2 位，故显示值为"0.08"
最大值	无	0x01（3 区）	-999 ~ 9999	发送：0D 04 00 01 00 01 60 C6 接收：0D 04 02 00 0B E8 F6	返回值为 000BH，小数点位数为 2 位，显示"0.11"
输入类型	tyPE	0x00（4 区）	16 → dP4	发送：0D 03 00 00 00 01 84 C6 接收：0D 03 02 00 10 A9 89	返回值为 0010H，对应 16，显示为"dP4"，即线性输入
小数点	Poin	0x01	0 → _ _ _ _ .; 1 → _ _ ˉ. _; 2 → _ ˉ. _; 3 → ˉ. _ _ _	发送：0D 03 00 01 00 01 D5 06 接收：0D 03 02 00 02 29 84	返回值为 0002H，对应 2 位小数点
热电偶冷端温度补偿方式	tCCP	0x02	0 → nuLL; 1 → diod; 2 → Cu50	发送：0D 03 00 02 00 01 25 06 接收：0D 03 02 00 01 69 85	返回值为 0001H，对应"diod"，即室温冷端补偿
线性输入下限	LoL	0x03	-999 ~ 9999	发送：0D 03 00 03 00 01 74 C6 接收：0D 03 02 00 00 A8 45	返回值为 0000H，线性输入下限为 0，显示"0.00"
线性输入上限	HiL	0x04	-999 ~ 9999	发送：0D 03 00 04 00 01 C5 07 接收：0D 03 02 07 D0 AB E9	返回值为 07D0H，线性输入上限为 2000，显示"20.00"
平移修正	AdJu	0x05	-999 ~ 9999	发送：0D 03 00 05 00 01 94 C7 接收：0D 03 02 00 15 69 8A	返回值为 0015H，平移修正为 21，显示"0.21"
滤波系数	FiL	0x06	0 ~ 99	发送：0D 03 00 06 00 01 64 C7 接收：0D 03 02 00 00 A8 45	返回值为 0000H，滤波系数为 0，显示"0.00"
变送输出方式	trAn	0x07	0 → 4-20 mA 1 → 0-10 mA	发送：0D 03 00 07 00 01 35 07 接收：0D 03 02 00 00 A8 45	返回值为 0000H，变送输出方式为 0，显示"4-20 mA"
1 号辅助输出	out1	0x08		发送：0D 03 00 08 00 01 05 04 接收：0D 03 02 00 01 69 85	返回值为 0001H，1 号辅助输出为 1，显示"HA"
2 号辅助输出	out2	0x09	0 → LA; 1 → HA; 2 → LLA; 3 → HHA	发送：0D 03 00 09 00 01 54 C4 接收：0D 03 02 00 01 69 85	返回值为 0001H，2 号辅助输出为 1，显示"HA"
3 号辅助输出	out3	0x0A		发送：0D 03 00 0A 00 01 A4 C4 接收：0D 03 02 00 02 29 84	返回值为 0002H，3 号辅助输出为 2。显示"LLA"
4 号辅助输出	out4	0x0B		发送：0D 03 00 0B 00 01 F5 04 接收：0D 03 02 00 01 69 85	返回值为 0001H，4 号辅助输出为 1，显示"HA"
下限报警值	LA	0x0C	-999 ~ 9999	发送：0D 03 00 0C 00 01 44 C5 接收：0D 03 02 00 03 E8 44	返回值为 0003H，LA 设定值为 3，显示"0.03"
上限报警值	HA	0x0D	-999 ~ 9999	发送：0D 03 00 0D 00 01 15 05 接收：0D 03 02 00 0A 28 42	返回值为 000AH，HA 设定值为 10，显示"0.10"
下下限报警值	LLA	0x0E	-999 ~ 9999	发送：0D 03 00 0E 00 01 E5 05 接收：0D 03 02 00 01 69 85	返回值为 0001H，LLA 设定值为 1，显示"0.01"

续表

参数	显示符号	寄存器地址（十六进制）	取值范围	读参数 Modbus RTU 指令	说明
上上限报警值	HHA	0x0F	-999 ~ 9999	发送：0D 03 00 0F 00 01 B4 C5 接收：0D 03 02 00 16 29 8B	返回值为 0016H，HHA 设定值为 22，显示 "0.22"
回差	Hy	0x10	0 ~ 2000	发送：0D 03 00 10 00 01 85 03 接收：0D 03 02 00 04 A9 86	返回值为 0004H，Hy 设定值为 4，显示 "0.04"
小信号切除	Cut	0x11	-999 ~ 9999	发送：0D 03 00 11 00 01 D4 C3 接收：0D 03 02 00 00 A8 45	返回值为 0000H，Cut 设定值为 0，显示 "0.00"
小信号切除替代	Cut2	0x12	-999 ~ 9999	发送：0D 03 00 12 00 01 24 C3 接收：0D 03 02 00 00 A8 45	返回值为 0000H，Cut2 设定值为 0，显示 "0.00"
调整系数	K	0x13	0.000 ~ 2.000	发送：0D 03 00 13 00 01 75 03 接收：0D 03 02 00 00 A8 45	返回值为 0000H，K 设定值为 0，显示 "0.000"
变送输出下限	tr_L	0x14	-999 ~ 9999	发送：0D 03 00 14 00 01 C4 C2 接收：0D 03 02 00 00 A8 45	返回值为 0000H，tr_L 设定值为 0，显示 "0.00"
变送输出上限	tr_H	0x15	-999 ~ 9999	发送：0D 03 00 15 00 01 95 02 接收：0D 03 02 09 60 AE 3D	返回值为 0960H，tr_H 设定值为 2400，显示 "24.00"

5.1.3　Modbus RTU 写指令

Modbus RTU 写指令是指向各个寄存器写入参数的内容。当前值与最大值参数位于输入寄存器中，该类寄存器只能读不能写。对于其他存在于输出寄存器中的参数，操作者均可在上位机发送 Modbus RTU 写指令修改，如表 5-4 和表 5-5 所示，通过仪表面板可以修改除 "输入类型" 参数之外的其他参数。仪表地址和波特率两个参数在通过 Modbus RTU 写指令修改后要立即通过仪表面板改回原值，否则将无法实现下次通信。

表 5-4　称重表 LD601C 写单个寄存器指令格式列表

指令格式	仪表地址	功能码	寄存器起始地址		要写入内容		循环冗余校验码	
			高字节	低字节	高字节	低字节	低字节	高字节
编码顺序	第 1 字节	第 2 字节	第 3 字节	第 4 字节	第 5 字节	第 6 字节	第 7 字节	第 8 字节
写地址	0DH	06H	00H	16H	00H	FEH	E9H	42H
	发送指令：0D 06 00 16 00 FE E9 42 解释说明：向地址为 13（0DH）的称重表 LD601C 发送写保持寄存器（06H）指令，向寄存器的 22（0016H）地址写入 254（00FEH），即将仪表地址改为 254，"E9 42" 为 CRC 码 返回数据：0D 06 00 16 00 FE E9 42 解释说明：写操作成功							
写波特率	0DH	06H	00H	17H	00H	03H	79H	03H
	发送指令：0D 06 00 17 00 03 79 03 解释说明：向地址为 13（0DH）的称重表 LD601C 发送写保持寄存器（06H）指令，向寄存器的 23（0017H）地址写入 3（0003H），即将通信波特率取值改为其对应的通信波特率 19200 bit/s，"79 03" 为 CRC 码 返回数据：0D 06 00 17 00 03 79 03 解释说明：写操作成功							

注：表中数字后面的 "H" 表示十六进制。

表 5-5　写称重表 LD601C 各个仪表参数 Modbus RTU 指令列表

参数	显示符号	寄存器地址（十六进制）	取值范围	参数修改	写参数 Modbus RTU 指令
输入类型	tyPE	0x00	16 → dP4	将输入类型设为"dP4"，对应数值为 16（0010H）	发送：0D 06 00 00 00 10 88 CA 接收：0D 06 00 00 00 10 88 CA
小数点	Poin	0x01	0 → _ _ _ _.; 1 → _ _ _ ._; 2 → _ _ ._ _; 3 → ¯._ _ _	将小数点设为"¯._ _ _"，对应数值为 3（0003H）	发送：0D 06 00 01 00 03 98 C7 接收：0D 06 00 01 00 03 98 C7
热电偶冷端温度补偿方式	tCCP	0x02	0 → nuLL; 1 → diod; 2 → Cu50	将热电偶冷端温度补偿方式设为 Cu50，对应数值为 2（0002H）	发送：0D 06 00 02 00 02 A9 07 接收：0D 06 00 02 00 02 A9 07
线性输入下限	LoL	0x03	-999 ~ 9999	将线性输入下限设为 0.45，对应数值为 45（002DH）	发送：0D 06 00 03 00 2D B9 1B 接收：0D 06 00 03 00 2D B9 1B
线性输入上限	HiL	0x04	-999 ~ 9999	将线性输入上限设为 20.00，对应数值为 2000（07D0H）	发送：0D 06 00 04 07 D0 CB 6B 接收：0D 06 00 04 07 D0 CB 6B
平移修正	AdJu	0x05	-999 ~ 9999	将平移修正设为 0.21，对应数值为 21（0015H）	发送：0D 06 00 05 00 15 58 C8 接收：0D 06 00 05 00 15 58 C8
滤波系数	FiL	0x06	0 ~ 99	将滤波系数设为 6，对应数值为 6（0006H）	发送：0D 06 00 06 00 06 E9 05 接收：0D 06 00 06 00 06 E9 05
变送输出方式	trAn	0x07	0 → 4-20 mA; 1 → 0-10 mA	将变送输出方式设为"0-10 mA"，对应数值为 1（0001H）	发送：0D 06 00 07 00 01 F9 07 接收：0D 06 00 07 00 01 F9 07
1 号辅助输出	out1	0x08		将 1 号辅助输出设为 HA，对应数值为 1（0001H）	发送：0D 06 00 08 00 01 C9 04 接收：0D 06 00 08 00 01 C9 04
2 号辅助输出	out2	0x09	0 → LA; 1 → HA; 2 → LLA; 3 → HHA	将 2 号辅助输出设为 HHA，对应数值为 3（0003H）	发送：0D 06 00 09 00 03 19 05 接收：0D 06 00 09 00 03 19 05
3 号辅助输出	out3	0x0A		将 3 号辅助输出设为 LLA，对应数值为 2（0002H）	发送：0D 06 00 0A 00 02 28 C5 接收：0D 06 00 0A 00 02 28 C5
4 号辅助输出	out4	0x0B		将 4 号辅助输出设为 HA，对应数值为 1（0001H）	发送：0D 06 00 0B 00 01 39 04 接收：0D 06 00 0B 00 01 39 04
下限报警值	LA	0x0C	-999 ~ 9999	将下限报警值改为 0.06，对应数值为 6（0006H）	发送：0D 06 00 0C 00 06 C9 07 接收：0D 06 00 0C 00 06 C9 07
上限报警值	HA	0x0D	-999 ~ 9999	将上限报警值改为 0.16，对应数值为 16（0010H）	发送：0D 06 00 0D 00 10 19 09 接收：0D 06 00 0D 00 10 19 09
下下限报警值	LLA	0x0E	-999 ~ 9999	将下下限报警值改为 0.02，对应数值为 2（0002H）	发送：0D 06 00 0E 00 02 69 04 接收：0D 06 00 0E 00 02 69 04
上上限报警值	HHA	0x0F	-999 ~ 9999	将上上限报警值改为 0.22，对应数值为 22（0016H）	发送：0D 06 00 0F 00 16 38 CB 接收：0D 06 00 0F 00 16 38 CB
回差	Hy	0x10	0 ~ 2000	将回差改为 0.31，对应数值为 31（001FH）	发送：0D 06 00 10 00 1F C9 0B 接收：0D 06 00 10 00 1F C9 0B
小信号切除	Cut	0x11	-999 ~ 9999	将小信号切除改为 0.20，对应数值为 20（0014H）	发送：0D 06 00 11 00 14 D9 0C 接收：0D 06 00 11 00 14 D9 0C

续表

参数	显示符号	寄存器地址（十六进制）	取值范围	参数修改	写参数 Modbus RTU 指令
小信号切除替代	Cut2	0x12	-999 ~ 9999	将小信号切除改为0.28，对应数值为28（001CH）	发送: 0D 06 00 12 00 1C 28 CA 接收: 0D 06 00 12 00 1C 28 CA
调整系数	K	0x13	0.000 ~ 2.000	将调整系数改为0.012，对应数值为12（000CH）	发送: 0D 06 00 13 00 0C 78 C6 接收: 0D 06 00 13 00 0C 78 C6
变送输出下限	tr_L	0x14	-999 ~ 9999	将变送输出下限改为1.00，对应数值为100（0064H）	发送: 0D 06 00 14 00 64 C8 E9 接收: 0D 06 00 14 00 64 C8 E9
变送输出上限	tr_H	0x15	-999 ~ 9999	将变送输出上限改为12.00，对应数值为1200（04B0H）	发送: 0D 06 00 15 04 B0 9B B6 接收: 0D 06 00 15 04 B0 9B B6
仪表地址	Addr	0x16	0 ~ 254	将仪表地址改为168，对应十六进制为00A8H	发送: 0D 06 00 16 00 A8 69 7C 接收: 0D 06 00 16 00 A8 69 7C
波特率	bAud	0x17	0 → 2400; 1 → 4800; 2 → 9600; 3 → 192b	将波特率改为4800 bit/s，对应数字为1，十六进制为0001H	发送: 0D 06 00 17 00 01 F8 C2 接收: 0D 06 00 17 00 01 F8 C2
操作员密码	P_C1	0x18	-999 ~ 9999	将操作员密码改为77，对应十六进制为004DH	发送: 0D 06 00 18 00 4D C9 34 接收: 0D 06 00 18 00 4D C9 34
工程师密码	P_C2	0x19	-999 ~ 9999	将工程师密码改为188，对应十六进制为00BCH	发送: 0D 06 00 19 00 BC 59 70 接收: 0D 06 00 19 00 BC 59 70

5.2　MCGS组态

MCGS组态

　　本例采用 T 型热电偶信号作为输入，模拟称重传感器输出模拟信号。将 T 型热电偶的正极接 6 端子，负极接 7 端子，形成模拟馈电输出信号，用手触摸或用热风吹热电偶热端可导致信号值增加，产生上限、上上限报警输出，将热电偶热端置于冰水中又可以触发下限和下下限报警输出。LD601C 仪表的"Poin"参数设为两位小数，仪表地址设为 13，通信波特率为 9600 bit/s。当设备窗口同一个串口设备连接多个 TTL 设备时，通信会时断时续，因此，本章仅保留一台仪表，通信会正常。

5.2.1　窗口关联与数据库

　　在"工作台"窗体选择"用户窗口"属性页，选中"public"窗口，如图 5-3 中①所示，在"编辑 (E)"下拉菜单中选择"拷贝 (C)"命令②，再选择"粘贴 (V)"命令③，在用户窗口生成新的窗体"public_ 复件 1"，点击"窗口属性"按钮，弹出"用户窗口属性设置"对话框，在"窗口名称"内输入"第 5 章 _LD601C"④，点击"确认 (Y)"完成新窗体"第 5 章 _LD601C"⑤的创建。这种创建窗口的方式能够复制母版窗口"public"的公共构件，使系列窗口保持一致特色。

　　如图 5-4 所示，在"目录"用户窗口双击"第 5 章"按钮①，弹出"标准按钮构件属性

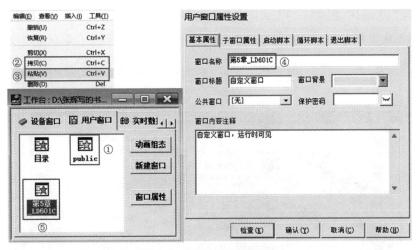

图 5-3　新建窗口过程示意图

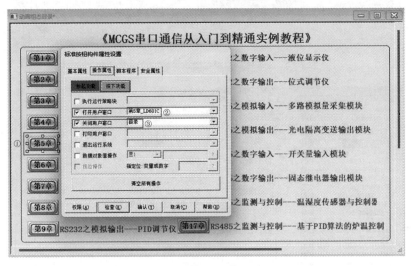

图 5-4　目录按钮关联下级窗口过程示意图

设置"对话框，点击"操作属性"属性页，勾选"打开用户窗口"②，在后面下拉列表中选择"第 5 章 _LD601C"用户窗口，勾选"关闭用户窗口"，在后面下拉列表中选择"目录"③用户窗口。向用户窗口"第 5 章 _LD601C"拷入一个上箭头"🏠"构件，如图 5-5 所示，双击该构件①，在"标准按钮构件属性设置"对话框中选择"操作属性"属性页，勾选"打开用户窗口"，在后面下拉列表中选择"目录"用户窗口②，勾选"关闭用户窗口"，在后面下拉列表中选择"第 5 章 _LD601C"用户窗口③。这样，上级窗口"目录"与下级窗口"第 5章 _LD601C"实现了关联。

　　为了与其他仪表数据对象区别，采用"仪表型号 _ 仪表参数"形式命名，例如，当前值参数符号为"PV"，对应数据对象名称为"LD601C_PV"。用鼠标左键点击"新增对象"按钮，在"实时数据库"属性页底端自动增加一个数据对象，双击该数据对象，弹出图 5-6 右侧所示"数据对象属性设置"对话框，在"对象名称"后面输入框中输入数据对象"LD601C_PV"，"对象初值"一般设为 0，"对象类型"设为"整数"，点击"确认 (Y)"完成一个数据对象的创建。

再依次创建"LD601C_PV_F""LD601C_MAX"和"LD601C_out1"等数据对象,在后续构件关联与组态脚本程序中使用。采用 SetDevice 命令读取的寄存器值存放在这些数据对象中。

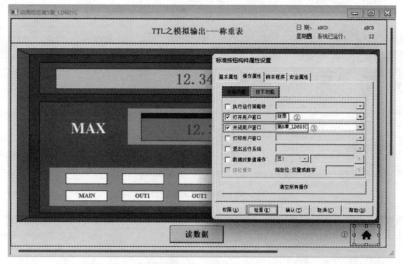

图 5-5　下级窗口关联上级目录窗口过程示意图

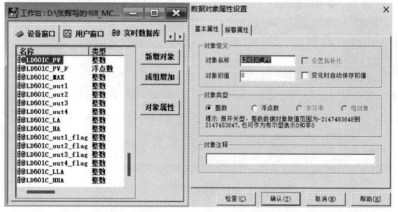

图 5-6　新增 LD601C 仪表数据对象示意图

5.2.2　设备组态

在"工作台"窗体选择"设备窗口"属性页,点击属性页中的"设备窗口",如图 5-7 中①所示,此时,在"查看(V)"菜单中点击下拉项中的"设备工具箱(E)"②,弹出"设备工具箱",点击"通用串口父设备"③,向设备窗口添加"通用串口父设备 2--[TTL]"④;双击新建的"通用串口父设备 2--[TTL]",弹出"通用串口设备属性编辑"对话框,按⑤所示将串口号改为 COM4,波特率改为 9600 bit/s,"数据校验方式"选择"0- 无校验",与 LD601C相一致;再从"设备工具箱"中选择"ModbusRTU_ 串口"⑥放入"通用串口父设备 2--[TTL]"形成子设备⑦,双击该图标,将"设备名称"改为"称重表"⑧,"设备地址"设为 13 ⑨,"设备注释"改为"LD601C","校验数据字节序"设为"0-LH[低字节,高字节]"⑩,完成串口设备组态。程序运行时,通过 SetDevice 函数中的"Read"指令从仪表寄存器读入数据。

图 5-7　称重表 LD601C 设备窗口组态界面图

5.2.3　界面组态

如图 5-8 所示，在"工具栏"中点击"工具箱"按钮①，在弹出的"工具箱"中选择"插入元件"按钮②，弹出"元件图库管理"对话框，"类型"选择"公共图库"，在下面的目录中选择"传感器"③，从图 5-8 右侧中选择"传感器 45"④，将选中的"传感器 45"构件放入"第 5 章 _LD601C"窗体中，单击鼠标右键弹出菜单，在选项"排列 (D)"右侧菜单中选择"分解单元"，将用于显示的构件从"矩形"替换为"标签"，将用于显示报警的矩形图符用"分解图符 (U)"分解。

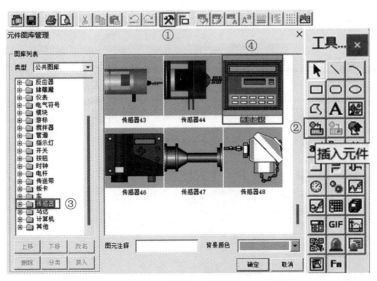

图 5-8　MCGS 窗体传感器组元设计界面

在"工作台"窗体属性页窗口中选择"用户窗口",双击"第 5 章 _LD601C"图标进入窗体,在"工具栏"窗口中点击"工具箱"图标,在弹出的"工具箱"窗口中点击"标签"按钮,向"第 5 章 _LD601C"窗体添加标签。

如图 5-9 所示,在"标签动画组态属性设置"对话框"属性设置"属性页中设置"填充颜色"为灰色,"边线颜色"为黑色,"字符颜色"为红色,"边线线型"为最细线,在"输入输出连接"中勾选"显示输出"选项①;以"当前值"参数为例,在"显示输出"属性页的"表达式"中输入"LD601C_PV_F"②,选中"浮点数"③选项按钮,勾选"四舍五入"④,"固定小数位数"输入 3 ⑤。从仪表寄存器读入到"LD601C_PV"数据对象的内容显示在该标签。

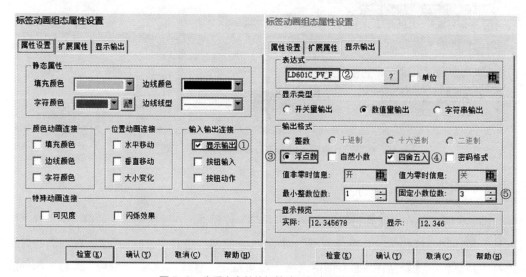

图 5-9 称重表当前值标签动画组态属性设置图

5.2.4 运行脚本

双击"第 5 章 _LD601C"图标进入窗体,在右侧灰色区域中双击鼠标左键,弹出"用户窗口属性设置"对话框,选中"循环脚本"属性页,如图 5-10 所示,在"循环脚本"中输入以下内容:

```
!SetDevice(称重表,6,"Read(3,1,WB=LD601C_PV;3,2,WB=LD601C_MAX)")
LD601C_PV_F=LD601C_PV*0.01
!SetDevice(称重表,6,"Read(4,9,WB=LD601C_out1;4,10,WB=LD601C_out2;4,11,WB=LD601C_out3;4,12,WB=LD601C_out4;
4,13,WB=LD601C_LA;4,14,WB=LD601C_HA;4,15,WB=LD601C_LLA;4,16,WB=LD601C_HHA)")
if(LD601C_out1=0)then
    LD601C_out1_flag=(LD601C_PV<LD601C_LA)
else
    if(LD601C_out1=1)then
        LD601C_out1_flag=(LD601C_PV>LD601C_HA)
    endif
endif


if(LD601C_out2=0)then
    LD601C_out2_flag=(LD601C_PV<LD601C_LA)
else
```

```
    if(LD601C_out2=1)then
        LD601C_out2_flag=(LD601C_PV>LD601C_HA)
    endif
endif

if(LD601C_out3=2)then
    LD601C_out3_flag=(LD601C_PV<LD601C_LLA)
else
    if(LD601C_out3=3)then
        LD601C_out3_flag=(LD601C_PV>LD601C_HHA)
    endif
endif

if(LD601C_out4=2)then
    LD601C_out4_flag=(LD601C_PV<LD601C_LLA)
else
    if(LD601C_out4=3)then
        LD601C_out4_flag=(LD601C_PV>LD601C_HHA)
    endif
endif
```

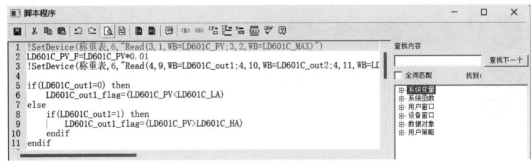

图 5-10　循环脚本程序编辑界面图

点击工具栏中"下载运行"按钮，选择"模拟"运行方式，依次点击"工程下载"和"启动运行"按钮，运行界面如图 5-11 所示。图 5-11 左侧图为正常状态，对应的称重指示为"0.120"；用手触摸 T 型热电偶热端，显示值为"0.400"，如图 5-11 右侧图所示，此时，OUT1 和 OUT2 输出报警，显示为红色。"MAX"标签指示的绿色背景数值为测量称重的最大值，由于在称重过程中数值不断变化，上下波动，该值记录最大数值。

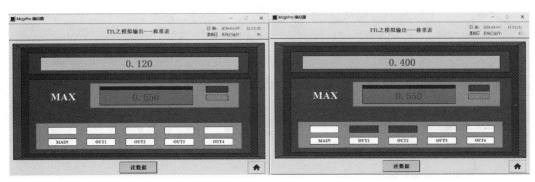

图 5-11　LD601C 运行界面图

第6章

TTL 之数字输入——频率转速表

6.1 频率转速表

LD501A仪表介绍

　　亨立德 LD501A-T2-S4-R2A-R2C-NNN（以下简称 LD501A）是一款测定频率和转速的仪表。"A"表示仪表前面板宽 96 mm，高 96 mm；"T2"表示辅助输出 OUT1 安装了电流变送输出模块，1 端子为电流输出正极，2 端子为电流输出负极，如图 6-1 所示；"S4"代表辅助输出 OUT2 接口安装了光电隔离 TTL 通信接口模块；"R2A"表示辅助输出 OUT3 安装了大容量继电器常开触点开关输出模块，14 端子为公共触点 COM，13 端子为常开触点 NO；"R2C"代表辅助输出 OUT4 安装了大容量继电器常开常闭触点开关输出模块，6 端子为常闭触点 NC，7 端子为常开触点 NO，8 端子为公共

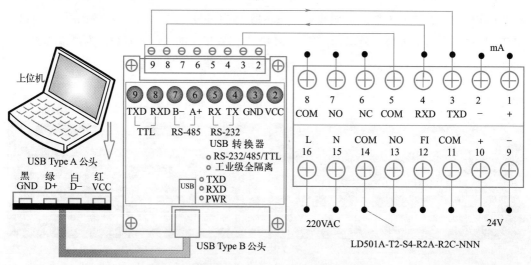

图 6-1　频率转速表 LD501A 通信线路连接示意图

触点 COM；12 端子连接频率输入正极端，11 端子连接频率输入负极端；LD501A
的 16 端子与 15 端子分别连接交流 220 V 的火线与零线。

LD501A 端子
连线

上位机采用笔记本电脑或台式机，称为主机，通过 USB 转换器的 TTL 接
口与下位机 LD501A 相连，下位机 LD501A 称为从机，并且仅能进行一对一通
信。TTL 接口采用单端驱动电路，USB 转换器的 GND 端子 3 必须与 LD501A 的 5 端子相连，
USB 转换器的 TXD 端子 9 必须与 LD501A 的 3 端子相连，USB 转换器的 RXD 端子 8 必须
与 LD501A 的 4 端子相连，三根线既不能接错，也不能漏接。有时上位机与下位机的 TXD
端子与 RXD 端子需要互换，根据实际仪表进行测试。LD501A 的仪表地址为 14，上位机采
用万能地址 254，通信波特率设为 9600 bit/s。

6.1.1　仪表参数

LD501A 仪表参数列表如表 6-1 所示，当前值（PV）存储在第 3 区输入寄存器从 0 开始
的第 0 个寄存器；其他参数存储在第 4 区输出寄存器。表 6-1 列出了各个参数对应的寄存器
地址。

表 6-1　LD501A 仪表参数列表

参数	显示符号	寄存器地址（十六进制）	取值范围	说明
当前值	无	0x00（3 区）	-999 ~ 9999	显示当前值 PV； 当前值 =（输入频率 ×K1+oSt1）×K2+oSt2
校正系数	K1	0x00（4 区）	0 ~ 9999	当测量有误差时，用于校正测量频率
K1 小数点	KP1	0x01	0→____.； 1→___._； 2→__._ _； 3→_._ _ _	个位：____.； 十位：___._； 百位：__._ _； 千位：_._ _ _
频率平移修正	oSt1	0x02	-99.9 ~ 99.9	oSt1 参数用于对测量的静态误差进行修正，oSt1 参数通常为 0，当有静态误差和特殊要求时才进行设置
标度系数	K2	0x03	0 ~ 9999	当测量有误差时，用于校正测量标度
K2 小数点	KP2	0x04	0→_____.； 1→___ ._； 2→_ ._ _； 3→_._ _ _	个位：_____.； 十位：___ ._； 百位：_ ._ _； 千位：_._ _ _
标度转换平移修正	oSt2	0x05	-999 ~ 9999	oSt2 参数用于对测量的静态误差进行修正，oSt2 参数通常为 0，当有静态误差和特殊要求时才进行设置
小数点	Poin	0x06	0→____.； 1→___._； 2→__._ _； 3→_._ _ _	除 K1、K2、oSt1 外的参数小数点及测量值显示的小数点，若测量值超出显示范围，小数点自动移位。 个位：____.； 十位：___._； 百位：__._ _； 千位：_._ _ _
线性输入下限	LoL	0x07	-999 ~ 9999	线性输入的量程下限

续表

参数	显示符号	寄存器地址 （十六进制）	取值范围	说明
线性输入上限	HiL	0x08	-999 ~ 9999	线性输入的量程上限
滤波系数	FiL	0x09	0 ~ 99	数字滤波使输入数据光滑，0 表示没有滤波，数值越大，响应越慢，测量值越稳定
变送输出方式	trAn	0x0A	0 → 4-20 mA； 1 → 0-10 mA	与 LoL、HiL 配合设置产生变送电流输出，trAn 表示电流输出的下限到上限
1 号辅助输出	out1	0x0B	0 → LA； 1 → HA； 2 → LLA； 3 → HHA	辅助输出可以任意配置。 LA：下限报警； HA：上限报警； LLA：下下限报警； HHA：上上限报警
2 号辅助输出	out2	0x0C		
3 号辅助输出	out3	0x0D		
4 号辅助输出	out4	0x0E		
下限报警值	LA	0x0F	-999 ~ 9999	当 PV < LA 时，报警输出
上限报警值	HA	0x10	-999 ~ 9999	当 PV > HA 时，报警输出
下下限报警值	LLA	0x11	-999 ~ 9999	当 PV < LLA 时，报警输出
上上限报警值	HHA	0x12	-999 ~ 9999	当 PV > HHA 时，报警输出
回差	Hy	0x13	0 ~ 2000	回差是控制和报警输出的缓冲量，用于避免因测量输入值波动而导致控制频繁变化或报警频繁产生 / 解除
仪表地址	Addr	0x14	0 ~ 254	0 ~ 254：多从机时地址取不同值
波特率	bAud	0x15	0 → 2400； 1 → 4800； 2 → 9600； 3 → 192b	0：2400 bit/s； 1：4800 bit/s； 2：9600 bit/s； 3：19200 bit/s

6.1.2　Modbus RTU 读指令

Modbus RTU
读写指令

　　仪表参数存储在输出寄存器，当前值存储在输入寄存器，Modbus RTU 读指令是指读取各个寄存器的内容，包括读取单个寄存器和读取多个寄存器。对于采用 TTL 电平接口的 LD501A，可以采用地址 14，也可以采用万能地址 254，但不能一次读取多个寄存器。

　　表 6-2 给出了读取仪表地址、波特率、当前值和回差的 Modbus RTU 指令格式，主机发送的指令称为问询帧，从机返回的指令称为应答帧。根据应答帧内容解析寄存器存储的仪表参数值。

　　采用 SSCOM 串口 / 网络数据调试器，如图 6-2 所示，设置通信参数为 "9600bps，8，1，None，None"，即波特率为 9600 bit/s，8 位数据位，1 位停止位，无奇偶校验，无流控制。在调试器软件右侧窗格中输入读指令，点击窗格右侧 "读地址""读波特率" 和 "读当前值" 等按钮发送问询帧，图 6-2 左侧窗格中为 Modbus RTU 读指令的应答帧。表 6-3 为 LD501A 各个仪表参数 Modbus RTU 指令列表，在仪表面板修改各参数值后，通过表 6-3 中读参数 Modbus RTU 指令可以获得各参数当前设定值。

表 6-2　频率转速表 LD501A 读指令格式列表

指令格式	仪表地址	功能码	寄存器起始地址		要读取字数		循环冗余校验码	
			高字节	低字节	高字节	低字节	低字节	高字节
编码顺序	第1字节	第2字节	第3字节	第4字节	第5字节	第6字节	第7字节	第8字节
读地址	FEH	03H	00H	14H	00H	01H	D0H	01H
读波特率	FEH	03H	00H	15H	00H	01H	81H	C1H
读当前值	FEH	04H	00H	00H	00H	01H	25H	C5H
读回差	FEH	03H	00H	13H	00H	01H	61H	C0H

读地址：
发送指令：FE 03 00 14 00 01 D0 01
解释说明：向地址为 254（FEH）的频率转速表 LD501A 发送读保持寄存器（03H）指令，从寄存器的 20（0014H）地址开始读，读取 1（0001H）个寄存器，"D0 01"为 CRC 码
返回数据：FE 03 02 00 0E 2D 94
解释说明：从地址为 254（FEH）的频率转速表 LD501A 返回 2 个字节（02H）指令，该寄存器内容为"00 0E"，说明 LD501A 的仪表地址为 14，"2D 94"为 CRC 码

读波特率：
发送指令：FE 03 00 15 00 01 81 C1
解释说明：向地址为 254（FEH）的频率转速表 LD501A 发送读保持寄存器（03H）指令，从寄存器的 21（0015H）地址开始读，读取 1（0001H）个寄存器，"81 C1"为 CRC 码
返回数据：FE 03 02 00 02 2D 91
解释说明：从地址为 254（FEH）的频率转速表 LD501A 返回 2 字节（02H）指令，该寄存器内容为"00 02"，对应波特率为 9600 bit/s，"2D 91"为 CRC 码

读当前值：
发送指令：FE 04 00 00 00 01 25 C5
解释说明：向地址为 254（FEH）的频率转速表 LD501A 发送读输入寄存器（04H）指令，从寄存器的 0（0000H）地址开始读，读取 1（0001H）个寄存器，"25 C5"为 CRC 码
返回数据：FE 04 02 00 0E 2C E0
解释说明：从地址为 254（FEH）的频率转速表 LD501A 返回 2 个字节（02H）指令，该寄存器内容为"00 0E"，当前值为 14，"2C E0"为 CRC 码

读回差：
发送指令：FE 03 00 13 00 01 61 C0
解释说明：向地址为 254（FEH）的频率转速表 LD501A 发送读保持寄存器（03H）指令，从寄存器的 19（0013H）地址开始读，读取 1（0001H）个寄存器，"61 C0"为 CRC 码
返回数据：FE 03 02 00 02 2D 91
解释说明：从地址为 254（FEH）的频率转速表 LD501A 返回 2 个字节（02H）指令，该寄存器内容为"00 02"，表示回差为 2，"2D 91"为 CRC 码

注：表中数字后面的"H"表示十六进制。

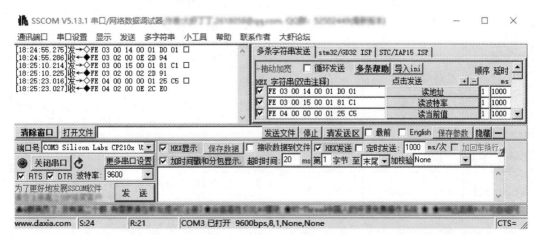

图 6-2　频率转速表 LD501A 通信参数 Modbus RTU 读指令界面图

表 6-3　读频率转速表 LD501A 各个仪表参数 Modbus RTU 指令列表

参数	显示符号	寄存器地址（十六进制）	取值范围	读参数 Modbus RTU 指令	说明
当前值	无	0x00（3区）	-999 ~ 9999	发送：FE 04 00 00 00 01 25 C5 接收：FE 04 02 00 0C AD 21	返回值为 000CH，显示"12"
校正系数	K1	0x00（4区）	0 ~ 9999	发送：FE 03 00 00 00 01 90 05 接收：FE 03 02 00 3C AC 41	返回值为 003CH，显示"60"
K1 小数点	KP1	0x01	0→ _ _ _ _ .； 1→ _ _ _ . _； 2→ _ _ . _ _； 3→ _ . _ _ _	发送：FE 03 00 01 00 01 C1 C5 接收：FE 03 02 00 00 AC 50	返回值为 0000H，显示" _ _ _ _ ."
频率平移修正	oSt1	0x02	-99.9 ~ 99.9	发送：FE 03 00 02 00 01 31 C5 接收：FE 03 02 00 18 AC 5A	返回值为 0018H，十进制为 24，显示为"2.4"
标度系数	K2	0x03	0 ~ 9999	发送：FE 03 00 03 00 01 60 05 接收：FE 03 02 00 02 2D 91	返回值为 0002H，十进制为 2，显示为"0.2"
K2 小数点	KP2	0x04	0→ _ _ _ _ .； 1→ _ _ _ . _； 2→ _ _ . _ _； 3→ _ . _ _ _	发送：FE 03 00 04 00 01 D1 C4 接收：FE 03 02 00 00 AC 50	返回值为 0000H，十进制为 0，显示为" _ _ _ _ ."
标度转换平移修正	oSt2	0x05	-999 ~ 9999	发送：FE 03 00 05 00 01 80 04 接收：FE 03 02 00 08 AD 96	返回值为 0008H，十进制为 8，显示为"8"
小数点	Poin	0x06	0→ _ _ _ _ .； 1→ _ _ _ . _； 2→ _ _ . _ _； 3→ _ . _ _	发送：FE 03 00 06 00 01 70 04 接收：FE 03 02 00 00 AC 50	返回值为 0000H，十进制为 0，显示为" _ _ _ _ ."
线性输入下限	LoL	0x07	-999 ~ 9999	发送：FE 03 00 07 00 01 21 C4 接收：FE 03 02 00 0E 2D 94	返回值为 000EH，十进制为 14，显示为"14"
线性输入上限	HiL	0x08	-999 ~ 9999	发送：FE 03 00 08 00 01 11 C7 接收：FE 03 02 0B B8 AB 12	返回值为 0BB8H，十进制为 3000，显示为"3000"
滤波系数	FiL	0x09	0 ~ 99	发送：FE 03 00 09 00 01 40 07 接收：FE 03 02 00 0D 6D 95	返回值为 000DH，十进制为 13，显示为"13"
变送输出方式	trAn	0x0A	0→4-20mA； 1→0-10mA	发送：FE 03 00 0A 00 01 B0 07 接收：FE 03 02 00 01 6D 90	返回值为 0001H，十进制为 1，显示为"0 - 10 mA"
1 号辅助输出	out1	0x0B	0→LA； 1→HA； 2→LLA； 3→HHA	发送：FE 03 00 0B 00 01 E1 C7 接收：FE 03 02 00 01 6D 90	返回值为 0001H，十进制为 1，显示为"HA"
2 号辅助输出	out2	0x0C		发送：FE 03 00 0C 00 01 50 06 接收：FE 03 02 00 02 2D 91	返回值为 0002H，十进制为 2，显示为"LLA"
3 号辅助输出	out3	0x0D		发送：FE 03 00 0D 00 01 01 C6 接收：FE 03 02 00 03 EC 51	返回值为 0003H，十进制为 3，显示为"HHA"
4 号辅助输出	out4	0x0E		发送：FE 03 00 0E 00 01 F1 C6 接收：FE 03 02 00 03 EC 51	返回值为 0003H，十进制为 3，显示为"HHA"
下限报警值	LA	0x0F	-999 ~ 9999	发送：FE 03 00 0F 00 01 A0 06 接收：FE 03 02 00 03 EC 51	返回值为 0003H，十进制为 3，显示为"3"
上限报警值	HA	0x10	-999 ~ 9999	发送：FE 03 00 10 00 01 91 C0 接收：FE 03 02 00 09 6C 56	返回值为 0009H，十进制为 9，显示为"9"

续表

参数	显示符号	寄存器地址（十六进制）	取值范围	读参数 Modbus RTU 指令	说明
下下限报警值	LLA	0x11	-999 ~ 9999	发送：FE 03 00 11 00 01 C0 00 接收：FE 03 02 FF FB AC 23	返回值为 FFFBH，十进制为 -5，显示为"-5"
上上限报警值	HHA	0x12	-999 ~ 9999	发送：FE 03 00 12 00 01 30 00 接收：FE 03 02 00 0C AC 55	返回值为 000CH，十进制为 12，HHA 为 12
回差	Hy	0x13	0 ~ 2000	发送：FE 03 00 13 00 01 61 C0 接收：FE 03 02 00 02 2D 91	返回值为 0002H，十进制为 2，回差为 2
仪表地址	Addr	0x14	0 ~ 254	发送：FE 03 00 14 00 01 D0 01 接收：FE 03 02 00 0E 2D 94	返回值为 000EH，十进制为 14，仪表地址为 14
波特率	bAud	0x15	0 → 2400； 1 → 4800； 2 → 9600； 3 → 192b	发送：FE 03 00 15 00 01 81 C1 接收：FE 03 02 00 02 2D 91	返回值为 0002H，对应波特率为 9600 bit/s

6.1.3　Modbus RTU 写指令

Modbus RTU 写指令是指向单个保持寄存器写入参数值。输入寄存器中的内容只能读不能写。当前值存放在输入寄存器，因此，当前值仅能读。除此之外，其他参数都存放在保持寄存器，可以采用 Modbus RTU 协议中的 06 功能码改写各个寄存器的内容，如表 6-4 和表 6-5 所示，通过仪表面板可以修改除当前值参数之外的其他参数。通过 Modbus RTU 写指令修改仪表地址和波特率两个参数后要立即通过仪表面板将其改回原值，否则下次无法通信。

表 6-4　频率转速表 LD501A 写单个寄存器指令格式列表

指令格式	仪表地址	功能码	寄存器起始地址		要写入内容		循环冗余校验码	
			高字节	低字节	高字节	低字节	低字节	高字节
编码顺序	第 1 字节	第 2 字节	第 3 字节	第 4 字节	第 5 字节	第 6 字节	第 7 字节	第 8 字节
写地址	FEH	06H	00H	14H	00H	0FH	9DH	C5H
	发送指令：FE 06 00 14 00 0F 9D C5 解释说明：向地址为 254（FEH）的频率转速表 LD501A 发送写保持寄存器（06H）指令，向寄存器的 20（0014H）地址写入 15（000FH），即将仪表地址改为 15，"9D C5"为 CRC 码 返回数据：FE 06 00 14 00 0F 9D C5 解释说明：写操作成功							
写波特率	FEH	06H	00H	15H	00H	01H	4DH	C1H
	发送指令：FE 06 00 15 00 01 4D C1 解释说明：向地址为 254（FEH）的频率转速表 LD501A 发送写保持寄存器（06H）指令，向寄存器的 21（0015H）地址写入 1（0001H），即将通信波特率改为 4800 bit/s，"4D C1"为 CRC 码 返回数据：FE 06 00 15 00 01 4D C1 解释说明：写操作成功							

注：表中数字后面的"H"表示十六进制。

表 6-5　写频率转速表 LD501A 各个仪表参数 Modbus RTU 指令列表

参数	显示符号	寄存器地址（十六进制）	取值范围	参数修改	写参数 Modbus RTU 指令
校正系数	K1	0x00	0 ~ 9999	将校正系数改为 50，对应数值为 50（0032H）	发送：FE 06 00 00 00 32 1C 10 接收：FE 06 00 00 00 32 1C 10
K1 小数点	KP1	0x01	0 → ＿＿＿＿.; 1 → ＿＿ ̄.＿; 2 → ＿ ̄.＿＿; 3 → ̄.＿＿＿	将 K1 小数点改为 3，对应十六进制为 0003H	发送：FE 06 00 01 00 03 8C 04 接收：FE 06 00 01 00 03 8C 04
频率平移修正	oSt1	0x02	-99.9 ~ 99.9	将 oSt1 设为 3.2，对应数值为 32（0020H）	发送：FE 06 00 02 00 20 3D DD 接收：FE 06 00 02 00 20 3D DD
标度系数	K2	0x03	0 ~ 9999	将 K2 设为 3，对应数值为 3（0003H）	发送：FE 06 00 03 00 03 2D C4 接收：FE 06 00 03 00 03 2D C4
K2 小数点	KP2	0x04	0 → ＿＿＿＿.; 1 → ＿＿ ̄.＿; 2 → ＿ ̄.＿＿; 3 → ̄.＿＿＿	将 KP2 设为 2，对应数值为 2（0002H）	发送：FE 06 00 04 00 02 5D C5 接收：FE 06 00 04 00 02 5D C5
标度转换平移修正	oSt2	0x05	-999 ~ 9999	将 oSt2 设为 8，对应数值为 8（0008H）	发送：FE 06 00 05 00 08 8C 02 接收：FE 06 00 05 00 08 8C 02
小数点	Poin	0x06	0 → ＿＿＿＿.; 1 → ＿＿ ̄.＿; 2 → ＿ ̄.＿＿; 3 → ̄.＿＿＿	将 Poin 设为 2，对应数值为 2（0002H）	发送：FE 06 00 06 00 02 FC 05 接收：FE 06 00 06 00 02 FC 05
线性输入下限	LoL	0x07	-999 ~ 9999	将 LoL 设为 14，对应数值为 14（000EH）	发送：FE 06 00 07 00 0E AD C0 接收：FE 06 00 07 00 0E AD C0
线性输入上限	HiL	0x08	-999 ~ 9999	将 HiL 设为 3000，对应数值为 3000（0BB8H）	发送：FE 06 00 08 0B B8 1B 45 接收：FE 06 00 08 0B B8 1B 45
滤波系数	FiL	0x09	0 ~ 99	将 FiL 设为 13，对应数值为 13（000DH）	发送：FE 06 00 09 00 0D 8C 02 接收：FE 06 00 09 00 0D 8C 02
变送输出方式	trAn	0x0A	0 → 4-20mA; 1 → 0-10 mA	将 trAn 设为"0-10mA"，对应数值为 1（0001H）	发送：FE 06 00 0A 00 01 7C 07 接收：FE 06 00 0A 00 01 7C 07
1 号辅助输出	out1	0x0B		将 out1 设为"HA"，对应数值为 1（0001H）	发送：FE 06 00 0B 00 01 2D C7 接收：FE 06 00 0B 00 01 2D C7
2 号辅助输出	out2	0x0C	0 → LA; 1 → HA; 2 → LLA; 3 → HHA	将 out2 设为"HHA"，对应数值为 3（0003H）	发送：FE 06 00 0C 00 03 1D C7 接收：FE 06 00 0C 00 03 1D C7
3 号辅助输出	out3	0x0D		将 out3 设为"LLA"，对应数值为 2（0002H）	发送：FE 06 00 0D 00 02 8D C7 接收：FE 06 00 0D 00 02 8D C7
4 号辅助输出	out4	0x0E		将 out4 设为"LA"，对应数值为 0（0000H）	发送：FE 06 00 0E 00 00 FC 06 接收：FE 06 00 0E 00 00 FC 06
下限报警值	LA	0x0F	-999 ~ 9999	将 LA 设为 3，对应数值为 3（0003H）	发送：FE 06 00 0F 00 03 ED C7 接收：FE 06 00 0F 00 03 ED C7
上限报警值	HA	0x10	-999 ~ 9999	将 HA 设为 9，对应数值为 9（0009H）	发送：FE 06 00 10 00 09 5C 06 接收：FE 06 00 10 00 09 5C 06
下下限报警值	LLA	0x11	-999 ~ 9999	将 LLA 设为 -5，对应数值为 -5（FFFBH）	发送：FE 06 00 11 FF FB CD B3 接收：FE 06 00 11 FF FB CD B3
上上限报警值	HHA	0x12	-999 ~ 9999	将 HHA 设为 12，对应数值为 12（000CH）	发送：FE 06 00 12 00 0C 3D C5 接收：FE 06 00 12 00 0C 3D C5

续表

参数	显示符号	寄存器地址（十六进制）	取值范围	参数修改	写参数 Modbus RTU 指令
回差	Hy	0x13	0 ~ 2000	将回差设为 2，对应数值 2（0002H）	发送：FE 06 00 13 00 02 ED C1 接收：FE 06 00 13 00 02 ED C1
仪表地址	Addr	0x14	0 ~ 254	将仪表地址改为 15，对应数值为 15（000FH）	发送：FE 06 00 14 00 0F 9D C5 接收：FE 06 00 14 00 0F 9D C5
波特率	bAud	0x15	0 → 2400； 1 → 4800； 2 → 9600； 3 → 192b	将波特率改为 4800 bit/s，对应数值为 1（0001H）	发送：FE 06 00 15 00 01 4D C1 接收：FE 06 00 15 00 01 4D C1

6.2　MCGS 组态

本例通过设定 K2、oSt1 和 oSt2 的值计算当前值，模拟频率或转速，操作者可以改变 LA、LLA、HA 和 HHA 的值，设定 out1、out2、out3 和 out4 的输出模式，使各个辅助输出点亮或熄灭。在设备组态中仪表地址使用 14，通信波特率为 9600 bit/s。当设备窗口同一个串口设备连接过多串口设备时，通信会时断时续，因此，本章仅保留少数仪表，通信会正常。

新建窗口与
设备组态

6.2.1　新建窗口与窗口关联

在"工作台"窗体选择"用户窗口"属性页，选中"public"窗口，如图 6-3 中①所示，

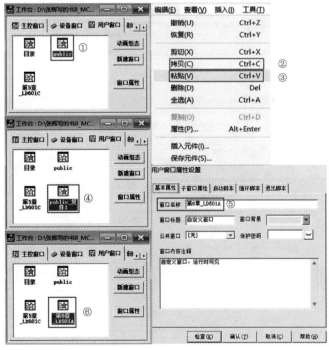

图 6-3　新建窗口过程示意图

在"编辑 (E)"下拉菜单中选择"拷贝 (C)"命令②，再选择"粘贴 (V)"命令③，在用户窗口生成新的窗体"public_ 复件 1"④，点击"窗口属性"按钮，弹出"用户窗口属性设置"对话框，在"窗口名称"内输入"第 6 章_LD501A"⑤，点击"确认 (Y)"完成新窗体"第 6 章_LD501A"⑥的创建。这种建立新窗口的方式能够复用母版中的构件，避免重复添加，保证各个窗体的构件位置完全一致，母版内容相当于背景，当各个窗体切换时，背景仍然保留，只有内容发生改变，如同在同一个窗体操作。

在"目录"用户窗口中双击"第 6 章"按钮①，如图 6-4 所示，弹出"标准按钮构件属性设置"对话框，点击"操作属性"属性页，勾选"打开用户窗口"②，在后面下拉列表中选择"第 6 章_LD501A"用户窗口，勾选"关闭用户窗口"，在后面下拉列表中选择"目录"③用户窗口。向用户窗口"第 6 章_LD501A"拷入一个上箭头"🏠"构件，如图 6-5 所示；双击该构件①，在"标准按钮构件属性设置"对话框中选择"操作属性"属性页，勾选"打开用户窗口"，在后面下拉列表中选择"目录"用户窗口②，勾选"关闭用户窗口"，在后

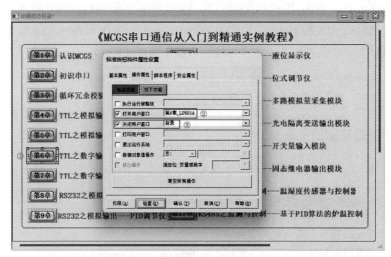

图 6-4　目录按钮关联下级窗口过程示意图

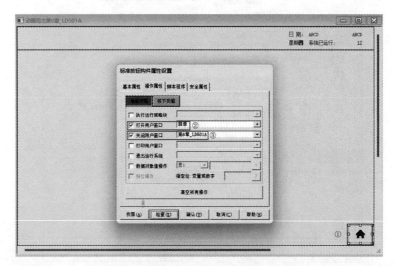

图 6-5　下级窗口关联上级目录窗口过程示意图

面下拉列表中选择"第 6 章 _LD501A"用户窗口③。这样，上级窗口"目录"与下级窗口"第 6 章 _LD501A"实现了关联。

6.2.2　设备组态与数据对象

在"工作台"窗体选择"设备窗口"属性页，点击属性页中的"设备窗口"，如图 6-6 中①所示；此时，在"查看 (V)"菜单中点击下拉项中的"设备工具箱 (E)"②，弹出"设备工具箱"，双击新建的"通用串口父设备 2--[TTL]"③，弹出"通用串口设备属性编辑"对话框，按④所示将串口号改为 COM4，波特率改为 9600 bit/s，"数据校验方式"选择"0- 无校验"，与 LD501A 相一致；再从"设备工具箱"中选择"ModbusRTU_ 串口"⑤放入"通用串口父设备 2--[TTL]"形成子设备⑥，双击该图标，将"设备名称"改为"频率转速表"⑦，"设备地址"设为 14 ⑧，"设备注释"改为"LD501A"，"校验数据字节序"设为"0-LH[低字节，高字节]"⑨，完成串口设备组态。

图 6-6　频率转速表 LD501A 设备窗口组态界面图

数据对象采用"仪表型号 _ 仪表参数"形式命名。例如，当前值参数符号为"PV"，对应数据对象名称为"LD501A_PV"；1 号辅助输出参数符号为"out1"，对应数据对象名称为"LD501A_out1"。用鼠标左键点击"新增对象"按钮，在"实时数据库"属性页底端自动增加一个数据对象，双击该数据对象，弹出图 6-7 右侧图所示"数据对象属性设置"对话框，在"对象名称"后面输入框中输入数据对象"LD501A_HHA"，"对象初值"一般设为 0，"对象类型"设为"整数"，点击"确认 (Y)"完成一个数据对象的创建。再依次创建"LD501A_out2""LD501A_out3"和"LD501A_out4"等数据对象，与仪表的 out2、out3 和 out4 等参数对应,采用 SetDevice 命令读取各个寄存器的值存放在这些数据对象中,数据对象起到底层仪表寄存器与显示构件关联的作用。

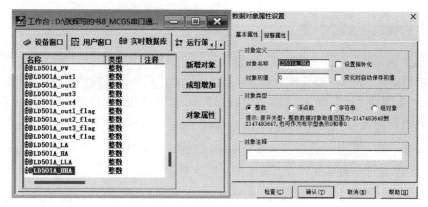

图6-7 新增 LD501A 仪表数据对象示意图

6.2.3 界面组态

界面组态与
运行策略

在"工作台"窗体属性页窗口中选择"用户窗口",双击"第6章_LD501A"图标进入窗体,在"工具栏"窗口中点击"工具箱"图标,在弹出的"工具箱"窗口中点击"标签"按钮,向"第6章_LD501A"窗体添加标签。选中"属性设置"属性页,如图6-8①所示,勾选"显示输出"与"按钮输入"②,在右侧会增加对应的属性页;在"显示输出"③属性页中关联数据对象"LD501A_LA"④,"显示类型"选择"数值量输出",选择"浮点数"⑤,勾选"四舍五入"⑥,"固定小数位数"设定为1;在"按钮输入"⑦属性页中关联数据对象"LD501A_LA"⑧,"最小值"设定为"-999","最大值"设定为"9999"⑨。该标签既可以作为输入,也可以作为输出,输入时将用户设定值赋给数据对象"LD501A_LA",输出时将显示数据对象"LD501A_LA"的值。

图6-8 频率转速表 LA 参数标签动画组态属性设置图

在"工作台"窗体属性页窗口中选择"用户窗口",双击"第6章_LD501A"图标进入窗体,在"工具栏"窗口中点击"工具箱"图标,在弹出的"工具箱"窗口中点击"组合框"构件,向"第6章_LD501A"窗体添加组合框。双击新添加的组合框,如图6-9所示,在"基本属性"属性页①"序号关联"一项中关联数据对象"LD501A_out1"②,设置"奇行背景"

的颜色为粉色，"偶行背景"的颜色为淡绿色；在"选项设置"属性页"静态选项"③一项中添加"LA""HA""LLA"和"HHA"项目内容④。当选中"LLA"内容时，数据对象"LD501A_out1"的值为2；当选中"HHA"内容时，数据对象"LD501A_out1"的值为3。

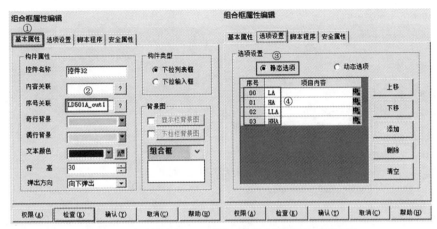

图 6-9　频率转速表 out1 参数对应组合框属性编辑界面图

6.2.4　运行策略

双击"第 6 章 _LD501A"图标进入窗体，在右侧灰色区域中双击鼠标左键，弹出"用户窗口属性设置"对话框，选中"启动脚本"属性页，如图 6-10 左图所示，在"启动脚本"输入以下内容：

```
!SetDevice(频率转速表,6,"Read(4,12,WB=LD501A_out1)")
!SetDevice(频率转速表,6,"Read(4,13,WB=LD501A_out2)")
!SetDevice(频率转速表,6,"Read(4,14,WB=LD501A_out3)")
!SetDevice(频率转速表,6,"Read(4,15,WB=LD501A_out4)")
!SetDevice(频率转速表,6,"Read(4,16,WB=LD501A_LA)")
!SetDevice(频率转速表,6,"Read(4,17,WB=LD501A_HA)")
!SetDevice(频率转速表,6,"Read(4,18,WB=LD501A_LLA)")
!SetDevice(频率转速表,6,"Read(4,19,WB=LD501A_HHA)")
```

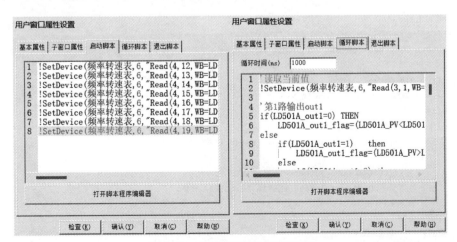

图 6-10　循环脚本程序编辑界面图

选中"循环脚本"属性页，如图 6-10 右图所示，在"循环脚本"输入以下内容：

```
' 读取当前值
!SetDevice(频率转速表,6,"Read(3,1,WB=LD501A_PV)")

' 第1路输出 out1
if(LD501A_out1=0)THEN
    LD501A_out1_flag=(LD501A_PV<LD501A_LA)
else
    if(LD501A_out1=1)  then
        LD501A_out1_flag=(LD501A_PV>LD501A_HA)
    else
        if(LD501A_out1=2)then
            LD501A_out1_flag=(LD501A_PV<LD501A_LLA)
        else
            if(LD501A_out1=3)then
                LD501A_out1_flag=(LD501A_PV>LD501A_HHA)
            endif
        endif
    endif
endif

' 第2路输出 out2
if(LD501A_out2=0)THEN
    LD501A_out2_flag=(LD501A_PV<LD501A_LA)
else
    if(LD501A_out2=1)  then
        LD501A_out2_flag=(LD501A_PV>LD501A_HA)
    else
        if(LD501A_out2=2)then
            LD501A_out2_flag=(LD501A_PV<LD501A_LLA)
        else
            if(LD501A_out2=3)then
                LD501A_out2_flag=(LD501A_PV>LD501A_HHA)
            endif
        endif
    endif
endif

' 第3路输出 out3
if(LD501A_out3=0)THEN
    LD501A_out2_flag=(LD501A_PV<LD501A_LA)
else
    if(LD501A_out3=1)  then
        LD501A_out3_flag=(LD501A_PV>LD501A_HA)
    else
        if(LD501A_out3=2)then
            LD501A_out3_flag=(LD501A_PV<LD501A_LLA)
        else
            if(LD501A_out3=3)then
                LD501A_out3_flag=(LD501A_PV>LD501A_HHA)
            endif
        endif
    endif
endif
```

```
'第4路输出out4
if(LD501A_out4=0)THEN
    LD501A_out4_flag=(LD501A_PV<LD501A_LA)
else
    if(LD501A_out4=1) then
        LD501A_out4_flag=(LD501A_PV>LD501A_HA)
    else
        if(LD501A_out4=2)then
            LD501A_out4_flag=(LD501A_PV<LD501A_LLA)
        else
            if(LD501A_out4=3)then
                LD501A_out4_flag=(LD501A_PV>LD501A_HHA)
            endif
        endif
    endif
endif
```

在"工作台"窗体属性页窗口中选择"运行策略"属性页，点击"新建策略"按钮，弹出"选择策略的类型"对话框，如图 6-11 所示，选择"事件策略"①，点击"确定 (Y)"按钮，新建一个策略；鼠标左键选中新建的策略，点击"策略属性"按钮，弹出"策略属性设置"对话框，在"数据对象"后方的输入框中输入"LD501A_LA"，或点击"？"按钮选择已有的数据对象②，在"执行条件"中选择"数据对象值有改变时，执行一次"③，"策略内容注释"填写"当 LA 的值发生变化时"，对应"策略名称"中的"修改 LA 值"，再点击"确认 (Y)"按钮。双击新建策略，在"当 LA 的值发生变化时"图标上点击鼠标右键，弹出菜单，选择"新增策略行 (A)"④，双击"脚本程序"⑤，在弹出的编辑框中输入以下脚本：

```
!SetDevice(频率转速表,6,"Write(4,16,WB=LD501A_LA)")
```

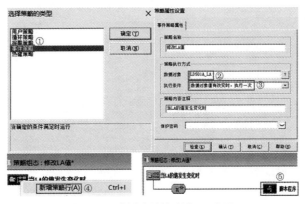

图 6-11　创建事件策略过程示意图

同理，建立其他事件策略，对应的脚本分别如下：

```
!SetDevice(频率转速表,6,"Write(4,17,WB=LD501A_HA)")
!SetDevice(频率转速表,6,"Write(4,18,WB=LD501A_LLA)")
!SetDevice(频率转速表,6,"Write(4,19,WB=LD501A_HHA)")
!SetDevice(频率转速表,6,"Write(4,12,WB=LD501A_out1)")
!SetDevice(频率转速表,6,"Write(4,13,WB=LD501A_out2)")
!SetDevice(频率转速表,6,"Write(4,14,WB=LD501A_out3)")
!SetDevice(频率转速表,6,"Write(4,15,WB=LD501A_out4)")
```

点击工具栏中"下载运行"按钮，选择"模拟"运行方式，依次点击"工程下载"和"启动运行"按钮，运行界面如图6-12所示。图6-12左侧图为当前值大于上限报警值状态，此时，当前值为14.0，上限报警值HA为8.0，对应out2_flag值为1，椭圆填充颜色为红色；图6-12右侧图为当前值大于上上限报警值状态，此时，当前值为14.0，上上限报警值HHA为13.0，对应out4_flag值为1，椭圆填充颜色为红色。

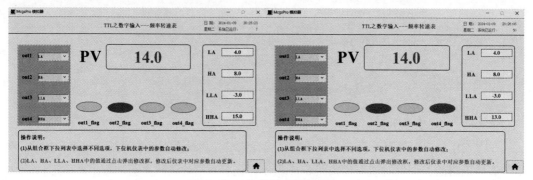

图 6-12 LD501A 运行界面图

第7章

TTL 之数字输出——长度计数表

7.1 长度计数表

亨立德 LD502A-R2A-S4-R2C-NNN（以下简称 LD502A）是一款测定长度和脉冲计数的仪表。"A"表示仪表前面板宽 96 mm，高 96 mm；"R2A"表示辅助输出 OUT1 安装了大容量继电器常开触点开关输出模块，2 端子为公共触点 COM，1 端子为常开触点 NO，如图 7-1 所示；"S4"代表辅助输出 OUT2 接口 安装了光电隔离 TTL 通信接口模块；"R2C"代表辅助输出 OUT4 安装了大容量继电器常开常闭触点开关输出模块，6 端子为常闭触点 NC，7 端子为常开触点 NO，8 端子为公共触点 COM；12 端子连接计数信号 A 端，11 端子连接计数信号 B 端；LD502A 的 16 端子与 15 端子

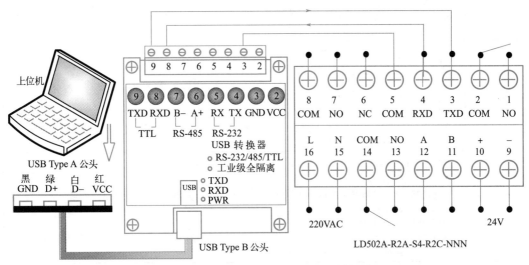

图 7-1 长度计数表 LD502A 通信线路连接示意图

LD502A 端子
连线

分别连接交流 220 V 的火线与零线。

上位机采用笔记本电脑或台式机，称为主机，通过 USB 转换器的 TTL 接口与下位机 LD502A 相连，下位机 LD502A 称为从机，并且仅能进行一对一通信。TTL 接口采用单端驱动电路，USB 转换器的 GND 端子 3 必须与 LD502A 的 5 端子相连，USB 转换器的 TXD 端子 9 必须与 LD502A 的 3 端子相连，USB 转换器的 RXD 端子 8 必须与 LD502A 的 4 端子相连，三根线既不能接错，也不能漏接。有时上位机与下位机的 TXD 端子与 RXD 端子需要互换，根据实际仪表进行测试。

7.1.1 Modbus RTU 读指令

Modbus RTU
读写指令

LD502A 仪表地址为 15，通信波特率设为 9600 bit/s，操作员密码为 1，工程师密码为 2，这四个通信参数仅仪表地址可以读写，其他三个参数只能通过仪表面板进行修改。

仪表参数存储在输出寄存器，当前值存储在输入寄存器，Modbus RTU 读指令是指读取各个寄存器的内容，包括读取单个寄存器和读取多个寄存器。对于采用 TTL 电平接口的 LD502A，只能一次读取一个寄存器。

表 7-1 给出了读取仪表地址、当前值和回差的 Modbus RTU 指令格式，主机发送的指令称为问询帧，从机返回的指令称为应答帧。根据应答帧内容解析寄存器存储的仪表参数值。

表 7-1　长度计数表 LD502A 读指令格式列表

指令格式	仪表地址	功能码	寄存器起始地址		要写入内容		循环冗余校验码	
			高字节	低字节	高字节	低字节	低字节	高字节
编码顺序	第1字节	第2字节	第3字节	第4字节	第5字节	第6字节	第7字节	第8字节
读仪表地址	0FH	03H	00H	80H	00H	01H	84H	CCH
	发送指令：0F 03 00 80 00 01 84 CC 解释说明：向地址为 15（0FH）的长度计数表 LD502A 发送读保持寄存器（03H）指令，从寄存器的 128（0080H）地址开始读，读取 1（0001H）个寄存器，"84 CC"为 CRC 码 返回数据：0F 03 02 00 0F 91 81 解释说明：从地址为 15（0FH）的长度计数表 LD502A 返回 2 个字节（02H）指令，该寄存器内容为"00 0F"，说明 LD502A 的仪表地址为 15，"91 81"为 CRC 码								
读当前值	0FH	04H	00H	00H	00H	01H	30H	E4H
	发送指令：0F 04 00 00 00 01 30 E4 解释说明：向地址为 15（0FH）的长度计数表 LD502A 发送读输入寄存器（04H）指令，从寄存器的 0（0000H）地址开始读，读取 1（0001H）个寄存器，"30 E4"为 CRC 码 返回数据：0F 04 02 00 40 D1 01 解释说明：从地址为 15（0FH）的长度计数表 LD502A 返回 2 个字节（02H）指令，该寄存器内容为"00 40"，当前值为 64，"D1 01"为 CRC 码								
读回差	0FH	03H	00H	07H	00H	01H	34H	E5H
	发送指令：0F 03 00 07 00 01 34 E5 解释说明：向地址为 15（0FH）的长度计数表 LD502A 发送读保持寄存器（03H）指令，从寄存器的 7（0007H）地址开始读，读取 1（0001H）个寄存器，"34 E5"为 CRC 码 返回数据：0F 03 02 00 05 11 86 解释说明：从地址为 15（0FH）的长度计数表 LD502A 返回 2 个字节（02H）指令，该寄存器内容为"00 05"，表示回差为 5，"11 86"为 CRC 码								

注：表中数字后面的"H"表示十六进制。

LD502A 仪表参数列表如表 7-2 所示。当前值存储在第 3 区输入寄存器从 0 开始的第 0 个寄存器；其他参数存储在第 4 区输出寄存器，表 7-2 列出了各个参数从 0 开始的寄存器地址。

表 7-2　长度计数表 LD502A 读单个寄存器指令格式列表

参数	显示符号	寄存器地址（十六进制）	取值范围	读参数 Modbus RTU 指令	说明
当前值	无	0x00（3区）	0～5000	发送：0F 04 00 00 00 01 30 E4 接收：0F 04 02 00 40 D1 01	返回值为 0040H，显示"64"
刻度系数	K	0x00（4区）	-999～9999	发送：0F 03 00 00 00 01 85 24 接收：0F 03 02 00 01 10 45	返回值为 0001H，K 值为 1
刻度系数小数点	KP	0x01	0→____.; 1→___._; 2→__.__; 3→_.___	发送：0F 03 00 01 00 01 D4 E4 接收：0F 03 02 00 00 D1 85	返回值为 0000H，KP 值为 0，说明刻度系数小数点为 0，显示为"____."
小数点	Poin	0x02	0→____.; 1→___._; 2→__.__; 3→_.___	发送：0F 03 00 02 00 01 24 E4 接收：0F 03 02 00 01 10 45	返回值为 0001H，Poin 值为 1，说明刻度系数小数点为 1，显示为"___._"
报警值 1	1A	0x03	-999～9999	发送：0F 03 00 03 00 01 75 24 接收：0F 03 02 00 01 10 45	报警值 1 为 0001H，即 1
报警值 2	2A	0x04	-999～9999	发送：0F 03 00 04 00 01 C4 E5 接收：0F 03 02 00 02 50 44	报警值 2 为 0002H，即 2
报警值 3	3A	0x05	-999～9999	发送：0F 03 00 05 00 01 95 25 接收：0F 03 02 00 03 91 84	报警值 3 为 0003H，即 3
报警值 4	4A	0x06	-999～9999	发送：0F 03 00 06 00 01 65 25 接收：0F 03 02 00 04 D0 46	报警值 4 为 0004H，即 4
回差	Hy	0x07	0～2000	发送：0F 03 00 07 00 01 34 E5 接收：0F 03 02 00 05 11 86	报警回差为 0005H，即 5
报警 1 模式	1M	0x08	0→LA; 1→HA; 2→-LA; 3→-HA	发送：0F 03 00 08 00 01 04 E6 接收：0F 03 02 00 00 D1 85	返回值为 0000H，1M 值为 0，报警 1 模式为 0，显示为"LA"
报警 2 模式	2M	0x09		发送：0F 03 00 09 00 01 55 26 接收：0F 03 02 00 01 10 45	返回值为 0001H，2M 值为 1，报警 2 模式为 1，显示为"HA"
报警 3 模式	3M	0x0A		发送：0F 03 00 0A 00 01 A5 26 接收：0F 03 02 00 02 50 44	返回值为 0002H，3M 值为 2，报警 3 模式为 2，显示为"-LA"
报警 4 模式	4M	0x0B		发送：0F 03 00 0B 00 01 F4 E6 接收：0F 03 02 00 03 91 84	返回值为 0003H，4M 值为 3，报警 4 模式为 3，显示为"-HA"
报警 1 输出位置	1o	0x0C	0→nuLL; 1→out1; 2→out2; 3→out3; 4→out4	发送：0F 03 00 0C 00 01 45 27 接收：0F 03 02 00 01 10 45	返回值为 0001H，报警 1 输出位置为 1，即 out1
报警 2 输出位置	2o	0x0D		发送：0F 03 00 0D 00 01 14 E7 接收：0F 03 02 00 02 50 44	返回值为 0002H，报警 2 输出位置为 2，即 out2
报警 3 输出位置	3o	0x0E		发送：0F 03 00 0E 00 01 E4 E7 接收：0F 03 02 00 03 91 84	返回值为 0003H，报警 3 输出位置为 3，即 out3
报警 4 输出位置	4o	0x0F		发送：0F 03 00 0F 00 01 B5 27 接收：0F 03 02 00 04 D0 46	返回值为 0004H，报警 4 输出位置为 4，即 out4
仪表地址	Addr	0x80	0～255	发送：0F 03 00 80 00 01 84 CC 接收：0F 03 02 00 0F 91 81	返回值为 000FH，Addr 值为 15，LD502A 地址为 15

采用 SSCOM 串口 / 网络数据调试器，如图 7-2 所示，设置通信参数为"9600bps，8，1，None，None"，即波特率为 9600 bit/s，8 位数据位，1 位停止位，无奇偶校验，无流控制。在调试器软件右侧窗格中输入读指令，点击窗格右侧"读回差""读报警 2 输出位置"和"读仪表地址"等按钮发送问询帧，图 7-2 左侧窗格中为 Modbus RTU 读指令的应答帧。在仪表面板修改各参数值后，通过表 7-2 中读参数 Modbus RTU 指令可以获得各参数当前设定值。

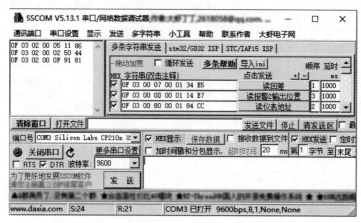

图 7-2　长度计数表 LD502A 仪表参数 Modbus RTU 读指令界面图

7.1.2　Modbus RTU 写指令

Modbus RTU 写指令是指向单个保持寄存器写入参数值。当前值放在输入寄存器，输入寄存器中的内容只能读。除此之外，其他参数都存放在保持寄存器，可以采用 Modbus RTU 协议中的 06 功能码写入，即修改各个寄存器的内容，如表 7-3 和表 7-4 所示，通过仪表面板可以修改除当前值参数之外的其他参数。仪表的通信参数，例如仪表地址、通信波特率、操作员密码和工程师密码等参数只能在仪表面板修改，无法通过上位机的 Modbus RTU 指令修改。

表 7-3　长度计数表 LD502A 写单个寄存器指令格式列表

指令格式	仪表地址	功能码	寄存器起始地址		要写入内容		循环冗余校验码	
			高字节	低字节	高字节	低字节	低字节	高字节
编码顺序	第 1 字节	第 2 字节	第 3 字节	第 4 字节	第 5 字节	第 6 字节	第 7 字节	第 8 字节
写刻度系数	0FH	06H	00H	00H	00H	02H	09H	25H
	发送指令：0F 06 00 00 00 02 09 25 解释说明：向地址为 15（0FH）的长度计数表 LD502A 发送写保存寄存器（06H）指令，向寄存器的 00（0000H）地址写入 2（0002H），"09 25"为 CRC 码 返回数据：0F 06 00 00 00 02 09 25 解释说明：写操作成功							
写回差	0FH	06H	00H	07H	00H	0EH	B8H	E1H
	发送指令：0F 06 00 07 00 0E B8 E1 解释说明：向地址为 15（0FH）的长度计数表 LD502A 发送写保存寄存器（06H）指令，向寄存器的 07（0007H）地址写入 14（000EH），即将回差改为 14，"B8 E1"为 CRC 码 返回数据：0F 06 00 07 00 0E B8 E1 解释说明：写操作成功							

注：表中数字后面的"H"表示十六进制。

表 7-4　写长度计数表 LD502A 各个仪表参数 Modbus RTU 指令列表

参数	显示符号	寄存器地址（十六进制）	取值范围	参数修改	写参数 Modbus RTU 指令
刻度系数	K	0x00	-999 ~ 9999	将 K 设为 2，对应数值为 2（0002H）	发送：0F 06 00 00 00 02 09 25 接收：0F 06 00 00 00 02 09 25
刻度系数小数点	KP	0x01	0 → ＿＿＿＿.； 1 → ＿＿＿.＿； 2 → ＿＿.＿＿； 3 → ＿.＿＿＿	将 KP 设为 2，对应数值为 2（0002H）	发送：0F 06 00 01 00 02 58 E5 接收：0F 06 00 01 00 02 58 E5
小数点	Poin	0x02	0 → ＿＿＿＿.； 1 → ＿＿＿.＿； 2 → ＿＿.＿＿； 3 → ＿.＿＿＿	将 Poin 设为 3，对应数值为 3（0003H）	发送：0F 06 00 02 00 03 69 25 接收：0F 06 00 02 00 03 69 25
报警值 1	1A	0x03	-999 ~ 9999	将 1A 设为 15，对应数值为 15（000FH）	发送：0F 06 00 03 00 0F 38 E0 接收：0F 06 00 03 00 0F 38 E0
报警值 2	2A	0x04	-999 ~ 9999	将 2A 设为 14，对应数值为 14（000EH）	发送：0F 06 00 04 00 0E 48 E1 接收：0F 06 00 04 00 0E 48 E1
报警值 3	3A	0x05	-999 ~ 9999	将 3A 设为 13，对应数值为 13（000DH）	发送：0F 06 00 05 00 0D 59 20 接收：0F 06 00 05 00 0D 59 20
报警值 4	4A	0x06	-999 ~ 9999	将 4A 设为 12，对应数值为 12（000CH）	发送：0F 06 00 06 00 0C 68 E0 接收：0F 06 00 06 00 0C 68 E0
回差	Hy	0x07	0 ~ 2000	将 Hy 设为 14，对应数值为 14（000EH）	发送：0F 06 00 07 00 0E B8 E1 接收：0F 06 00 07 00 0E B8 E1
报警 1 模式	1M	0x08		将 1M 设为 "-HA"，对应数值为 3（0003H）	发送：0F 06 00 08 00 03 49 27 接收：0F 06 00 08 00 03 49 27
报警 2 模式	2M	0x09	0 → LA； 1 → HA； 2 → -LA； 3 → -HA	将 2M 设为 "-LA"，对应数值为 2（0002H）	发送：0F 06 00 09 00 02 D9 27 接收：0F 06 00 09 00 02 D9 27
报警 3 模式	3M	0x0A		将 3M 设为 "HA"，对应数值为 1（0001H）	发送：0F 06 00 0A 00 01 69 26 接收：0F 06 00 0A 00 01 69 26
报警 4 模式	4M	0x0B		将 4M 设为 "LA"，对应数值为 0（0000H）	发送：0F 06 00 0B 00 00 F9 26 接收：0F 06 00 0B 00 00 F9 26
报警 1 输出位置	1o	0x0C		将 1o 设为 "out4"，对应数值为 4（0004H）	发送：0F 06 00 0C 00 04 49 24 接收：0F 06 00 0C 00 04 49 24
报警 2 输出位置	2o	0x0D	0 → nuLL； 1 → out1； 2 → out2； 3 → out3； 4 → out4	将 2o 设为 "out3"，对应数值为 3（0003H）	发送：0F 06 00 0D 00 03 59 26 接收：0F 06 00 0D 00 03 59 26
报警 3 输出位置	3o	0x0E		将 3o 设为 "out2"，对应数值为 2（0002H）	发送：0F 06 00 0E 00 02 68 E6 接收：0F 06 00 0E 00 02 68 E6
报警 4 输出位置	4o	0x0F		将 4o 设为 "out1"，对应数值为 1（0001H）	发送：0F 06 00 0F 00 01 79 27 接收：0F 06 00 0F 00 01 79 27

　　在调试器软件右侧窗格中输入写指令，点击窗格右侧"写报警 1""写报警 2""写报警 3"和"写报警 4"等按钮发送问询帧，图 7-3 左侧窗格内容为 Modbus RTU 写指令的应答帧。通过表 7-4 中写参数 Modbus RTU 指令可以修改仪表各参数值。

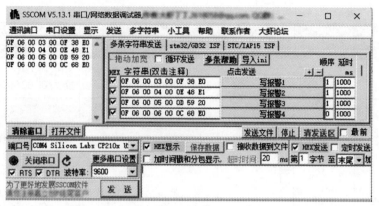

图 7-3　长度计数表 LD502A 仪表参数 Modbus RTU 写指令界面图

7.2　MCGS组态

7.2.1　新建窗口与数据对象

界面组态与
设备组态

在"工作台"窗体选择"用户窗口"属性页，选中"public"窗口，如图 7-4 中①所示，在"编辑 (E)"下拉菜单中选择"拷贝 (C)"命令②，再选择"粘贴 (V)"命令③，在用户窗口生成新的窗体"public_ 复件 1"④，点击"窗口属性"按钮，弹出"用户窗口属性设置"对话框，在"窗口名称"内输入"第 7 章 _LD502A"⑤，点击"确认 (Y)"完成新窗体"第 7 章 _LD502A"⑥的创建。在"目录"用户窗口双击"第 7 章"按钮，弹出"标准按钮构件属性设置"对话框，点击"操作属性"属性页，勾选"打开用户窗口"，在后面下拉列表中选择"第 7 章 _LD502A"用户窗口，勾选"关闭用户窗口"，在后面下拉列表中选择"目录"用户窗口。向用户窗口"第 7 章 _LD502A"拷入一个上箭头"🏠"构件，双击该构件，在"标准按钮构件属性设置"对话框中选择"操作属性"属性页，勾选"打开用户窗口"，在后面下拉列表中选择"目录"用户窗口，勾选"关闭用户窗口"，在后面下拉列表中选择"第 7 章 _LD502A"用户窗口。这样，上级窗口"目录"与下级窗口"第 7 章 _LD502A"实现了关联。

数据对象采用"仪表型号 _ 仪表参数"形式命名。例如，刻度系数参数符号为"K"，对应数据对象名称为"LD502A_K"；刻度系数小数点参数符号为"KP"，对应数据对象名称为"LD502A_KP"。用鼠标左键点击"新增对象"按钮，在"实时数据库"属性页底端自动增加一个数据对象，双击该数据对象，弹出图 7-5 右侧图所示"数据对象属性设置"对话框，在"对象名称"后面输入框中输入数据对象"LD502A_K"，"对象初值"一般设为0，"对象类型"设为"整数"，点击"确认 (Y)"完成一个数据对象的创建。再依次创建"LD502A_1A""LD502A_2A"和"LD502A_3A"等数据对象，与仪表的 1A、2A 和 3A 等参数对应，从仪表寄存器读入的数据存在数据对象中，人机交互界面显示的构件与数据对象关联，这样，仪表数据与用户操作便通过数据对象关联在一起。

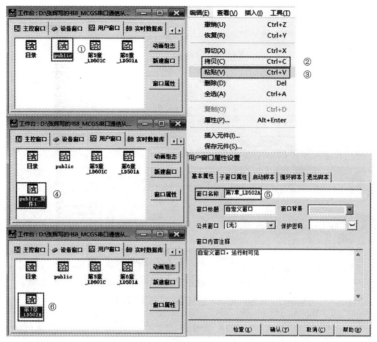

图 7-4　新建窗口过程示意图

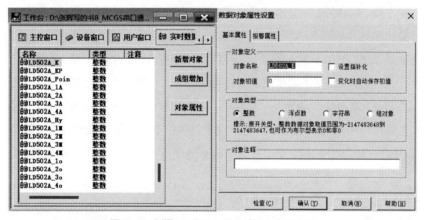

图 7-5　新增 LD502A 仪表数据对象示意图

7.2.2　设备组态与界面组态

在"工作台"窗体选择"设备窗口"属性页，点击属性页中的"设备窗口"，如图 7-6 中①所示；此时，在"查看 (V)"菜单中点击下拉项中的"设备工具箱 (E)"②，弹出"设备工具箱"；双击新建的"通用串口父设备 2--[TTL]"③，弹出"通用串口设备属性编辑"对话框，按④所示将串口号改为 COM4，波特率改为 9600 bit/s，"数据校验方式"选择"0- 无校验"，与 LD502A 仪表设置一致；再从"设备工具箱"中选择"ModbusRTU_ 串口"⑤放入"通用串口父设备 2--[TTL]"形成子设备⑥，双击该图标，将"设备名称"改为"长度计数表"⑦，"设备地址"设为 15⑧，"设备注释"改为"LD502A"，"校验数据字节序"设为"0-LH[低字节，高字节]"⑨，完成串口设备组态。

图 7-6　长度计数表 LD502A 设备窗口组态界面图

在"工作台"窗体属性页窗口中选择"用户窗口",双击"第 7 章 _LD502A"图标进入窗体,在"工具栏"窗口中点击"工具箱"图标,在弹出的"工具箱"窗口中点击"标签"按钮,向"第 7 章 _LD502A"窗体添加标签,如图 7-7 所示。选中"属性设置"属性页①,勾选"显示输出"与"按钮输入"②,在右侧会增加对应的属性页,在"显示输出"③属性页中关联数据对象"LD502A_K"④,"显示类型"选择"数值量输出",选择"浮点数"⑤,勾选"四舍五入"⑥,"固定小数位数"设定为 1;在"按钮输入"⑦属性页中关联数据对象"LD502A_K"⑧,"最小值"设定为"-999","最大值"设定为"9999"⑨。该标签既可以作为输入,也可以作为输出,输入时将用户设定值赋给数据对象"LD502A_K",输出时将显示数据对象"LD502A_K"的值。表 7-5 为 LD502A 各个仪表参数 MCGS 读写指令列表。

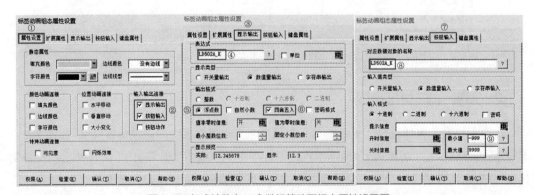

图 7-7　长度计数表 K 参数标签动画组态属性设置图

读写脚本

点击工具栏中"下载运行"按钮,选择"模拟"运行方式,依次点击"工程下载"和"启动运行"按钮,运行界面如图 7-8 所示。图 7-8 左侧图为读取各个参数值界面,如果需要更改某个参数值,在"值"列中选中对应的参数,点击后弹出图 7-8 右侧图所示的输入面板,输入确定值后点击"确定"按钮,再点击右

表 7-5　LD502A 各个仪表参数 MCGS 读写指令列表

参数符号	MCGS 读指令	MCGS 写指令
K	!SetDevice(长度计数表 ,6,"Read(4,1,WB=LD502A_K)")	!SetDevice(长度计数表 ,6,"Write(4,1,WB=LD502A_K)")
KP	!SetDevice(长度计数表 ,6,"Read(4,2,WB=LD502A_KP)")	!SetDevice(长度计数表 ,6,"Write(4,2,WB=LD502A_KP)")
Poin	!SetDevice(长度计数表 ,6,"Read(4,3,WB=LD502A_Poin)")	!SetDevice(长度计数表 ,6,"Write(4,3,WB=LD502A_Poin)")
1A	!SetDevice(长度计数表 ,6,"Read(4,4,WB=LD502A_1A)")	!SetDevice(长度计数表 ,6,"Write(4,4,WB=LD502A_1A)")
2A	!SetDevice(长度计数表 ,6,"Read(4,5,WB=LD502A_2A)")	!SetDevice(长度计数表 ,6,"Write(4,5,WB=LD502A_2A)")
3A	!SetDevice(长度计数表 ,6,"Read(4,6,WB=LD502A_3A)")	!SetDevice(长度计数表 ,6,"Write(4,6,WB=LD502A_3A)")
4A	!SetDevice(长度计数表 ,6,"Read(4,7,WB=LD502A_4A)")	!SetDevice(长度计数表 ,6,"Write(4,7,WB=LD502A_4A)")
Hy	!SetDevice(长度计数表 ,6,"Read(4,8,WB=LD502A_Hy)")	!SetDevice(长度计数表 ,6,"Write(4,8,WB=LD502A_Hy)")
1M	!SetDevice(长度计数表 ,6,"Read(4,9,WB=LD502A_1M)")	!SetDevice(长度计数表 ,6,"Write(4,9,WB=LD502A_1M)")
2M	!SetDevice(长度计数表 ,6,"Read(4,10,WB=LD502A_2M)")	!SetDevice(长度计数表 ,6,"Write(4,10,WB=LD502A_2M)")
3M	!SetDevice(长度计数表 ,6,"Read(4,11,WB=LD502A_3M)")	!SetDevice(长度计数表 ,6,"Write(4,11,WB=LD502A_3M)")
4M	!SetDevice(长度计数表 ,6,"Read(4,12,WB=LD502A_4M)")	!SetDevice(长度计数表 ,6,"Write(4,12,WB=LD502A_4M)")
1o	!SetDevice(长度计数表 ,6,"Read(4,13,WB=LD502A_1o)")	!SetDevice(长度计数表 ,6,"Write(4,13,WB=LD502A_1o)")
2o	!SetDevice(长度计数表 ,6,"Read(4,14,WB=LD502A_2o)")	!SetDevice(长度计数表 ,6,"Write(4,14,WB=LD502A_2o)")
3o	!SetDevice(长度计数表 ,6,"Read(4,15,WB=LD502A_3o)")	!SetDevice(长度计数表 ,6,"Write(4,15,WB=LD502A_3o)")
4o	!SetDevice(长度计数表 ,6,"Read(4,16,WB=LD502A_4o)")	!SetDevice(长度计数表 ,6,"Write(4,16,WB=LD502A_4o)")

侧的写入按钮，从界面输入的值便可写入仪表参数对应的寄存器中。

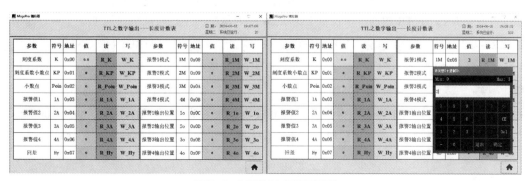

图 7-8　LD502A 运行界面图

第8章

RS-232 之模拟输入——巡检仪

8.1 巡检仪

LD105DI仪表
介绍

　　亨立德 LD105DI-16-8R1A-S2-U3-NNN（以下简称 LD105DI）是一款具有 16 路模拟信号输入、8 路开关量输出的巡检仪表。"105"代表多路巡检仪，即以固定时间间隔显示不同输入通道的值；"D"代表仪表前面板宽 160 mm，高 80 mm；"16"说明有 16 路模拟量输入；"8R1A"表示仪表具有 8 路 0.8A 继电器常开输出模块；"S2"代表 COM 输出端安装光电隔离 RS-232 通信接口模块；"U3"代表辅助输出 AUX 安装光电隔离的 24V 直流电压模块，给外部变送器或其他电路供电，"+"端子为直流 24 V，"−"端子为直流地 GND（grand）；LD105DI 的 2 个 POW 端子分别连接交流 220 V 的火线与零线；T06 端子连接 K 型热电偶正极，G06 端子连接 K 型热电偶的负极；R08 端子和 T08 端子连接三线制 Pt100 热电阻共端点两根红线，G08 连接三线制 Pt100 热电阻另一端。

　　如图 8-1 所示，上位机采用笔记本电脑或台式机，称为主机，通过 USB 转换器的 RS-232 接口与下位机 LD105DI 相连，下位机 LD105DI 称为从机，主机与从机仅能进行一对一通信。由于 RS-232 为单端驱动电路，USB 转换器的 GND 端子 3 必须与 LD105DI 的 GND 端子相连，

LD105DI面板
参数设置

USB 转换器的 TX 端子 4 必须与 LD105DI 的 RXD 端子相连，USB 转换器的 RX 端子 5 必须与 LD105DI 的 TXD 端子相连，三根线既不能接错，也不能漏接。通过 LD105DI 仪表面板按键，将其仪表地址设为 9，通信波特率设为 9600 bit/s。主机与 LD105DI 通信时可以采用仪表地址 9，也可以采用万能地址 254。

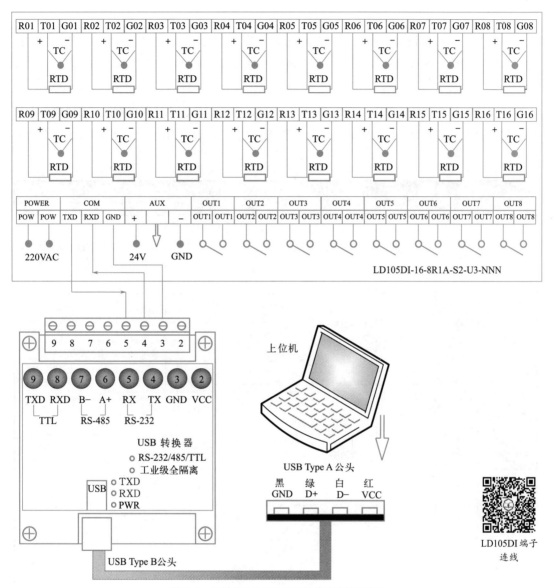

图 8-1　巡检仪 LD105DI 通信线路连接示意图

8.1.1　公共参数

Modbus RTU
读指令

LD105DI 仪表参数包括公共参数和通道参数两类。公共参数表示仪表各通道共同使用的参数。通道参数表示每通道独立使用的参数。公共参数中本机地址与通信波特率是主机与从机通信过程中必须要设置的参数。

（1）本机地址

台式机或笔记本电脑为主机，LD105DI 为从机，由于 LD105DI 采用 RS-232 电平，主机与从机只能进行一对一通信。LD105DI 的 Addr 参数设置为 9，主机与从机可采用地址 9 通信，也可以采用万能地址 254 通信，十六进制为"FE"。

（2）通信波特率

主机与从机必须设置为相同的通信波特率。通信波特率存放在 4 区保持寄存器 129 中，对应十六进制为"0x81"。该内部寄存器存放的数据为 0 ~ 5。"0"对应 2400 bit/s，"1"对应 4800 bit/s，"2"对应 9600 bit/s，"3"对应 19200 bit/s，"4"对应 38400 bit/s，"5"对应 57600 bit/s。

表 8-1 列出了读取单个公共参数的 Modbus RTU 指令。仪表地址采用万能地址 254，也可以一次读出所有的参数数据。例如，第 1 个字节为"FE"，表示万能地址 254；第 2 个字节为

表 8-1　巡检仪 LD105DI 仪表公共参数列表

参数	显示符号	寄存器地址（十六进制）	取值范围	说明	读参数 Modbus RTU 指令
本机地址	Addr	0x80	0 ~ 255	0 ~ 253：多从机时地址取不同值； 254：万能地址； 255：广播地址。 仪表地址为：9	发送：FE 03 00 80 00 01 91 ED 接收：FE 03 02 00 09 6C 56
通信波特率	bAud	0x81	0→2400； 1→4800； 2→9600； 3→192b； 4→384b； 5→576b	0：2400 bit/s； 1：4800 bit/s； 2：9600 bit/s； 3：19200 bit/s； 4：38400 bit/s； 5：57600 bit/s。 通信波特率为 9600 bit/s	发送：FE 03 00 81 00 01 C0 2D 接收：FE 03 02 00 02 2D 91
操作员密码	PC_1	0x82	0 ~ 9999	用于进入操作员菜单进行参数操作，初始密码为"1"	发送：FE 03 00 82 00 01 30 2D 接收：FE 03 02 00 01 6D 90
工程师密码	PC_2	0x83	0 ~ 9999	用于进入工程师菜单进行参数操作，初始密码为"2"	发送：FE 03 00 83 00 01 61 ED 接收：FE 03 02 00 02 2D 91
显示间隔	dSt	0x84	1 ~ 240	各通道测量值显示间隔时间	发送：FE 03 00 84 00 01 D0 2C 接收：FE 03 02 00 01 6D 90
打印定时	Pr_t	0x85	0 ~ 9999	定时打印间隔时间，单位为 s，为"0"时不进行定时打印	发送：FE 03 00 85 00 01 81 EC 接收：FE 03 02 00 00 AC 50
输入异常处理	oFF	0x86	0 ~ 8	当仪表出现开路、短路、输入超量程时，仪表显示"Err"，同时根据 oFF 参数，做如下处理： 0：报警输出全部无效，测量值为最大值（32751）； 1：报警输出全部无效，测量值保持不变； 2：报警输出全部无效，测量值为最小值（-20000）； 3：报警输出全部有效，测量值为最大值（32751）； 4：报警输出全部有效，测量值保持不变； 5：报警输出全部有效，测量值为最小值（-20000）； 6：输入异常通道报警输出无效，测量值为最大值（32751）； 7：输入异常通道报警输出无效，测量值保持不变； 8：输入异常通道报警输出无效，测量值为最小值（-20000）	发送：FE 03 00 86 00 01 71 EC 接收：FE 03 02 00 01 6D 90

续表

参数	显示符号	寄存器地址（十六进制）	取值范围	说明	读参数 Modbus RTU 指令
变送输出通道	trCH	0x87	1 ~ 16	指定 "4-20 mA" 变送输出的通道号，例如，trCH=2，则表示变送输出选第二通道	发送：FE 03 00 87 00 01 20 2C 接收：FE 03 02 00 02 2D 91
奇偶校验	CHEC	0x88	0→nuLL； 1→EvEn； 2→odd	nuLL：无奇偶校验； EvEn：偶校验； odd：奇校验	发送：FE 03 00 88 00 01 10 2F 接收：FE 03 02 00 02 2D 91

"03"，表示读保持寄存器的内容；第 3 个字节与第 4 个字节表示读取数据的起始地址，"00 80" 表示从第 128 个寄存器开始读取数据；从 "本机地址" 到 "奇偶校验" 共 9 个参数，需要读取 9 个寄存器的内容，第 5 个字节和第 6 个字节为 "00 09"；计算 "FE 03 00 80 00 09" 的校验码为 "90 2B"。完整发送指令为 "FE 03 00 80 00 09 90 2B"。返回指令为 "FE 03 12 00 09 00 02 00 01 00 02 00 01 00 00 00 00 00 01 00 00 E8 B8"，返回指令的第 3 个字节为 "12"，换算为十进制表示返回 18 个字节，与图 8-2 中读连续 9 个寄存器内容的返回指令相同。这种读取多个寄存器内容的指令效率高，但需要上位机对指令进行解析。图 8-2 给出了读取 LD105DI 公共参数 Modbus RTU 发送指令与接收指令，前 9 条指令为读取单个寄存器内容指令，第 10 条指令为单次读取多个寄存器内容指令。

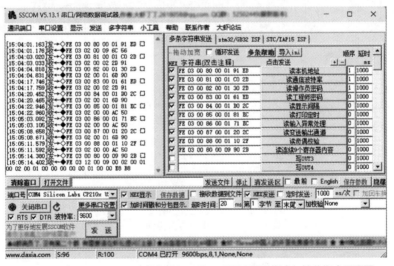

图 8-2　读取 LD105DI 公共参数 Modbus RTU 发送指令与接收指令界面图

采用 SSCOM 串口 / 网络数据调试器，如图 8-2 所示，设置通信参数为 "9600bps，8，1，None，None"，即波特率为 9600 bit/s，8 位数据位，1 位停止位，无奇偶校验，无流控制。在调试器软件右侧窗格中输入读指令，点击窗格右侧 "读本机地址" "读通信波特率" 和 "读操作员密码" 等按钮发送，图 8-2 左侧为 LD105DI 读指令的应答帧。

8.1.2　通道参数

表 8-2 列出了巡检仪 LD105DI 通道参数，包括各个通道的参数、符号、寄存器偏移地址、

取值范围、说明和读第 2 通道参数 Modbus RTU 指令。例如，CSXX 表示第"XX"通道对应的通道开关，SnXX 表示第"XX"通道对应的输入（信号）类型。在 Modbus RTU（remote terminal unit，RTU）协议中，通过各通道参数对应的寄存器地址读取或修改各通道参数，通道参数对应寄存器地址计算公式如下：

$$通道参数寄存器地址 = 通道号 \times 256 + 寄存器偏移地址$$

例如，通道 01 对应输入类型 Sn01 的寄存器地址为 $1 \times 256 + 2 = 258$，通道 02 对应输入类型 Sn02 的寄存器地址为 $2 \times 256 + 2 = 514$。

表 8-2 中第六列为读取第 2 通道参数对应的 Modbus RTU 指令问询帧和应答帧，第 2 通道当前值存放在通道号 -1，即 $2-1=1$ 寄存器内；通道开关参数存放在第 513 个寄存器内，即第 2 通道对应通道开关参数存放地址 = 通道号 × 256 + 寄存器偏移地址 = $2 \times 256 + 1 = 513$，转换为十六进制为"02 01"；第 2 通道对应输入类型参数存放地址 = 通道号 × 256 + 寄存器偏移地址 = $2 \times 256 + 2 = 514$，转换为十六进制为"02 02"；第 2 通道对应热电偶冷端补偿参数存放地址 = 通道号 × 256 + 寄存器偏移地址 = $2 \times 256 + 3 = 515$，转换为十六进制为"02 03"。以此类推，其他参数的地址按上述公式进行计算，转换为 Modbus RTU 指令，依次发送各指令，返回得到应答帧，从返回指令中获得对应参数设定值。

表 8-2　巡检仪 LD105DI 通道参数列表

参数	符号	寄存器偏移地址	取值范围	说明	读第 2 通道参数 Modbus RTU 指令
当前值	PVXX	通道号 −1	0 ~ 15	通道号为 1 ~ 16，当前值为 0 ~ 15，例如，通道 6 对应寄存器为 5	发送：FE 03 00 05 00 01 80 04 接收：FE 03 02 00 E3 ED D9
通道开关	CSXX	1	0 → oPEn; 1 → CLoS	0：打开通道；1：关闭通道。当关闭通道时，仪表面板巡检将不显示该通道内容	发送：FE 03 02 01 00 01 C0 7D 接收：FE 03 02 00 01 6D 90
输入类型	SnXX	2	0 → K; 1 → S; 2 → b; 3 → t; 4 → E; 5 → J; 6 → n; 7 → E325; 8 → Pt1b; 9 → Cu50; 10 → Cu1b; 11 → 0-5; 12 → 1-5; 13 → 4-20; 14 → 0-10; 15 → 20 Mu; 16 → 60 Mu; 17 → 100 M; 18 → 500 M; 19 → 400 o; 20 → dP4; 21 → doid	0：K 型热电偶; 1：S 型热电偶; 2：B 型热电偶; 3：T 型热电偶; 4：E 型热电偶; 5：J 型热电偶; 6：N 型热电偶; 7：W-Re3/25; 8：Pt100; 9：Cu50; 10：Cu100; 11：0 ~ 5V; 12：1 ~ 5V; 13：4 ~ 20 mA; 14：0 ~ 10 mA; 15：0 ~ 20mV; 16：0 ~ 60mV; 17：0 ~ 100mV; 18：0 ~ 500mV; 19：0 ~ 400Ω; 20：dP4; 21：doid	发送：FE 03 02 02 00 01 30 7D 接收：FE 03 02 00 00 AC 50

续表

参数	符号	寄存器偏移地址	取值范围	说明	读第 2 通道参数 Modbus RTU 指令
热电偶冷端补偿	CCXX	3	0→nuLL; 1→doid; 2→Cu50	0: 无; 1: 仪表内测温元件补偿; 2: Cu50 电阻补偿	发送: FE 03 02 03 00 01 61 BD 接收: FE 03 02 00 01 6D 90
小数点	PnXX	4	0 ~ 3	0: ----.(个位); 1: ---.-(十位); 2: --.--(百位); 3: -.---(千位)。 当输入为温度时, 测量值保留一位小数, 与 PnXX 设置无关	发送: FE 03 02 04 00 01 D0 7C 接收: FE 03 02 00 01 6D 90
线性输入下限	iLXX	5	-999 ~ 9999	线性输入时的量程下限	发送: FE 03 02 05 00 01 81 BC 接收: FE 03 02 03 E8 AC EE
线性输入上限	iHXX	6	-999 ~ 9999	线性输入时的量程上限	发送: FE 03 02 06 00 01 71 BC 接收: FE 03 02 13 89 60 C6
平移修正	AuXX	7	-999 ~ 9999	用于对测量的静态误差进行修正, 通常为 0; 输入为温度时保留一位小数	发送: FE 03 02 07 00 01 20 7C 接收: FE 03 02 00 02 2D 91
滤波系数	FiXX	8	0 ~ 99	当输入受到干扰导致数字跳动时, 采用数字滤波对测量值光滑。0 表示没有任何滤波, FiXX 越大, 测量值越稳定, 但响应越慢。一般受到较大干扰时, 逐步增大 FiXX 值, 使测量值瞬时跳动少于 2 ~ 5 个数字	发送: FE 03 02 08 00 01 10 7F 接收: FE 03 02 00 02 2D 91
报警 1	1AXX	9	-999 ~ 9999	报警 1 的报警值	发送: FE 03 02 09 00 01 41 BF 接收: FE 03 02 00 01 6D 90
报警 2	2AXX	10	-999 ~ 9999	报警 2 的报警值	发送: FE 03 02 0A 00 01 B1 BF 接收: FE 03 02 00 02 2D 91
报警 3	3AXX	11	-999 ~ 9999	报警 3 的报警值	发送: FE 03 02 0B 00 01 E0 7F 接收: FE 03 02 00 03 EC 51
报警 4	4AXX	12	-999 ~ 9999	报警 4 的报警值	发送: FE 03 02 0C 00 01 51 BE 接收: FE 03 02 00 04 AD 93
回差	HyXX	13	0 ~ 2000	报警输出的缓冲量, 用于避免因测量输入值波动而导致报警频繁产生或解除, 当输入为温度时, 小数点固定在十位	发送: FE 03 02 0D 00 01 00 7E 接收: FE 03 02 00 02 2D 91

续表

参数	符号	寄存器偏移地址	取值范围	说明	读第 2 通道参数 Modbus RTU 指令
报警 1 报警模式	1MXX	14	0→LA; 1→HA; 2→-LA; 3→-HA	LA：下限报警，当该报警输出与其他报警共用时，共用方式为"或运算"。即该报警有效，输出有效；该报警无效，输出是否有效取决于其他的报警是否有效。 -LA：下限报警，当该报警输出与其他报警共用时，共用方式为"与运算"，即公共报警输出只有在其他报警有效，同时该下限报警有效的情况下才有效。 HA：上限报警，当该报警输出与其他报警共用时，共用方式为"或运算"。 -HA：上限报警，当该报警输出与其他报警共用时，共用方式为"与运算"	发送：FE 03 02 0E 00 01 F0 7E 接收：FE 03 02 00 00 AC 50
报警 2 报警模式	2MXX	15			发送：FE 03 02 0F 00 01 A1 BE 接收：FE 03 02 00 01 6D 90
报警 3 报警模式	3MXX	16			发送：FE 03 02 10 00 01 90 78 接收：FE 03 02 00 02 2D 91
报警 4 报警模式	4MXX	17			发送：FE 03 02 11 00 01 C1 B8 接收：FE 03 02 00 03 EC 51
报警 1 输出位置	1oXX	18	0→nuLL; 1→out1; 2→out2; 3→out3; 4→out4; 5→out5; 6→out6; 7→out7; 8→out8	表示第 XX 通道上限报警的输出位置，"nuLL"表示无输出，当有热电偶或热电阻输入开路时，所有输出无效	发送：FE 03 02 12 00 01 31 B8 接收：FE 03 02 00 01 6D 90
报警 2 输出位置	2oXX	19			发送：FE 03 02 13 00 01 60 78 接收：FE 03 02 00 02 2D 91
报警 3 输出位置	3oXX	20			发送：FE 03 02 14 00 01 D1 B9 接收：FE 03 02 00 03 EC 51
报警 4 输出位置	4oXX	21			发送：FE 03 02 15 00 01 80 79 接收：FE 03 02 00 04 AD 93
工程单位	unXX	22	0、1	0：摄氏度（℃）；1：华氏度（℉）	发送：FE 03 02 16 00 01 70 79 接收：FE 03 02 00 01 6D 90
斜率系数	KXX	23	-0.999 ~ 2.000	修正测量值的斜率，仪表显示值等于仪表测量值乘以 KXX	发送：FE 03 02 17 00 01 21 B9 接收：FE 03 02 00 01 6D 90
小信号切除	C1XX	24	-999 ~ 9999	当 C1XX 为非零并且测量值小于 C1XX 时，测量值用 C2XX 替代。例如，C101=5，C201=0，当第一通道测量值小于 5 时，用 0 替代	发送：FE 03 02 18 00 01 11 BA 接收：FE 03 02 00 02 2D 91
切除替代	C2XX	25	-999 ~ 9999		发送：FE 03 02 19 00 01 40 7A 接收：FE 03 02 00 03 EC 51

图 8-3　循环冗余校验码 CRC 计算结果展示图

　　主机与从机通信，必须构造 Modbus RTU 通信指令，例如，从 LD105DI 仪表读取第 2 通道"工程单位"参数的值。如何构造 Modbus RTU 发送指令呢？首先，获得仪表地址，此处采用万能地址 254，即第 1 个字节为"FE"；第 2 个字节为"03"，表示读保持寄存器；第 2 通道"工程单位"对应的寄存器偏移地址为 22，该参数保存在寄存器中，其计算公式为

$$存放地址 = 通道号 \times 256 + 寄存器偏移地址 = 2 \times 256 + 22 = 534$$

其转换为十六进制为"02 16";要读取一个寄存器,第 5 个字节和第 6 个字节为"00 01"。指令最后两个字节为循环冗余校验码 CRC,低字节在前,高字节在后,如图 8-3 所示。在"循环冗余校验码 CRC"程序输入框中以空格为间隔输入十六进制"FE 03 02 16 00 01",点击"计算 CRC"按钮,程序自动识别要计算字节的个数,计算结果将低字节显示为"L[XX]",高字节显示为"H[XX]"。本例"FE 03 02 16 00 01"对应的 CRC 为 L[70] H[79],即 70 79,完整的指令为"FE 03 02 16 00 01 70 79"。

8.1.3 仪表参数 Modbus RTU 写指令

Modbus RTU 写指令包括写单个寄存器与写多个寄存器指令,两者的区别在于功能码不同,写单个寄存器的功能码为 6,写多个寄存器的功能码为 16。以第 5 通道为例,将第 5 通道的通道开关关闭,构造 Modbus RTU 写指令。采用万能地址 254,第 1 个字节为"FE";向单个寄存器写入数据,第 2 个字节为"06";第 5 通道对应"通道开关"参数的地址为 5×256+1=1281,转换为十六进制为"0501",第 3 个字节和第 4 个字节为"05 01";通道开关关闭,对应数据为"1",故第 5 个字节和第 6 个字节为"00 01";计算前面 6 个字节"FE 06 05 01 00 01"对应的 CRC 为"0D 09",完整指令为"FE 06 05 01 00 01 0D 09"。向仪表发送指令后返回"FE 06 05 01 00 01 0D 09",通过面板查看"CS05"参数值,显示为"CLoS",表示写操作成功。巡检仪 LD105DI 写通道参数 Modbus RTU 指令如表 8-3 所示。

表 8-3 巡检仪 LD105DI 写通道参数 Modbus RTU 指令列表

参数	符号	寄存器偏移地址	取值范围	说明	写第 5 通道参数 Modbus RTU 指令
通道开关	CSXX	1	0→oPEn; 1→CLoS	将第 5 通道的"通道开关"关闭,第 5 通道"通道开关"对应寄存器为 5×256+1=1281,十六进制为"0501"	发送:FE 06 05 01 00 01 0D 09 接收:FE 06 05 01 00 01 0D 09
输入类型	SnXX	2	0→K; 1→S; 2→b; 3→t; 4→E; 5→J; 6→n; 7→E325; 8→Pt1b; 9→Cu50; 10→Cu1b; 11→0-5; 12→1-5; 13→4-20; 14→0-10; 15→20 Mu; 16→60 Mu; 17→100 M; 18→500 M; 19→400 o; 20→dP4; 21→doid	设为 Cu50 热电阻,寄存器地址为 5×256+2=1282,十六进制为"0502",要写入的内容为"00 09"	发送:FE 06 05 02 00 09 FC CF 接收:FE 06 05 02 00 09 FC CF

参数	符号	寄存器偏移地址	取值范围	说明	写第 5 通道参数 Modbus RTU 指令
热电偶冷端补偿	CCXX	3	0→nuLL； 1→doid； 2→Cu50	设为 doid 补偿方式，寄存器地址为 5×256+3=1283，十六进制为 "0503"，要写入的内容为 "00 01"	发送：FE 06 05 03 00 01 AC C9 接收：FE 06 05 03 00 01 AC C9
小数点	PnXX	4	0～3	设为 2 位小数点，寄存器地址为 5×256+4=1284，十六进制为 "0504"，要写入的内容为 "00 02"	发送：FE 06 05 04 00 02 5D 09 接收：FE 06 05 04 00 02 5D 09
线性输入下限	iLXX	5	−999～9999	量程下限设为 888，寄存器地址为 5×256+5=1285，十六进制为 "0505"，要写入的内容为 "03 78"	发送：FE 06 05 05 03 78 8D DA 接收：FE 06 05 05 03 78 8D DA
线性输入上限	iHXX	6	−999～9999	量程上限设为 6666，寄存器地址为 5×256+6=1286，十六进制为 "0506"，要写入的内容为 "1A 0A"	发送：FE 06 05 06 1A 0A F6 6F 接收：FE 06 05 06 1A 0A F6 6F
平移修正	AuXX	7	−999～9999	平移修正设为 14，寄存器地址为 5×256+7=1287，十六进制为 "0507"，要写入的内容为 "00 0E"	发送：FE 06 05 07 00 0E AD 0C 接收：FE 06 05 07 00 0E AD 0C
滤波系数	FiXX	8	0～99	滤波系数设为 4，寄存器地址为 5×256+8=1288，十六进制为 "0508"，要写入的内容为 "00 04"	发送：FE 06 05 08 00 04 1D 08 接收：FE 06 05 08 00 04 1D 08
报警 1	1AXX	9	−999～9999	报警 1 的报警值设为 0，寄存器地址为 5×256+9=1289，十六进制为 "0509"，要写入的内容为 "00 00"	发送：FE 06 05 09 00 00 4D 0B 接收：FE 06 05 09 00 00 4D 0B
报警 2	2AXX	10	−999～9999	报警 2 的报警值设为 1，寄存器地址为 5×256+10=1290，十六进制为 "050A"，要写入的内容为 "00 01"	发送：FE 06 05 0A 00 01 7C CB 接收：FE 06 05 0A 00 01 7C CB
报警 3	3AXX	11	−999～9999	报警 3 的报警值设为 2，寄存器地址为 5×256+11=1291，十六进制为 "050B"，要写入的内容为 "00 02"	发送：FE 06 05 0B 00 02 6D 0A 接收：FE 06 05 0B 00 02 6D 0A
报警 4	4AXX	12	−999～9999	报警 4 的报警值设为 3，寄存器地址为 5×256+12=1292，十六进制为 "050C"，要写入的内容为 "00 03"	发送：FE 06 05 0C 00 03 1D 0B 接收：FE 06 05 0C 00 03 1D 0B
回差	HyXX	13	0～2000	回差设为 12，寄存器地址为 5×256+13=1293，十六进制为 "050D"，要写入的内容为 "00 0C"	发送：FE 06 05 0D 00 0C 0C CF 接收：FE 06 05 0D 00 0C 0C CF

续表

参数	符号	寄存器偏移地址	取值范围	说明	写第 5 通道参数 Modbus RTU 指令
报警 1 报警模式	1MXX	14	0→LA; 1→HA; 2→-LA; 3→-HA	报警 1 报警模式设为 LA, 寄存器地址为 5×256+14=1294, 十六进制为 "050E", 要写入的内容为 "00 00"	发送: FE 06 05 0E 00 00 FC CA 接收: FE 06 05 0E 00 00 FC CA
报警 2 报警模式	2MXX	15		报警 2 报警模式设为 HA, 寄存器地址为 5×256+15=1295, 十六进制为 "050F", 要写入的内容为 "00 01"	发送: FE 06 05 0F 00 01 6C CA 接收: FE 06 05 0F 00 01 6C CA
报警 3 报警模式	3MXX	16		报警 3 报警模式设为 -LA, 寄存器地址为 5×256+16=1296, 十六进制为 "0510", 要写入的内容为 "00 02"	发送: FE 06 05 10 00 02 1D 0D 接收: FE 06 05 10 00 02 1D 0D
报警 4 报警模式	4MXX	17		报警 4 报警模式设为 -HA, 寄存器地址为 5×256+17=1297, 十六进制为 "0511", 要写入的内容为 "00 03"	发送: FE 06 05 11 00 03 8D 0D 接收: FE 06 05 11 00 03 8D 0D
报警 1 输出位置	1oXX	18	0→nuLL; 1→out1; 2→out2; 3→out3; 4→out4; 5→out5; 6→out6; 7→out7; 8→out8	报警 1 报警输出位置为 out1, 寄存器地址为 5×256+18=1298, 十六进制 "05 12", 要写入的内容为 "00 01"	发送: FE 06 05 12 00 01 FC CC 接收: FE 06 05 12 00 01 FC CC
报警 2 输出位置	2oXX	19		报警 2 报警输出位置为 out3, 寄存器地址为 5×256+19=1299, 十六进制 "0513", 要写入的内容为 "00 03"	发送: FE 06 05 13 00 03 2C CD 接收: FE 06 05 13 00 03 2C CD
报警 3 输出位置	3oXX	20		报警 3 报警输出位置为 out5, 寄存器地址为 5×256+20=1300, 十六进制 "0514", 要写入的内容为 "00 05"	发送: FE 06 05 14 00 05 1D 0E 接收: FE 06 05 14 00 05 1D 0E
报警 4 输出位置	4oXX	21		报警 4 报警输出位置为 out7, 寄存器地址为 5×256+21=1301, 十六进制为 "0515", 要写入的内容为 "00 07"	发送: FE 06 05 15 00 07 CD 0F 接收: FE 06 05 15 00 07 CD 0F
工程单位	unXX	22	0、1	工程单位设为华氏度（℉）, 寄存器地址为 5×256+22=1302, 十六进制为 "0516", 要写入的内容为 "00 01"	发送: FE 06 05 16 00 01 BD 0D 接收: FE 06 05 16 00 01 BD 0D
斜率系数	KXX	23	-0.999 ~ 2.000	斜率系数设为 18, 寄存器地址为 5×256+23=1303, 十六进制为 "0517", 要写入的内容为 "00 12"	发送: FE 06 05 17 00 12 AD 00 接收: FE 06 05 17 00 12 AD 00

续表

参数	符号	寄存器偏移地址	取值范围	说明	写第 5 通道参数Modbus RTU 指令
小信号切除	C1XX	24	-999 ~ 9999	小信号切除设为 5，寄存器地址为 5×256+24=1304，十六进制为"0518"，要写入的内容为"00 05"	发送：FE 06 05 18 00 05 DD 0D接收：FE 06 05 18 00 05 DD 0D
切除替代	C2XX	25	-999 ~ 9999	切除替代设为 3，寄存器地址为 5×256+25=1305，十六进制为"0519"，要写入的内容为"00 03"	发送：FE 06 05 19 00 03 0C CF接收：FE 06 05 19 00 03 0C CF

8.2 MCGS通信过程

根据 LD105DI 各通道参数取值范围将通道参数分为两类。一类是大范围的通道参数，例如，"线性输入上限""平移修正""报警 1""斜率系数"和"小信号切除"等通道参数；另一类是小范围的通道参数，仅限于选取某几个值，例如，"输入类型""热电偶冷端补偿""小数点"和"报警 1 的报警模式"等。仪表面板以数码管显示符号，但寄存器对应数值。针对该型号仪表参数众多的问题，采用报表显示通道参数信息，利用按钮驱动操作脚本指令，采用标签或下拉框显示与选择参数值。

8.2.1 设备组态

MCGS组态

在"工作台"窗体选择"设备窗口"属性页，双击属性页中的"设备窗口"，如图 8-4 中①所示，此时，在"查看 (V)"菜单中点击下拉项中的"设备工具箱 (E)"②，弹出"设备工具箱"③；双击已有的"通用串口父设备 1--[RS-232]"④，弹出"通用串口设备属性编辑"对话框，按⑤所示将串口号改为 COM4，波特率改为 9600 bit/s，与 LD105DI 相一致；再从"设备工具箱"中选择"ModbusRTU_ 串口"⑥放入"通用串口父设备 1--[RS-232]"形成子设备⑦，双击该图标，将"设备名称"改为"巡检仪"⑧，"设备地址"设为 9 ⑨，"设备注释"改为"LD105DI"，"校验数据字节序"设为"0-LH[低字节，高字节]"⑩。完成串口设备组态，程序运行时，通过 SetDevice 函数中的"Read"和"Write"指令操作串口设备。虽然"通用串口父设备 1--[RS-232]"下面安装了三个串口子设备，但这三个设备均为 RS-232 电平接口，与主机之间只能一对一通信，不能同时使用，当"PID 调节仪"运行时，"位式调节仪"和"巡检仪"必须断开；同理，"位式调节仪"与主机相连时，"PID 调节仪"和"巡检仪"必须断开。"通用串口父设备 0--[RS-485]"下面各个仪表可以同时联入网中，主机通过从机地址区分各台从机，无须断开各个从机，这是 RS-485 与 RS-232 串行通信接口的主要区别，一般来讲，RS-232 多用于仪器类设备，通过使用多个串口与多台仪表通信。

图 8-4　巡检仪 LD105DI 设备窗口组态界面图

8.2.2　数据库组态

在"工作台"窗体选择"实时数据库"属性页，如图 8-5 所示，点击右侧上方的"新增对象"按钮，弹出"数据对象属性设置"界面。例如，创建"LD105DI_CS"数据对象，在"对象名称"中输入"LD105DI_CS"，对应仪表中的 CS 参数，"对象类型"设为整数。为每个参数定义对应的数据对象，存储于"实时数据库"中，图 8-5 列出了对应 LD105DI 仪表参数所有的数据对象。

图 8-5　实时数据库中添加的 LD105DI 仪表参数数据对象界面

8.2.3　报表

LD105DI 的仪表参数采用报表构件显示。在"工作台"窗体选择"用户窗口"属性页，选中"public"窗口，如图 8-6 中①所示，在"编辑"下拉菜单中选择"拷贝 (C)"命令②，再选择"粘贴 (V)"命令③，在用户窗口复制一个新的窗体"public_ 复件 1"④，点击"窗口属性"按钮⑤，弹出"用户窗口属性设置"对话框，在"窗口名称"内输入"第 8 章 _LD105DI"⑥，点击"确认 (Y)"完成"第 8 章 _LD105DI"新窗体的创建⑦。在"工具栏"中点击"工具箱"按钮,在弹出的"工具箱"中选择"报表"按钮,将新建的"报表"构件放入"第8章_LD105DI"窗体中,双击"报表"构件,向其中输入表头,以及各行序号、参数、地址和数值。

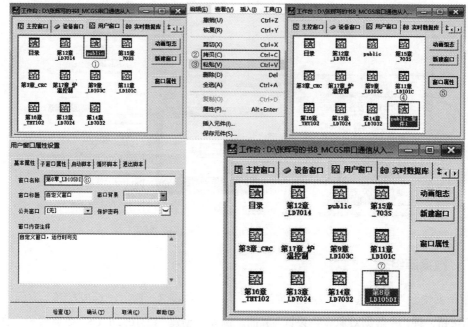

图 8-6　新建用户窗口过程示意

双击报表,报表显示出行与列,选中"地址"列"报警3报警模式"行交叉处的单元格,点击鼠标右键,在弹出菜单中选择"添加数据连接",如图8-7①所示;在"添加数据连接"对话框中点击"数据来源"属性页②,勾选"表达式"选项③。在"显示属性"属性页④中关联表达式"(LD105DI_CH+1)*256+16",通过"　?　"按钮查找需要关联的数据对象。其他单元格操作过程相同,只需要改变待关联的数据对象。

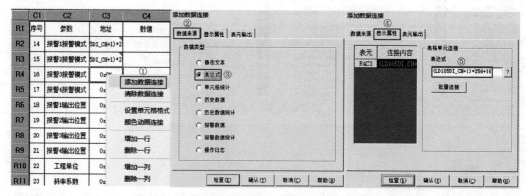

图 8-7　报表单元格添加数据连接界面

8.2.4　按钮

在"工作台"窗体选择"用户窗口"属性页,双击"第8章_LD105DI"图标进入窗体,在"工具栏"窗口中点击"工具箱"图标,如图8-8中①所示,在弹出的"工具箱"窗口中点击"标准按钮"②，向"第 8 章 _LD105DI"窗体添加标准按钮，双击该按钮，弹出"标准按钮构件属性设置"对话框，在"基本属性"③属性页中对应的"文本"中输入参数的名字"R_CS"，表示读"CS"参数，在"脚本程序"④属性页中输入对应的脚本代码⑤：

```
LD105DI_REG=(LD105DI_CH+1)*256+2
!SetDevice( 巡检仪 ,6,"Read(4,LD105DI_REG,WUB=LD105DI_CS)")
```

完成读按钮"R_CS"⑥的设置；同理，向"第 8 章 _LD105DI"窗体添加标准按钮，新建写"Pn"参数的"W_Pn"按钮。

图 8-8　标准按钮制作流程图

8.2.5　脚本程序

表 8-4 列出了读写 LD105DI 仪表各个参数对应的 MCGS 指令。

表 8-4　读写巡检仪 LD105DI 仪表参数 MCGS 指令列表

序号	参数	寄存器偏移地址	寄存器地址（十六进制）	写第 5 通道参数 MCGS 指令
1	通道开关	1	0x0501	读: LD105DI_REG=(LD105DI_CH+1)*256+2 　　!SetDevice(巡检仪,6,"Read(4,LD105DI_REG,WUB=LD105DI_CS)") 写: LD105DI_REG=(LD105DI_CH+1)*256+2 　　!SetDevice(巡检仪 ,6,"Write(4,LD105DI_REG,WUB=LD105DI_CS)")
2	输入类型	2	0x0502	读: LD105DI_REG=(LD105DI_CH+1)*256+3 　　!SetDevice(巡检仪,6,"Read(4,LD105DI_REG,WUB=LD105DI_Sn)") 写: LD105DI_REG=(LD105DI_CH+1)*256+3 　　!SetDevice(巡检仪 ,6,"Write(4,LD105DI_REG,WUB=LD105DI_Sn)")
3	热电偶冷端补偿	3	0x0503	读: LD105DI_REG=(LD105DI_CH+1)*256+4 　　!SetDevice(巡检仪,6,"Read(4,LD105DI_REG,WUB=LD105DI_CC)") 写: LD105DI_REG=(LD105DI_CH+1)*256+4 　　!SetDevice(巡检仪 ,6,"Write(4,LD105DI_REG,WUB=LD105DI_CC)")
4	小数点	4	0x0504	读: LD105DI_REG=(LD105DI_CH+1)*256+5 　　!SetDevice(巡检仪,6,"Read(4,LD105DI_REG,WUB=LD105DI_Pn)") 写: LD105DI_REG=(LD105DI_CH+1)*256+5 　　!SetDevice(巡检仪 ,6,"Write(4,LD105DI_REG,WUB=LD105DI_Pn)")

序号	参数	寄存器偏移地址	寄存器地址（十六进制）	写第 5 通道参数 MCGS 指令
5	线性输入下限	5	0x0505	读：LD105DI_REG=(LD105DI_CH+1)*256+6 !SetDevice(巡检仪 ,6,"Read(4,LD105DI_REG,WUB=LD105DI_iL)") 写：LD105DI_REG=(LD105DI_CH+1)*256+6 !SetDevice(巡检仪 ,6,"Write(4,LD105DI_REG,WUB=LD105DI_iL)")
6	线性输入上限	6	0x0506	读：LD105DI_REG=(LD105DI_CH+1)*256+7 !SetDevice(巡检仪 ,6,"Read(4,LD105DI_REG,WUB=LD105DI_iH)") 写：LD105DI_REG=(LD105DI_CH+1)*256+7 !SetDevice(巡检仪 ,6,"Write(4,LD105DI_REG,WUB=LD105DI_iH)")
7	平移修正	7	0x0507	读：LD105DI_REG=(LD105DI_CH+1)*256+8 !SetDevice(巡检仪 ,6,"Read(4,LD105DI_REG,WUB=LD105DI_Au)") 写：LD105DI_REG=(LD105DI_CH+1)*256+8 !SetDevice(巡检仪 ,6,"Write(4,LD105DI_REG,WUB=LD105DI_Au)")
8	滤波系数	8	0x0508	读：LD105DI_REG=(LD105DI_CH+1)*256+9 !SetDevice(巡检仪 ,6,"Read(4,LD105DI_REG,WUB=LD105DI_Fi)") 写：LD105DI_REG=(LD105DI_CH+1)*256+9 !SetDevice(巡检仪 ,6,"Write(4,LD105DI_REG,WUB=LD105DI_Fi)")
9	报警 1	9	0x0509	读：LD105DI_REG=(LD105DI_CH+1)*256+10 !SetDevice(巡检仪 ,6,"Read(4,LD105DI_REG,WUB=LD105DI_1A)") 写：LD105DI_REG=(LD105DI_CH+1)*256+10 !SetDevice(巡检仪 ,6,"Write(4,LD105DI_REG,WUB=LD105DI_1A)")
10	报警 2	10	0x050A	读：LD105DI_REG=(LD105DI_CH+1)*256+11 !SetDevice(巡检仪 ,6,"Read(4,LD105DI_REG,WUB=LD105DI_2A)") 写：LD105DI_REG=(LD105DI_CH+1)*256+11 !SetDevice(巡检仪 ,6,"Write(4,LD105DI_REG,WUB=LD105DI_2A)")
11	报警 3	11	0x050B	读：LD105DI_REG=(LD105DI_CH+1)*256+12 !SetDevice(巡检仪 ,6,"Read(4,LD105DI_REG,WUB=LD105DI_3A)") 写：LD105DI_REG=(LD105DI_CH+1)*256+12 !SetDevice(巡检仪 ,6,"Write(4,LD105DI_REG,WUB=LD105DI_3A)")
12	报警 4	12	0x050C	读：LD105DI_REG=(LD105DI_CH+1)*256+13 !SetDevice(巡检仪 ,6,"Read(4,LD105DI_REG,WUB=LD105DI_4A)") 写：LD105DI_REG=(LD105DI_CH+1)*256+13 !SetDevice(巡检仪 ,6,"Write(4,LD105DI_REG,WUB=LD105DI_4A)")
13	回差	13	0x050D	读：LD105DI_REG=(LD105DI_CH+1)*256+14 !SetDevice(巡检仪 ,6,"Read(4,LD105DI_REG,WUB=LD105DI_Hy)") 写：LD105DI_REG=(LD105DI_CH+1)*256+14 !SetDevice(巡检仪 ,6,"Write(4,LD105DI_REG,WUB=LD105DI_Hy)")
14	报警 1 报警模式	14	0x050E	读：LD105DI_REG=(LD105DI_CH+1)*256+15 !SetDevice(巡检仪 ,6,"Read(4,LD105DI_REG,WUB=LD105DI_1M)") 写：LD105DI_REG=(LD105DI_CH+1)*256+15 !SetDevice(巡检仪 ,6,"Write(4,LD105DI_REG,WUB=LD105DI_1M)")
15	报警 2 报警模式	15	0x050F	读：LD105DI_REG=(LD105DI_CH+1)*256+16 !SetDevice(巡检仪 ,6,"Read(4,LD105DI_REG,WUB=LD105DI_2M)") 写：LD105DI_REG=(LD105DI_CH+1)*256+16 !SetDevice(巡检仪 ,6,"Write(4,LD105DI_REG,WUB=LD105DI_2M)")

续表

序号	参数	寄存器偏移地址	寄存器地址（十六进制）	写第 5 通道参数 MCGS 指令
16	报警 3 报警模式	16	0x0510	读：LD105DI_REG=(LD105DI_CH+1)*256+17 !SetDevice(巡检仪 ,6,"Read(4,LD105DI_REG,WUB=LD105DI_3M)") 写：LD105DI_REG=(LD105DI_CH+1)*256+17 !SetDevice(巡检仪 ,6,"Write(4,LD105DI_REG,WUB=LD105DI_3M)")
17	报警 4 报警模式	17	0x0511	读：LD105DI_REG=(LD105DI_CH+1)*256+18 !SetDevice(巡检仪 ,6,"Read(4,LD105DI_REG,WUB=LD105DI_4M)") 写：LD105DI_REG=(LD105DI_CH+1)*256+18 !SetDevice(巡检仪 ,6,"Write(4,LD105DI_REG,WUB=LD105DI_4M)")
18	报警 1 输出位置	18	0x0512	读：LD105DI_REG=(LD105DI_CH+1)*256+19 !SetDevice(巡检仪 ,6,"Read(4,LD105DI_REG,WUB=LD105DI_1o)") 写：LD105DI_REG=(LD105DI_CH+1)*256+19 !SetDevice(巡检仪 ,6,"Write(4,LD105DI_REG,WUB=LD105DI_1o)")
19	报警 2 输出位置	19	0x0513	读：LD105DI_REG=(LD105DI_CH+1)*256+20 !SetDevice(巡检仪 ,6,"Read(4,LD105DI_REG,WUB=LD105DI_2o)") 写：LD105DI_REG=(LD105DI_CH+1)*256+20 !SetDevice(巡检仪 ,6,"Write(4,LD105DI_REG,WUB=LD105DI_2o)")
20	报警 3 输出位置	20	0x0514	读：LD105DI_REG=(LD105DI_CH+1)*256+21 !SetDevice(巡检仪 ,6,"Read(4,LD105DI_REG,WUB=LD105DI_3o)") 写：LD105DI_REG=(LD105DI_CH+1)*256+21 !SetDevice(巡检仪 ,6,"Write(4,LD105DI_REG,WUB=LD105DI_3o)")
21	报警 4 输出位置	21	0x0515	读：LD105DI_REG=(LD105DI_CH+1)*256+22 !SetDevice(巡检仪 ,6,"Read(4,LD105DI_REG,WUB=LD105DI_4o)") 写：LD105DI_REG=(LD105DI_CH+1)*256+22 !SetDevice(巡检仪 ,6,"Write(4,LD105DI_REG,WUB=LD105DI_4o)")
22	工程单位	22	0x0516	读：LD105DI_REG=(LD105DI_CH+1)*256+23 !SetDevice(巡检仪 ,6,"Read(4,LD105DI_REG,WUB=LD105DI_un)") 写：LD105DI_REG=(LD105DI_CH+1)*256+23 !SetDevice(巡检仪 ,6,"Write(4,LD105DI_REG,WUB=LD105DI_un)")
23	斜率系数	23	0x0517	读：LD105DI_REG=(LD105DI_CH+1)*256+24 !SetDevice(巡检仪 ,6,"Read(4,LD105DI_REG,WUB=LD105DI_K)") 写：LD105DI_REG=(LD105DI_CH+1)*256+24 !SetDevice(巡检仪 ,6,"Write(4,LD105DI_REG,WUB=LD105DI_K)")
24	小信号切除	24	0x0518	读：LD105DI_REG=(LD105DI_CH+1)*256+25 !SetDevice(巡检仪 ,6,"Read(4,LD105DI_REG,WUB=LD105DI_C1)") 写：LD105DI_REG=(LD105DI_CH+1)*256+25 !SetDevice(巡检仪 ,6,"Write(4,LD105DI_REG,WUB=LD105DI_C1)")
25	切除替代	25	0x0519	读：LD105DI_REG=(LD105DI_CH+1)*256+26 !SetDevice(巡检仪 ,6,"Read(4,LD105DI_REG,WUB=LD105DI_C2)") 写：LD105DI_REG=(LD105DI_CH+1)*256+26 !SetDevice(巡检仪 ,6,"Write(4,LD105DI_REG,WUB=LD105DI_C2)")

以 "切除替代" 参数为例，该参数在寄存器中的存储地址为 0x0519，采用 MCGS 指令操作时地址需要加 1，其读指令为：

```
LD105DI_REG=(LD105DI_CH+1)*256+26
!SetDevice(巡检仪,6,"Read(4,LD105DI_REG,WUB=LD105DI_C2)")
```

其写指令为：

```
LD105DI_REG=(LD105DI_CH+1)*256+26
!SetDevice(巡检仪,6,"Write(4,LD105DI_REG,WUB=LD105DI_C2)")
```

上述指令表示向"巡检仪"发送读与写指令，操作"4"区第 1306 个寄存器，读时将读取的内容置于"LD105DI_C2"中，写时将"LD105DI_C2"内容写入对应的寄存器。

点击工具栏中"下载运行"按钮，选择"模拟"运行方式，依次点击"工程下载"和"启动运行"按钮，运行界面如图 8-9 所示。

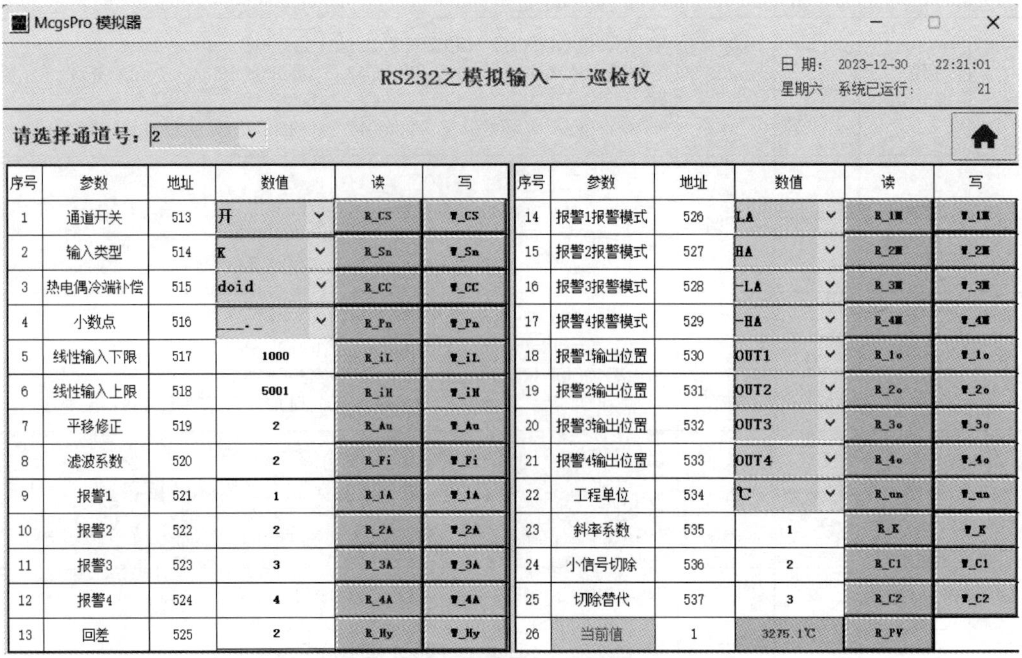

| McgsPro 模拟器 | | | | | — □ × | | | | | | |

RS232之模拟输入———巡检仪

日期：2023-12-30　22:21:01
星期六　系统已运行：　21

请选择通道号：2

序号	参数	地址	数值	读	写	序号	参数	地址	数值	读	写
1	通道开关	513	开	R_CS	W_CS	14	报警1报警模式	526	LA	R_1M	W_1M
2	输入类型	514	K	R_Sn	W_Sn	15	报警2报警模式	527	HA	R_2M	W_2M
3	热电偶冷端补偿	515	doid	R_CC	W_CC	16	报警3报警模式	528	-LA	R_3M	W_3M
4	小数点	516	___._	R_Pn	W_Pn	17	报警4报警模式	529	-HA	R_4M	W_4M
5	线性输入下限	517	1000	R_iL	W_iL	18	报警1输出位置	530	OUT1	R_1o	W_1o
6	线性输入上限	518	5001	R_iH	W_iH	19	报警2输出位置	531	OUT2	R_2o	W_2o
7	平移修正	519	2	R_Au	W_Au	20	报警3输出位置	532	OUT3	R_3o	W_3o
8	滤波系数	520	2	R_Fi	W_Fi	21	报警4输出位置	533	OUT4	R_4o	W_4o
9	报警1	521	1	R_1A	W_1A	22	工程单位	534	℃	R_un	W_un
10	报警2	522	2	R_2A	W_2A	23	斜率系数	535	1	R_K	W_K
11	报警3	523	3	R_3A	W_3A	24	小信号切除	536	2	R_C1	W_C1
12	报警4	524	4	R_4A	W_4A	25	切除替代	537	3	R_C2	W_C2
13	回差	525	2	R_Hy	W_Hy	26	当前值	1	3275.1℃	R_PV	

图 8-9　读写 LD105DI 仪表参数界面图

第9章

RS-232 之模拟输出——PID 调节仪

9.1 PID 调节仪

亨立德 LD103C-G-R2C-S2-U3-NNN（以下简称 LD103C）是一款具有 PID（proportion，integral and differential）参数自整定功能的仪表。"103"代表 PID 调节仪；"C"代表仪表前面板宽 96 mm，高 48 mm；G 代表仪表主输出连接固态继电器，如图 9-1 所示，11 端子连接固态继电器（solid state relay，SSR）输入端"+"，9 端子连接 SSR 输入端"−"；"R2C"代表辅助输出 OUT1 安装大容量继电器常开触点开关输出模块，15 端子与 16 端子在继电器未通电时为断开状态；"S2"代表辅助输出 OUT2 安装光电隔离 RS-232 通信接口模块；"U3"代表辅助输出 OUT3 安装隔离的 24V 直流电压模块，给外部变送器或其他电路供电，3 端子为直流 24 V，4 端子为直流地。LD103C 的 1 端子与 2 端子分别连接交流 220 V

LD103C 仪表
介绍

LD103C 端子
连线

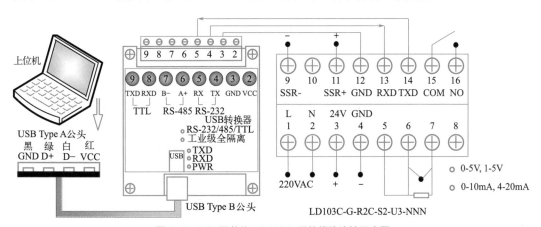

图 9-1　PID 调节仪 LD103C 通信线路连接示意图

的火线与零线。将 6 端子连接 K 型热电偶的正极，7 端子连接 K 型热电偶的负极。

上位机采用笔记本电脑，称为主机，通过 USB 转换器的 RS-232 接口与下位机 LD103C 相连，下位机 LD103C 称为从机，并且仅能进行一对一通信。由于 RS-232 为单端驱动电路，USB 转换器的 GND 端子必须与 LD103C 的 12 端子相连，USB 转换器的 TX 端子必须与 LD103C 的 13 端子相连，USB 转换器的 RX 端子必须与 LD103C 的 14 端子相连，三根线既不能接错，也不能漏接。LD103C 的仪表地址为 2，也可以采用万能地址 254，通信波特率为 9600 bit/s。

9.1.1 仪表参数

PID 调节仪 LD103C 仪表参数列表如表 9-1 所示，当前值存储在第 3 区第 0 寄存器内，其他参数均存储在第 4 区，因此，在构造 Modbus RTU 指令时，读当前值 PV 对应的功能码为 "04"，而读其他参数对应功能码为 "03"，在表 9-1 中发送指令的第二个字节有明显体现。除当前值以外的其他仪表参数以数值方式存放在第 4 区的保持寄存器中，寄存器中存放的是整型数据，而仪表面板显示的是对应符号，由于仪表面板为四位数码管，因此，能够显示的符号最多为四位。例如，tyPE 参数表示仪表连接传感器类型，当 tyPE 参数对应寄存器的值为 2 时，显示符号为 "b"，代表 B 型热电偶；oP 参数表示仪表的输出类型，当 oP 参数对应寄存器的值为 3 时，显示符号为 "4-20"，代表 4 ~ 20 mA 电流输出；CtrL 参数表示仪表的控制方式，当 CtrL 参数对应寄存器的值为 1 时，显示符号为 "Pid"，代表 PID 控制；bAud 参数表示仪表通信采用的波特率，当 bAud 参数对应寄存器的值为 2 时，显示符号为 "9600"，代表波特率为 9600 bit/s。

表 9-1 PID 调节仪 LD103C 仪表参数列表

参数	显示符号	寄存器地址（十六进制）	取值范围	说明	读参数 Modbus RTU 指令
当前值	无	0x00（3 区）	-999 ~ 9999	PV，当前显示值为 21.9℃	发送：FE 04 00 00 00 01 25 C5 接收：FE 04 02 00 DB ED 7F
输入类型	tyPE	0x00（4 区）	0→k; 1→S; 2→b; 3→t; 4→E; 5→J; 6→n; 7→_1_; 8→Pt1b; 9→Cu50; 10→Cu1b; 11→_2_; 12→0-5; 13→1-5; 14→4-20; 15→0-10; 16→_3_	k：K 型热电偶； S：S 型热电偶； b：B 型热电偶； t：T 型热电偶； E：E 型热电偶； J：J 型热电偶； n：N 型热电偶； _1_：热电偶预留输入类型； Pt1b：Pt100 热电阻； Cu50：Cu50 热电阻； Cu1b：Cu100 热电阻； _2_：热电阻预留输入类型； 0-5：0 ~ 5 V； 1-5：1 ~ 5 V； 4-20：4 ~ 20 mA； 0-20：0 ~ 10 mA； _3_：线性输入预留输入类型	发送：FE 03 00 00 00 01 90 05 接收：FE 03 02 00 00 AC 50

续表

参数	显示 符号	寄存器地址 （十六进制）	取值范围	说明	读参数 Modbus RTU 指令
小数点	Poin	0x01	0 → ____; 1 → __ _._; 2 → __ _.__; 3 → _ _.___	当输入为温度时，测量值 （PV）固定有一位小数点，与 Poin 设置无关。 个位：____; 十位：__ _._; 百位：_ _.__; 千位：_.___	发送：FE 03 00 01 00 01 C1 C5 接收：FE 03 02 00 01 6D 90
热电偶冷 端补偿	tCCP	0x02	0 → null; 1 → diod; 2 → Cu50	"diod"表示仪表内测温元件 补偿，补偿可测量仪表后部接 线端附近温度，并以此对热电 偶冷端进行补偿	发送：FE 03 00 02 00 01 31 C5 接收：FE 03 02 00 01 6D 90
线性输入 下限	LoL	0x03	-999 ~ 9999	线性输入的量程下限	发送：FE 03 00 03 00 01 60 05 接收：FE 03 02 00 00 AC 50
线性输入 上限	HiL	0x04	-999 ~ 9999	线性输入的量程上限	发送：FE 03 00 04 00 01 D1 C4 接收：FE 03 02 13 88 A1 06
平移修正	AdJu	0x05	-99.9 ~ 999.9	AdJu 参数用于对测量的静 态误差进行修正。AdJu 参数 通常为 0，当有静态误差和特 殊要求时才进行设置。当输入 为温度时，小数点固定在十位	发送：FE 03 00 05 00 01 80 04 接收：FE 03 02 00 00 AC 50
滤波系数	FiL	0x06	0 ~ 99	数字滤波使输入数据光滑， 0 表示没有滤波，数值越大， 响应越慢，测量值越稳定	发送：FE 03 00 06 00 01 70 04 接收：FE 03 02 00 01 6D 90
变送输出 方式	trAn	0x07	0 → 4 - 20 mA; 1 → 0 - 10 mA	与 LoL、HiL 配合设置产生 变送电流输出，trAn 表示电流 输出的下限到上限	发送：FE 03 00 07 00 01 21 C4 接收：FE 03 02 00 01 6D 90
1 号辅助 输出	out1	0x08			发送：FE 03 00 08 00 01 11 C7 接收：FE 03 02 00 00 AC 50
2 号辅助 输出	out2	0x09	0 → LA; 1 → HA; 2 → LLA; 3 → HHA; 4 → dFLA; 5 → dFHA	辅助输出可以任意配置。 LA：下限报警； HA：上限报警； LLA：下下限报警； HHA：上上限报警； dFLA：负偏差报警； dFHA：正偏差报警	发送：FE 03 00 09 00 01 40 07 接收：FE 03 02 00 00 AC 50
3 号辅助 输出	out3	0x0A			发送：FE 03 00 0A 00 01 B0 07 接收：FE 03 02 00 00 AC 50
4 号辅助 输出	out4	0x0B			发送：FE 03 00 0B 00 01 E1 C7 接收：FE 03 02 00 00 AC 50
下限报警 值	LA	0x0C	-999 ~ 9999	当 PV < LA 时，报警输出	发送：FE 03 00 0C 00 01 50 06 接收：FE 03 02 00 01 6D 90
上限报警 值	HA	0x0D	-999 ~ 9999	当 PV > HA 时，报警输出	发送：FE 03 00 0D 00 01 01 C6 接收：FE 03 02 00 02 2D 91
下下限报 警值	LLA	0x0E	-999 ~ 9999	当 PV < LLA 时，报警输出	发送：FE 03 00 0E 00 01 F1 C6 接收：FE 03 02 00 05 6C 53
上上限报 警值	HHA	0x0F	-999 ~ 9999	当 PV > HHA 时，报警输出	发送：FE 03 00 0F 00 01 A0 06 接收：FE 03 02 00 08 AD 96
下偏差报 警值	dFLA	0x10	-999 ~ 9999	当 SV - PV > dFLA 时，报 警输出	发送：FE 03 00 10 00 01 91 C0 接收：FE 03 02 00 03 EC 51

续表

参数	显示符号	寄存器地址（十六进制）	取值范围	说明	读参数 Modbus RTU 指令
上偏差报警值	dFHA	0x11	-999 ~ 9999	当 PV-SV>dFHA 时，报警输出	发送：FE 03 00 11 00 01 C0 00 接收：FE 03 02 00 06 2C 52
回差	Hy	0x12	0 ~ 2000	回差是控制和报警输出的缓冲量，用于避免因测量输入值波动而导致控制频繁变化或报警频繁产生 / 解除。当输入为温度时，小数点固定在十位	发送：FE 03 00 12 00 01 30 00 接收：FE 03 02 00 02 2D 91
控制方式	CtrL	0x13	0 → onoF； 1 → Pid； 2 → tunE； 3 → Manu	onoF：位式控制； Pid：PID 控制； tunE：PID 参数自整定； Manu：手动控制	发送：FE 03 00 13 00 01 61 C0 接收：FE 03 02 00 01 6D 90
控制周期	Ct	0x14	1 ~ 240s	控制作用周期，当执行机构采用 SSR、晶闸管作输出或仪表控制输出是线性电流时，Ct 没有特别的限制，一般可取短一些（如 1s 或 2s）；采用继电器开关输出时，为提高继电器的使用寿命，一般 Ct 要大于 4s	发送：FE 03 00 14 00 01 D0 01 接收：FE 03 02 00 01 6D 90
输出类型	oP	0x15	0 → SSr； 1 → rELy； 2 → 0-10； 3 → 4-20； 4 → FrEE	rELy：继电器输出； SSr：固态继电器触发输出； 0-10：0 ~ 10 mA 电流输出； 4-20：4 ~ 20 mA 电流输出； FrEE：自定义线性电流输出，用于需要非标准电流输出或对电流输出有上下限要求的场合，与 oPL 和 oPH 配合使用	发送：FE 03 00 15 00 01 81 C1 接收：FE 03 02 00 00 AC 50
比例带	Pb	0x16	1 ~ 9999	比例带表示：当误差达到 Pb 时，控制输出值要为 100%，所以 Pb 越大，PID 控制的比例作用越小，动态响应越慢，消除误差的能力越弱；反之，比例作用越大，动态响应越快，消除误差的能力越强，但容易引起系统振荡和超调量	发送：FE 03 00 16 00 01 71 C1 接收：FE 03 02 00 01 6D 90
积分时间	it	0x17	1 ~ 3600 s	it 越大，积分作用越弱，消除静差的能力越弱；反之，积分作用越强，消除静差的能力越强，但容易引起系统振荡和增加超调量	发送：FE 03 00 17 00 01 20 01 接收：FE 03 02 00 01 6D 90
微分时间	dt	0x18	0 ~ 1000 s	dt 越大，微分作用越强，阻碍控制量变化的能力越强，太强的微分容易引起系统不稳定，产生振荡；反之，微分作用越弱，阻碍控制量变化的能力越弱	发送：FE 03 00 18 00 01 10 02 接收：FE 03 02 00 00 AC 50

续表

参数	显示符号	寄存器地址（十六进制）	取值范围	说明	读参数 Modbus RTU 指令
正反作用	ACtn	0x19	0 → Hot； 1 → CooL	Hot：反作用调节方式，当测量值增大时，控制输出减小，如加热控制； CooL：正作用调节方式，当测量值增大时，控制输出增大，如制冷控制	发送：FE 03 00 19 00 01 41 C2 接收：FE 03 02 00 00 AC 50
输出下限	oPL	0x1A	0.0 ~ 25.0 mA	输出方式为"FrEE"时有效，oPL 表示输出电流的下限值	发送：FE 03 00 1A 00 01 B1 C2 接收：FE 03 02 00 01 6D 90
输出上限	oPH	0x1B	0.0 ~ 25.0 mA	输出方式为"FrEE"时有效，oPH 表示输出电流的上限值	发送：FE 03 00 1B 00 01 E0 02 接收：FE 03 02 00 02 2D 91
下窗显示方式	diSP	0x1C	0 → S； 1 → M	S：下显示窗显示给定值； M：下显示窗显示控制量百分比	发送：FE 03 00 1C 00 01 51 C3 接收：FE 03 02 00 00 AC 50
本机地址	Addr	0x1D	0 ~ 254	254：万能地址； 0 ~ 253：多从机时地址取不同值	发送：FE 03 00 1D 00 01 00 03 接收：FE 03 02 00 02 2D 91
波特率	bAud	0x1E	0 → 2400； 1 → 4800； 2 → 9600； 3 → 192b	0：2400 bit/s； 1：4800 bit/s； 2：9600 bit/s； 3：19200 bit/s	发送：FE 03 00 1E 00 01 F0 03 接收：FE 03 02 00 02 2D 91
设定值	SEt（SV）	0x1F	-999 ~ 9999	set value（SV），目标设定值为 24.4℃	发送：FE 03 00 1F 00 01 A1 C3 接收：FE 03 02 00 F4 AD D7
小信号切除	Cut	0x20	-999 ~ 9999	用于切除测量中无效的小信号，当测量值小于该值时，测量的显示值采用 Cut2 设定的值。设定值为 0 时无效	发送：FE 03 00 20 00 01 91 CF 接收：FE 03 02 00 02 2D 91
信号切除替代	Cut2	0x21	-999 ~ 9999	当测量值小于 Cut 设定值时，测量值的显示值。当 Cut 为 0 时无效	发送：FE 03 00 21 00 01 C0 0F 接收：FE 03 02 00 00 AC 50
调整系数	K	0x22	0.000 ~ 2.000	斜率调整系数	发送：FE 03 00 22 00 01 30 0F 接收：FE 03 02 00 00 AC 50
变送输出下限	tr_L	0x23	-999 ~ 9999	变送输出的下限	发送：FE 03 00 23 00 01 61 CF 接收：FE 03 02 00 02 2D 91
变送输出上限	tr_H	0x24	-999 ~ 9999	变送输出的上限	发送：FE 03 00 24 00 01 D0 0E 接收：FE 03 02 13 88 A1 06

（1）当前值

当前值是指仪表面板上方以红色数码管显示的四位实时测量值，从寄存器中获得的数据为整数，即不带小数点的数值，根据 Poin 参数设置的小数点位数决定显示在仪表面板上的数值。例如，从寄存器读取的数值为 219，Poin 参数设置为十位"_ _ ˉ._"格式，即含有一位小数点，需要将从寄存器读取的值除以 10 或乘以 0.1，显示值为 21.9。

（2）仪表地址

笔记本电脑为主机，LD103C 为从机，由于 LD103C 采用 RS-232 电平，主机与从机只能进行一对一通信。LD103C 的 Addr 参数设置为 2，主机与从机可采用地址 2 通信，也可以采用万能地址 254 通信。

（3）通信波特率

主机与从机必须设置为相同的通信波特率才能进行通信。通信波特率存放在 4 区保持寄存器 30 中，对应十六进制为"0x1E"。该内部寄存器存放的数据为 0 ~ 3。"0"对应 2400 bit/s，"1"对应 4800 bit/s，"2"对应 9600 bit/s，"3"对应 19200 bit/s。

9.1.2 仪表参数 Modbus RTU 读指令

Modbus RTU
读写指令

主机与从机通信，必须构造 Modbus RTU 通信指令，指令最后两个字节为循环冗余校验码 CRC，CRC 为两个字节，低字节在前，高字节在后，如图9-2所示。在"循环冗余校验码 CRC"程序输入框中以空格为间隔输入十六进制"FE 03 00 00 00 01"，点击"计算 CRC"按钮，程序自动识别要计算字节的个数，计算结果将低字节显示为"L[XX]"，高字节显示为"H[XX]"。本例"FE 03 00 00 00 01"对应的 CRC 为 L[90] H[05]，即 90 05，完整的指令为"FE 03 00 00 00 01 90 05"。

图 9-2　循环冗余校验码 CRC 计算结果展示图

主机向从机发送 Modbus RTU 读指令读取仪表参数的值，两者都需要构造 Modbus RTU 指令，表 9-1 中给出了各个仪表参数读指令和返回指令。

（1）读当前值

"当前值"参数保存在第 3 区输入寄存器，其读取功能码为"04"，完整读指令为"FE 04 00 00 00 01 25 C5"。读指令的第 1 个字节代表仪表地址，本例中 LD103C 地址采用万能地址 254，转化为十六进制"FE"；第 2 个字节为功能码，"04"代表读输入寄存器的值；第 3 个字节为"00"，第 4 个字节为"00"，两个字节合在一起为"0000"，表示要读取数据所在寄存器的起始地址为"0000"；第 5 个字节为"00"，第 6 个字节为"01"，两个字节合并在一起为"0001"，表示数据的长度为 1 个字，一个字包括两个字节；第 7 个与第 8 个字节为前面 6 个字节的 CRC，第 7 个字节对应 CRC 的低字节，第 8 个字节对应 CRC 的高字节。主机发送的指令称为问询帧，从机接收指令后回复主机的指令称为应答帧，此处为"FE 04 02 00 DB ED 7F"。应答帧前两个字节与问询帧相同，第 3 个字节"02"表示返回的数据字节个数为 2；第 3 个字节后紧接着的是数据的内容，其字节个数与第 3 个字节数目一致，由于字节数为 2，所以第 4 个字节与第 5 个字节为数据，对应十六进制"00DB"，转化为十进制为 219；最后两个字节为 CRC，仍然是按低字节在前、高字节在后顺序排列。

（2）读设定选择值

仪表参数中有些参数为选择型参数，例如，"输入类型""小数点""热电偶冷端补偿""变送输出方式"和"控制方式"等，这些参数对应在第 4 区保持寄存器，用户在仪表面板选择的显示值映射为寄存器中的数值。以"小数点"为例，当选择"＿＿¯．＿"时，对应保持寄存器的内容为"1"，其读指令为"FE 03 00 01 00 01 C1 C5"。读指令的第 1 个字节代表仪表地址，采用万能地址 254，转化为十六进制为"FE"；第 2 个字节为功能码，"03"代表读保持寄存器的值；第 3 个字节为"00"，第 4 个字节为"01"，两个字节合在一起为"0001"，表示要读取数据所在寄存器的起始地址为"0001"；第 5 个字节为"00"，第 6 个字节为"01"，两个字节合并在一起为"0001"，表示数据的长度为 1 个字，一个字包括两个字节；第 7 个与第 8 个字节为前面 6 个字节的 CRC，第 7 个字节对应 CRC 的低字节，第 8 个字节对应 CRC 的高字节。此处应答帧为"FE 03 02 00 01 6D 90"。应答帧前两个字节与问询帧相同，第 3 个字节"02"表示返回的数据字节个数为 2；第 3 个字节后紧接着的是数据的内容，其字节个数与第 3 个字节数目一致，由于字节数为 2，所以后面第 4 个字节与第 5 个字节为数据，其值为"0001"，代表保持寄存器内的内容为 1，对应一位小数点显示格式；最后两个字节为 CRC，仍然是按低字节在前、高字节在后的顺序排列。

（3）读设定数值

仪表参数中有些参数为设定型参数，例如，"线性输入下限""平移修正""滤波系数""下限报警值"和"控制周期"等，这些参数对应在第 4 区保持寄存器，用户在仪表面板选择的显示值映射为寄存器中的数值。以"比例带"为例，当设定值为 1 时，对应保持寄存器的内容为"1"，其读指令为"FE 03 00 16 00 01 71 C1"。读指令的第 1 个字节代表仪表地址，采用万能地址 254，转化为十六进制为"FE"；第 2 个字节为功能码，"03"代表读保持寄存器的值；第 3 个字节为"00"，第 4 个字节为"16"，两个字节合在一起为"0016"，表示要读取数据所在寄存器的起始地址为"0016"；第 5 个字节为"00"，第 6 个字节为"01"，两个字节合并在一起为"0001"，表示数据的长度为 1 个字，一个字包括两个字节；第 7 个与第 8 个字节为前面 6 个字节的 CRC，第 7 个字节对应 CRC 的低字节，第 8 个字节对应 CRC 的高字节。此处应答帧为"FE 03 02 00 01 6D 90"。应答帧前两个字节与问询帧相同，第 3 个字节"02"表示返回的数据字节个数为 2；第 3 个字节后紧接的是数据的内容，其字节个数与第 3 个字节数目一致，由于字节数为 2，所以后面第 4 个字节与第 5 个字节为数据，其值为"0001"，代表保持寄存器内的内容为 1，如果小数点位数设定为 1 位小数，则在仪表面板上的显示值应为 0.1，相当于将该寄存器读取的数值乘以 0.1 或除以 10；最后两个字节为 CRC，仍然是按低字节在前、高字节在后的顺序排列。

采用 SSCOM 串口 / 网络数据调试器，如图 9-3 所示，设置通信参数为"9600 bps，8，1，None，None"，即波特率为 9600 bit/s，8 位数据位，1 位停止位，无奇偶校验，无流控制。在调试器软件右侧窗格中输入读指令，点击窗格右侧"读当前值""读输入类型"和"读小数点"等按钮发送，图 9-3 左上侧为 LD103C 读指令的应答帧。

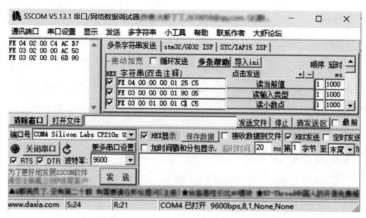

图 9-3　主机向 LD103C 从机发送读指令问询帧与应答帧展示图

9.1.3　仪表参数 Modbus RTU 写指令

表 9-2 为 PID 调节仪 LD103C 仪表写参数 Modbus RTU 指令列表，由于各参数在仪表面板上显示为四位符号，而在寄存器中存储为对应数值，因此，写指令需要根据数值进行操作。以"输入类型"为例，将输入类型设为 E 型热电偶，查表 9-2 可知显示符号"E"对应数字 4。LD103C 的本机地址为 2，此处采用万能通信地址 254，转化为十六进制为"FE"，指令的第一个字节为"FE"；第二个字节代表功能码，对保持寄存器写入采用"06"；第三个字节与第四个字节代表要写入的寄存器地址，"输入类型"对应"0000"寄存器，因此，第三个字节为"00"，第四个字节也为"00"；第五个和第六个字节表示要写入的内容，此处为"0004"；最后两个字节为 CRC，第七个字节为 CRC 低字节，第八个字节为 CRC 高字节；完整发送指令为"FE 06 00 00 00 04 9C 06"，返回指令与发送指令相同。

表 9-2　PID 调节仪 LD103C 仪表写参数 Modbus RTU 指令列表

参数	显示符号	寄存器地址（十六进制）	取值范围	写入值	写参数 Modbus RTU 指令
输入类型	tyPE	0x00（4 区）	0→k; 1→S; 2→b; 3→t; 4→E; 5→J; 6→n; 7→_1_; 8→Pt1b; 9→Cu50; 10→Cu1b; 11→_2_; 12→0-5; 13→1-5; 14→4-20; 15→0-10; 16→_3_	设定为 E 型热电偶，对应数字为 4	发送：FE 06 00 00 00 04 9C 06 接收：FE 06 00 00 00 04 9C 06

续表

参数	显示符号	寄存器地址（十六进制）	取值范围	写入值	写参数 Modbus RTU 指令
小数点	Poin	0x01	0 → ＿＿＿＿； 1 → ＿＿ ˉ.＿； 2 → ＿.＿＿； 3 → ˉ.＿＿＿	小数点位数设定为 1 位，对应数字为 1	发送：FE 06 00 01 00 01 0D C5 接收：FE 06 00 01 00 01 0D C5
热电偶温度补偿	tCCP	0x02	0 → null； 1 → diod； 2 → Cu50	将冷端补偿设为室温，对应数字为 1	发送：FE 06 00 02 00 01 FD C5 接收：FE 06 00 02 00 01 FD C5
线性输入下限	LoL	0x03	−999 ~ 9999	线性输入下限设为 10，10 转换为十六进制为"0A"	发送：FE 06 00 03 00 0A ED C2 接收：FE 06 00 03 00 0A ED C2
线性输入上限	HiL	0x04	−999 ~ 9999	线性输入下限设为4980，4980 转换为十六进制为"1374"	发送：FE 06 00 04 13 74 D1 13 接收：FE 06 00 04 13 74 D1 13
平移修正	AdJu	0x05	−99.9 ~ 999.9	平移修正设为 13，13 转换为十六进制为"0D"	发送：FE 06 00 05 00 0D 4C 01 接收：FE 06 00 05 00 0D 4C 01
滤波系数	FiL	0x06	0 ~ 99	滤波系数设为 14，14 转换为十六进制为"0E"	发送：FE 06 00 06 00 0E FC 00 接收：FE 06 00 06 00 0E FC 00
变送输出方式	trAn	0x07	0 → 4-20 mA； 1 → 0-10 mA	变送输出方式选"0 - 10 mA"，对应数字为 1	发送：FE 06 00 07 00 01 ED C4 接收：FE 06 00 07 00 01 ED C4
1 号辅助输出	out1	0x08	0 → LA； 1 → HA； 2 → LLA； 3 → HHA； 4 → dFLA； 5 → dFHA	1 号辅助输出设为"LA"，对应数字为 0	发送：FE 06 00 08 00 00 1C 07 接收：FE 06 00 08 00 00 1C 07
2 号辅助输出	out2	0x09		2 号辅助输出设为"HA"，对应数字为 1	发送：FE 06 00 09 00 01 8C 07 接收：FE 06 00 09 00 01 8C 07
3 号辅助输出	out3	0x0A		3 号辅助输出设为"LLA"，对应数字为 2	发送：FE 06 00 0A 00 02 3C 06 接收：FE 06 00 0A 00 02 3C 06
4 号辅助输出	out4	0x0B		4 号辅助输出设为"HHA"，对应数字为 3	发送：FE 06 00 0B 00 03 AC 06 接收：FE 06 00 0B 00 03 AC 06
下限报警值	LA	0x0C	−999 ~ 9999	下限报警值设为 200，对应十六进制为"C8"	发送：FE 06 00 0C 00 C8 5C 50 接收：FE 06 00 0C 00 C8 5C 50
上限报警值	HA	0x0D	−999 ~ 9999	上限报警值设为 220，对应十六进制为"DC"	发送：FE 06 00 0D 00 DC 0D 9F 接收：FE 06 00 0D 00 DC 0D 9F
下下限报警值	LLA	0x0E	−999 ~ 9999	下下限报警值设为 195，对应十六进制为"C3"	发送：FE 06 00 0E 00 C3 BC 57 接收：FE 06 00 0E 00 C3 BC 57
上上限报警值	HHA	0x0F	−999 ~ 9999	上上限报警值设为 225，对应十六进制为"E1"	发送：FE 06 00 0F 00 E1 6D 8E 接收：FE 06 00 0F 00 E1 6D 8E
下偏差报警值	dFLA	0x10	−999 ~ 9999	下偏差报警值设为 3，对应十六进制为"03"	发送：FE 06 00 10 00 03 DC 01 接收：FE 06 00 10 00 03 DC 01
上偏差报警值	dFHA	0x11	−999 ~ 9999	上偏差报警值设为 2，对应十六进制为"02"	发送：FE 06 00 11 00 02 4C 01 接收：FE 06 00 11 00 02 4C 01
回差	Hy	0x12	0 ~ 2000	回差设为 1，对应十六进制为"01"	发送：FE 06 00 12 00 01 FC 00 接收：FE 06 00 12 00 01 FC 00

参数	显示符号	寄存器地址（十六进制）	取值范围	写入值	写参数 Modbus RTU 指令
控制方式	CtrL	0x13	0 → onoF; 1 → Pid; 2 → tunE; 3 → Manu	控制方式设为手动，对应数字为 3	发送：FE 06 00 13 00 03 2C 01 接收：FE 06 00 13 00 03 2C 01
控制周期	Ct	0x14	1 ~ 240 s	控制周期设为 16s，对应十六进制为"10"	发送：FE 06 00 14 00 10 DC 0D 接收：FE 06 00 14 00 10 DC 0D
输出类型	oP	0x15	0 → SSr; 1 → rELy; 2 → 0-10; 3 → 4-20; 4 → FrEE	输出类型设为 FrEE，对应数字为 4	发送：FE 06 00 15 00 04 8D C2 接收：FE 06 00 15 00 04 8D C2
比例带	Pb	0x16	1 ~ 9999	比例带设为 11，对应十六进制为"0B"	发送：FE 06 00 16 00 0B 3D C6 接收：FE 06 00 16 00 0B 3D C6
积分时间	it	0x17	1 ~ 3600s	积分时间设为 12，对应十六进制为"0C"	发送：FE 06 00 17 00 0C 2D C4 接收：FE 06 00 17 00 0C 2D C4
微分时间	dt	0x18	0 ~ 1000s	微分时间设为 15，对应十六进制为"0F"	发送：FE 06 00 18 00 0F 5D C6 接收：FE 06 00 18 00 0F 5D C6
正反作用	ACtn	0x19	0 → Hot; 1 → CooL	正反作用设为制冷方式，对应数字为 1	发送：FE 06 00 19 00 01 8D C2 接收：FE 06 00 19 00 01 8D C2
输出下限	oPL	0x1A	0.0 ~ 25.0 mA	输出下限设为 1.2，对应数字为 12，转化为十六进制为"0C"	发送：FE 06 00 1A 00 0C BC 07 接收：FE 06 00 1A 00 0C BC 07
输出上限	oPH	0x1B	0.0 ~ 25.0 mA	输出下限设为 24.2，对应数字为 242，转化为十六进制为"F2"	发送：FE 06 00 1B 00 F2 6C 47 接收：FE 06 00 1B 00 F2 6C 47
下窗显示方式	diSP	0x1C	0 → S; 1 → M	显示方式设为 M，对应数字为 1	发送：FE 06 00 1C 00 01 9D C3 接收：FE 06 00 1C 00 01 9D C3
本机地址	Addr	0x1D	0 ~ 254	本机地址设为 2，对应数字为 2	发送：FE 06 00 1D 00 02 8C 02 接收：FE 06 00 1D 00 02 8C 02
波特率	bAud	0x1E	0 → 2400; 1 → 4800; 2 → 9600; 3 → 192b	波特率设为 9600 bit/s，对应数字为 2	发送：FE 06 00 1E 00 02 7C 02 接收：FE 06 00 1E 00 02 7C 02
设定值	SEt（SV）	0x1F	-999 ~ 9999	设定值为 246，对应十六进制为"F6"	发送：FE 06 00 1F 00 F6 2C 45 接收：FE 06 00 1F 00 F6 2C 45
小信号切除	Cut	0x20	-999 ~ 9999	小信号切除设为 18，对应十六进制为"12"	发送：FE 06 00 20 00 12 1C 02 接收：FE 06 00 20 00 12 1C 02
信号切除替代	Cut2	0x21	-999 ~ 9999	小信号切除替代设为 24，对应十六进制为"18"	发送：FE 06 00 21 00 18 CD C5 接收：FE 06 00 21 00 18 CD C5
调整系数	K	0x22	0.000 ~ 2.000	调整系数设为 0.009，对应数字为 9	发送：FE 06 00 22 00 09 FD C9 接收：FE 06 00 22 00 09 FD C9
变送输出下限	tr_L	0x23	-999 ~ 9999	变送输出下限设为 26，对应十六进制为"1A"	发送：FE 06 00 23 00 1A ED C4 接收：FE 06 00 23 00 1A ED C4
变送输出上限	tr_H	0x24	-999 ~ 9999	变送输出上限设为 8412，对应十六进制为"20DC"	发送：FE 06 00 24 20 DC C5 97 接收：FE 06 00 24 20 DC C5 97

9.2 MCGS通信过程

LD103C 仪表参数包括两类：一类是输入指定范围的数值，例如，"比例带"参数，其值范围为 1 ～ 9999；另一类是选择指定范围的数值，例如，"输出类型"参数，可以选择"SSr""rELy""0-10""4-20"或"FrEE"，分别对应 0、1、2、3 和 4。MCGS 界面组态采用报表显示各个参数，输入框供用户输入数据，组合框供用户选择数据，采用按钮读取或写入参数值。

9.2.1　设备组态

在"工作台"窗体选择"设备窗口"属性页，双击属性页中的"设备窗口"，如图 9-4 中①所示，此时，在"查看（V）"菜单中点击下拉项中的"设备工具箱（E）"②，弹出"设备工具箱"③；选择"通用串口父设备"，点击鼠标左键将其放入"设备窗口"中，此时名为"通用串口父设备 1--[RS-232]"④；双击该图标，弹出"通用串口设备属性编辑"对话框，按⑤所示将串口号改为 COM4，波特率改为 9600 bit/s，与 LD103C 相一致；再从"设备工具箱"中选择"ModbusRTU_ 串口"放入"通用串口父设备 1--[RS-232]"形成子设备⑥，双击该图标，将"设备地址"设为 3，"设备名称"改为"PID 调节仪"⑦，"校验数据字节序"设为"0-LH[低字节，高字节]"⑧。

设备组态

图 9-4　PID 调节仪 LD103C 设备窗口组态界面图

9.2.2　数据库组态

在"工作台"窗体选择"实时数据库"属性页，如图 9-5 所示，点击右侧上方的"新增对象"按钮，弹出图 9-6 所示"数据对象属性设置"界面。例如，创

实时数据库
与报表

建"L103C_ACtn"数据对象，在"对象名称"中输入"L103C_ACtn"，对应仪表中的 ACtn 参数，"对象类型"设为整数；同理，创建"L103C_PV_1"数据对象，在"对象名称"中输入"L103C_PV_1"，对应仪表中的"当前值"参数，"对象类型"设为浮点数。为每个参数定义对应的数据对象，存储于"实时数据库"中，图 9-5 列出了对应 LD103C 仪表参数所有的数据对象，仅有"当前值"参数包括两个数据对象。由于从仪表寄存器读取的数据为整数，因此，"L103C_PV"直接对应寄存器中的整数数据，"L103C_PV"乘以 0.1 得到的浮点数对应显示值"L103C_PV_1"。

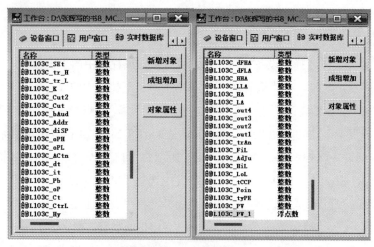

图 9-5   实时数据库中添加的 LD103C 仪表参数数据对象界面

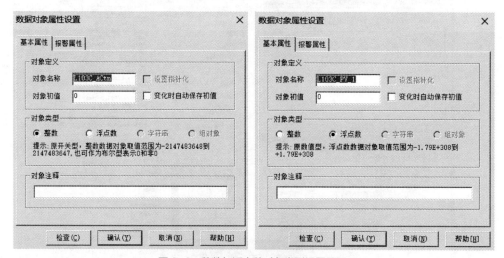

图 9-6   整数与浮点数对象类型设置界面

9.2.3 报表

LD130C 的仪表参数采用格式规整的报表构件显示。在"工作台"窗体选择"用户窗口"属性页，选中"public"窗口，如图 9-7 中①所示，在"编辑"下拉菜单中选择"拷贝 (C)"命令②，再选择"粘贴 (V)"命令③，在用户窗口复制一个新的窗体；双击该窗体，弹出"用户窗口属性设置"对话框，在"窗口名称"内输入"第 9 章 _LD103C"④，点击"确认 (Y)"完成新窗体的创建⑤。在"工具栏"中点击"工具箱"按钮，在弹出的"工具箱"中选择"报表"按钮，将新建的"报表"构件放入"第 9 章 _LD103C"窗体中；双击"报表"构件，向其中输入表头，以及各行序号、参数和地址，如图 9-8 所示，完成 MCGS 报表界面设计。LD103C 仪表共计 37 个参数，最后一行显示仪表当前值，序号用"00"表示，以区别于其他参数。

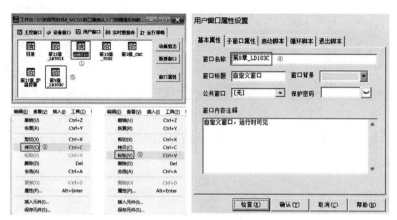

图 9-7　新建用户窗口过程示意

序号	参数	地址	数值	读	写	序号	参数	地址	数值	读	写
1	输入类型	0x00				20	控制方式	0x13			
2	小数点	0x01				21	控制周期	0x14			
3	热电偶冷端补偿	0x02				22	输出类型	0x15			
4	线性输入下限	0x03				23	比例带	0x16			
5	线性输入上限	0x04				24	积分时间	0x17			
6	平移修正	0x05				25	微分时间	0x18			
7	滤波系数	0x06				26	正反作用	0x19			
8	变送输出方式	0x07				27	输出下限	0x1A			
9	1号辅助输出	0x08				28	输出上限	0x1B			
10	2号辅助输出	0x09				29	下窗显示方式	0x1C			
11	3号辅助输出	0x0A				30	本机地址	0x1D			
12	4号辅助输出	0x0B				31	波特率	0x1E			
13	下限报警值	0x0C				32	设定值	0x1F			
14	上限报警值	0x0D				33	小信号切除	0x20			
15	下下限报警值	0x0E				34	信号切除替代	0x21			
16	上上限报警值	0x0F				35	调整系数	0x22			
17	下偏差报警值	0x10				36	变送输出下限	0x23			
18	上偏差报警值	0x11				37	变送输出上限	0x24			
19	回差	0x12				00	当前值(3区)	0x00			

图 9-8　MCGS 报表设计界面

9.2.4　按钮

在"工作台"窗体选择"用户窗口"属性页，双击"第 9 章 _LD103C"图标进入窗体，在"工具栏"中点击"工具箱"图标，如图 9-9 中①所示，在弹出的"工具箱"窗口中点击"标准按钮"②，向"第 9 章 _LD103C"窗体添加标准按钮，双击该按钮，弹出"标准按钮构件属性设置"对话框，在"基本属性"属性页中对应的"文本"中输入参数的名字"R_Poin"③，表示读"Poin"参数，在"脚本程序"④属性页中输入对应的脚本代码，即

按钮标签组
合框

```
!SetDevice(PID调节仪,6,"Read(4,2,WUB=L103C_Poin)")
```

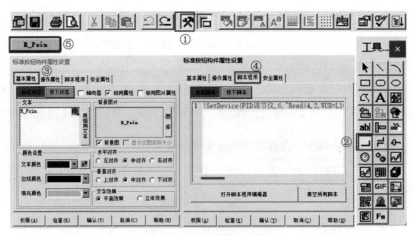

图9-9　标准按钮制作流程图

完成读按钮⑤的设置；同理，向"第9章_LD103C"窗体添加标准按钮，新建写"Poin"参数的"W_Poin"按钮。

9.2.5　标签

在"工作台"窗体属性页窗口中选择"用户窗口"，双击"第9章_LD103C"图标进入窗体，在"工具栏"窗口中点击"工具箱"图标，在弹出的"工具箱"窗口中点击"标签"按钮，向"第9章_LD103C"窗体添加标签。如图9-10所示，在"标签动画组态属性设置"对话框"属性设置"属性页中设置"填充颜色"为白色，"边线颜色"和"字符颜色"为黑色，"边线线型"为最细线，在"输入输出连接"中勾选"显示输出"与"按钮输入"两项；以"Hy"参数为例，在"显示输出"属性页的"表达式"中关联"L103C_Hy"数据对象；在"按钮输入"属性页的"对应数据对象的名称"中关联"L103C_Hy"数据对象。该标签将用户输入的内容传递给"L103C_Hy"数据对象，同时，从仪表内存读入到"L103C_Hy"数据对象的内容显示在该标签。标签在用户与仪表之间起到桥梁作用。对于要求输入指定范围数值的仪表参数，例如，"平移修正""滤波系数""下限报警值""积分时间""小信号切除"和"调整系数"等均采用标签构件传递数据。

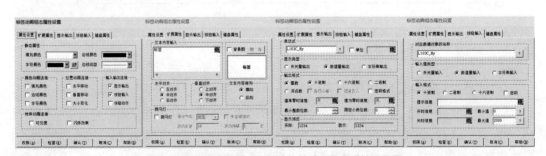

图9-10　仪表参数输入与输出标签动画组态属性设置图

9.2.6　组合框

在"工作台"窗体属性页窗口中选择"用户窗口"，双击"第9章_LD103C"图标进入窗体，在"工具栏"窗口中点击"工具箱"图标，在弹出的"工具箱"窗口中点击"组合框"按钮，向"第 9 章 _LD103C"窗体添加组合框。在"组合框属性编辑"对话框"基本属性"属性页中按图 9-11 所示设置"奇行背景""偶行背景"和"文本颜色"等属性，以"波特率"参数为例，将"序号关联"与"L103C_bAud"数据对象关联；在"选项设置"属性页中选择"静态选项"，并通过"添加"按钮添加"2400""4800""9600"和"19200"等项目内容。其他诸如"输入类型""小数点""1 号辅助输出""控制方式"和"输出类型"等仪表参数也按上述方式设置对应组合框。

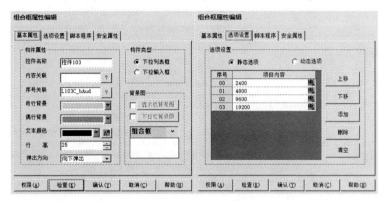

图 9-11　选择类仪表参数对应组合框属性编辑界面图

9.2.7　脚本程序

表 9-3 列出了读写 LD103C 仪表各个参数对应的 MCGS 指令。

MCGS 读写指令

表 9-3　读写 PID 调节仪 LD103C 仪表参数 MCGS 指令列表

序号	参数	寄存器地址 （十六进制）	MCGS 读写指令
1	输入类型	0x00	读：!SetDevice(PID 调节仪 ,6,"Read(4,1,WUB=L103C_tyPE)") 写：!SetDevice(PID 调节仪 ,6,"Write(4,1,WUB=L103C_tyPE)")
2	小数点	0x01	读：!SetDevice(PID 调节仪 ,6,"Read(4,2,WUB=L103C_Poin)") 写：!SetDevice(PID 调节仪 ,6,"Write(4,2,WUB=L103C_Poin)")
3	热电偶冷端补偿	0x02	读：!SetDevice(PID 调节仪 ,6,"Read(4,3,WUB=L103C_tCCP)") 写：!SetDevice(PID 调节仪 ,6,"Write(4,3,WUB=L103C_tCCP)")
4	线性输入下限	0x03	读：!SetDevice(PID 调节仪 ,6,"Read(4,4,WUB=L103C_LoL)") 写：!SetDevice(PID 调节仪 ,6,"Write(4,4,WUB=L103C_LoL)")
5	线性输入上限	0x04	读：!SetDevice(PID 调节仪 ,6,"Read(4,5,WUB=L103C_HiL)") 写：!SetDevice(PID 调节仪 ,6,"Write(4,5,WUB=L103C_HiL)")
6	平移修正	0x05	读：!SetDevice(PID 调节仪 ,6,"Read(4,6,WUB=L103C_AdJu)") 写：!SetDevice(PID 调节仪 ,6,"Write(4,6,WUB=L103C_AdJu)")
7	滤波系数	0x06	读：!SetDevice(PID 调节仪 ,6,"Read(4,7,WUB=L103C_FiL)") 写：!SetDevice(PID 调节仪 ,6,"Write(4,7,WUB=L103C_FiL)")
8	变送输出方式	0x07	读：!SetDevice(PID 调节仪 ,6,"Read(4,8,WUB=L103C_trAn)") 写：!SetDevice(PID 调节仪 ,6,"Write(4,8,WUB=L103C_trAn)")
9	1 号辅助输出	0x08	读：!SetDevice(PID 调节仪 ,6,"Read(4,9,WUB=L103C_out1)") 写：!SetDevice(PID 调节仪 ,6,"Write(4,9,WUB=L103C_out1)")

续表

序号	参数	寄存器地址 （十六进制）	MCGS 读写指令
10	2 号辅助输出	0x09	读：!SetDevice(PID 调节仪 ,6,"Read(4,10,WUB=L103C_out2)") 写：!SetDevice(PID 调节仪 ,6,"Write(4,10,WUB=L103C_out2)")
11	3 号辅助输出	0x0A	读：!SetDevice(PID 调节仪 ,6,"Read(4,11,WUB=L103C_out3)") 写：!SetDevice(PID 调节仪 ,6,"Write(4,11,WUB=L103C_out3)")
12	4 号辅助输出	0x0B	读：!SetDevice(PID 调节仪 ,6,"Read(4,12,WUB=L103C_out4)") 写：!SetDevice(PID 调节仪 ,6,"Write(4,12,WUB=L103C_out4)")
13	下限报警值	0x0C	读：!SetDevice(PID 调节仪 ,6,"Read(4,13,WUB=L103C_LA)") 写：!SetDevice(PID 调节仪 ,6,"Write(4,13,WUB=L103C_LA)")
14	上限报警值	0x0D	读：!SetDevice(PID 调节仪 ,6,"Read(4,14,WUB=L103C_HA)") 写：!SetDevice(PID 调节仪 ,6,"Write(4,14,WUB=L103C_HA)")
15	下下限报警值	0x0E	读：!SetDevice(PID 调节仪 ,6,"Read(4,15,WUB=L103C_LLA)") 写：!SetDevice(PID 调节仪 ,6,"Write(4,15,WUB=L103C_LLA)")
16	上上限报警值	0x0F	读：!SetDevice(PID 调节仪 ,6,"Read(4,16,WUB=L103C_HHA)") 写：!SetDevice(PID 调节仪 ,6,"Write(4,16,WUB=L103C_HHA)")
17	下偏差报警值	0x10	读：!SetDevice(PID 调节仪 ,6,"Read(4,17,WUB=L103C_dFLA)") 写：!SetDevice(PID 调节仪 ,6,"Write(4,17,WUB=L103C_dFLA)")
18	上偏差报警值	0x11	读：!SetDevice(PID 调节仪 ,6,"Read(4,18,WUB=L103C_dFHA)") 写：!SetDevice(PID 调节仪 ,6,"Write(4,18,WUB=L103C_dFHA)")
19	回差	0x12	读：!SetDevice(PID 调节仪 ,6,"Read(4,19,WUB=L103C_Hy)") 写：!SetDevice(PID 调节仪 ,6,"Write(4,19,WUB=L103C_Hy)")
20	控制方式	0x13	读：!SetDevice(PID 调节仪 ,6,"Read(4,20,WUB=L103C_CtrL)") 写：!SetDevice(PID 调节仪 ,6,"Write(4,20,WUB=L103C_CtrL)")
21	控制周期	0x14	读：!SetDevice(PID 调节仪 ,6,"Read(4,21,WUB=L103C_Ct)") 写：!SetDevice(PID 调节仪 ,6,"Write(4,21,WUB=L103C_Ct)")
22	输出类型	0x15	读：!SetDevice(PID 调节仪 ,6,"Read(4,22,WUB=L103C_oP)") 写：!SetDevice(PID 调节仪 ,6,"Write(4,22,WUB=L103C_oP)")
23	比例带	0x16	读：!SetDevice(PID 调节仪 ,6,"Read(4,23,WUB=L103C_Pb)") 写：!SetDevice(PID 调节仪 ,6,"Write(4,23,WUB=L103C_Pb)")
24	积分时间	0x17	读：!SetDevice(PID 调节仪 ,6,"Read(4,24,WUB=L103C_it)") 写：!SetDevice(PID 调节仪 ,6,"Write(4,24,WUB=L103C_it)")
25	微分时间	0x18	读：!SetDevice(PID 调节仪 ,6,"Read(4,25,WUB=L103C_dt)") 写：!SetDevice(PID 调节仪 ,6,"Write(4,25,WUB=L103C_dt)")
26	正反作用	0x19	读：!SetDevice(PID 调节仪 ,6,"Read(4,26,WUB=L103C_ACtn)") 写：!SetDevice(PID 调节仪 ,6,"Write(4,26,WUB=L103C_ACtn)")
27	输出下限	0x1A	读：!SetDevice(PID 调节仪 ,6,"Read(4,27,WUB=L103C_oPL)") 写：!SetDevice(PID 调节仪 ,6,"Write(4,27,WUB=L103C_oPL)")
28	输出上限	0x1B	读：!SetDevice(PID 调节仪 ,6,"Read(4,28,WUB=L103C_oPH)") 写：!SetDevice(PID 调节仪 ,6,"Write(4,28,WUB=L103C_oPH)")
29	下窗显示方式	0x1C	读：!SetDevice(PID 调节仪 ,6,"Read(4,29,WUB=L103C_diSP)") 写：!SetDevice(PID 调节仪 ,6,"Write(4,29,WUB=L103C_diSP)")
30	本机地址	0x1D	读：!SetDevice(PID 调节仪 ,6,"Read(4,30,WUB=L103C_Addr)") 写：!SetDevice(PID 调节仪 ,6,"Write(4,30,WUB=L103C_Addr)")
31	波特率	0x1E	读：!SetDevice(PID 调节仪 ,6,"Read(4,31,WUB=L103C_bAud)") 写：!SetDevice(PID 调节仪 ,6,"Write(4,31,WUB=L103C_bAud)")

续表

序号	参数	寄存器地址 （十六进制）	MCGS 读写指令
32	设定值	0x1F	读：!SetDevice(PID 调节仪 ,6,"Read(4,32,WUB=L103C_SEt)") 写：!SetDevice(PID 调节仪 ,6,"Write(4,32,WUB=L103C_SEt)")
33	小信号切除	0x20	读：!SetDevice(PID 调节仪 ,6,"Read(4,33,WUB=L103C_Cut)") 写：!SetDevice(PID 调节仪 ,6,"Write(4,33,WUB=L103C_Cut)")
34	信号切除替代	0x21	读：!SetDevice(PID 调节仪 ,6,"Read(4,34,WUB=L103C_Cut2)") 写：!SetDevice(PID 调节仪 ,6,"Write(4,34,WUB=L103C_Cut2)")
35	调整系数	0x22	读：!SetDevice(PID 调节仪 ,6,"Read(4,35,WUB=L103C_K)") 写：!SetDevice(PID 调节仪 ,6,"Write(4,35,WUB=L103C_K)")
36	变送输出下限	0x23	读：!SetDevice(PID 调节仪 ,6,"Read(4,36,WUB=L103C_tr_L)") 写：!SetDevice(PID 调节仪 ,6,"Write(4,36,WUB=L103C_tr_L)")
37	变送输出上限	0x24	读：!SetDevice(PID 调节仪 ,6,"Read(4,37,WUB=L103C_tr_H)") 写：!SetDevice(PID 调节仪 ,6,"Write(4,37,WUB=L103C_tr_H)")

以"输入类型"参数为例，该参数在寄存器中的存储地址为 0x00，采用 MCGS 指令操作时地址需要加 1，其读指令为：

```
!SetDevice(PID调节仪,6,"Read(4,1,WUB=L103C_tyPE)")
```

其写指令为：

```
!SetDevice(PID调节仪,6,"Write(4,1,WUB=L103C_tyPE)")
```

以上指令表示向"PID 调节仪"发送读与写指令，操作"4"区第"1"个寄存器，读时将读取的内容置于"L103C_tyPE"中，写时将"L103C_tyPE"内容写入对应的寄存器。

点击工具栏中"下载运行"按钮，选择"模拟"运行方式，依次点击"工程下载"和"启动运行"按钮，运行界面如图 9-12 所示。

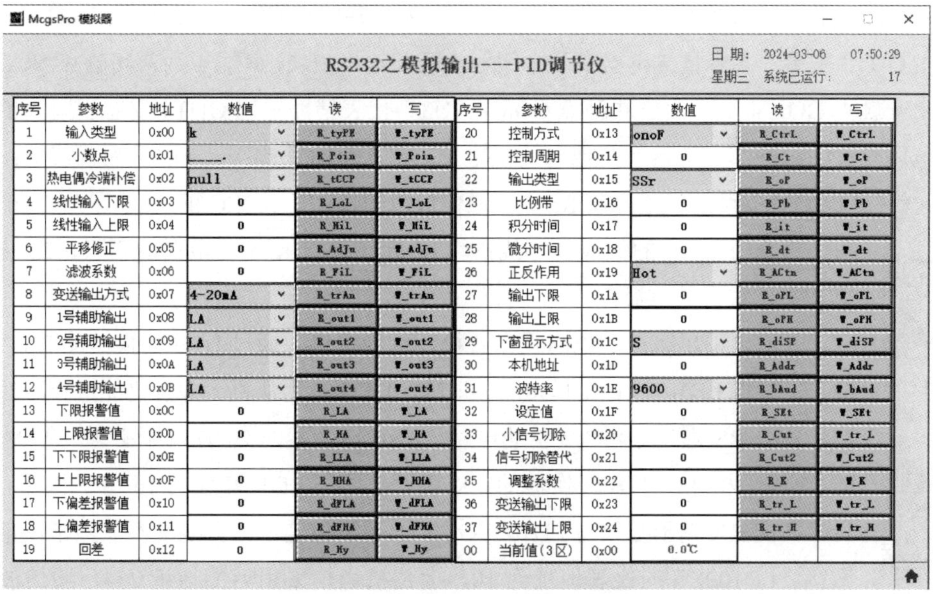

图 9-12　读取 LD103C 仪表参数界面图

第10章

RS-232 之数字输入——液位报警仪

10.1 液位报警仪

LD102EG仪
表介绍

亨立德 LD102EG-T2-R2C-R2C-U3-S2-NNN（以下简称 LD102EG）是一款液位报警仪。"102"代表报警仪；"E"表示仪表前面板宽 80mm，高 160 mm；"T2"表示辅助输出 OUT1 安装了光电隔离线性电流变送输出模块，12 端子接"+"，10 端子接"−"，如图 10-1 所示；第一个"R2C"代表辅助输出 OUT2 安装了大容量继电器常开常闭触点开关输出模块，9 端子为常闭触点，继电器未通电时为闭合状态，8 端子为常开触点，继电器未通电时为断开状态，7 端子为公共触点 COM；第二个"R2C"代表辅助输出 OUT3 安装了大容量继电器常开常闭触点开关输出模块，6 端子为常闭触点 NC，5 端子为常开触点 NO，4 端子为公共触点 COM；"U3"代表辅助输出 OUT4 安装了隔离的 24V 直流电压模块，给外部变送器或其他电路供电，3 端子为直流 24 V，1 端子为直流地；"S2"代表通信接口 COM 安装了光电隔离 RS-232 通信接口模块；LD102EG 的 13 端子与 14 端子分别连接交流 220V 的火线与零线；将 22 端子连接 K 型热电偶的正极，23 端子连接 K 型热电偶的负极。

LD102EG面
板参数设置

LD102EG端
子连线

上位机采用笔记本电脑或台式机，称为主机，通过 USB 转换器的 RS-232 接口与下位机 LD102EG 相连，下位机 LD102EG 称为从机，并且仅能进行一对一通信。由于 RS-232 采用单端驱动电路，USB 转换器的 GND 端子必须与 LD102EG 的 17 端子相连，USB 转换器的 TX 端子必须与 LD102EG 的 16 端子相连，USB 转换器的 RX 端子必须与 LD102EG 的 15 端子相连，三根线既不能接错，也不能漏接。LD102EG 的仪表地址为 10，上位机通信采用万能地址 254，通信波特率设为 9600 bit/s。

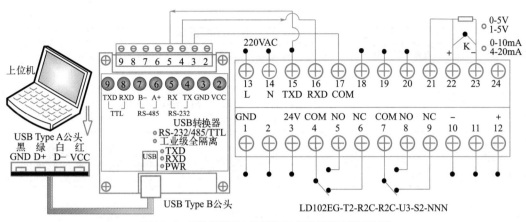

图 10-1　液位报警仪 LD102EG 通信线路连接示意图

10.1.1　仪表参数

液位报警仪 LD102EG 仪表参数列表如表 10-1 所示，当前值存储在第 3 区第 0 寄存器内，其他参数均存储在第 4 区，因此，在构造 Modbus RTU 指令时，读当前值 PV 对应的功能码为"04"，而读其他参数对应功能码为"03"。表 10-1 中发送指令的第 2 个字节为功能码，从发送指令可以明确看出，当前值 PV 采用的是 04 功能码，其他参数采用的是 03 功能码。

表 10-1　液位报警仪 LD102EG 仪表参数列表

参数	显示符号	寄存器地址（十六进制）	取值范围	说明	读参数 Modbus RTU 指令
当前值	无	0x00（3 区）	−999 ~ 9999	PV，当前显示值为 20.8℃	发送：FE 04 00 00 00 01 25 C5 接收：FE 04 02 00 D0 AC B8
输入类型	tyPE	0x00（4 区）	0→k; 1→S; 2→b; 3→t; 4→E; 5→J; 6→n; 7→E325; 8→Pt1b; 9→Cu50; 10→Cu1b; 11→_2_; 12→0-5; 13→1-5; 14→4-20; 15→0-10; 16→dP4	k：K 型热电偶; S：S 型热电偶; b：B 型热电偶; t：T 型热电偶; E：E 型热电偶; J：J 型热电偶; n：N 型热电偶; E325：W-Re3/25 热电偶; Pt1b：Pt100 热电阻; Cu50：Cu50 热电阻; Cu1b：Cu100 热电阻; _2_：热电阻预留输入类型; 0-5：0 ~ 5V; 1-5：1 ~ 5V; 4-20：4 ~ 20mA; 0-20：0 ~ 10mA; dP4：线性输入	发送：FE 03 00 00 00 01 90 05 接收：FE 03 02 00 09 6C 56
小数点	Poin	0x01	0→____; 1→___._; 2→__._; 3→_.___	当输入为温度时，测量值（PV）固定有一位小数点，与 Poin 设置无关。 个位：____; 十位：___._; 百位：__.___; 千位：_.___	发送：FE 03 00 01 00 01 C1 C5 接收：FE 03 02 00 01 6D 90

续表

参数	显示符号	寄存器地址（十六进制）	取值范围	说明	读参数 Modbus RTU 指令
热电偶冷端温度补偿方式	tCCP	0x02	0 → null； 1 → diod； 2 → Cu50	"diod" 表示仪表内测温元件补偿，补偿可测量仪表后部接线端附近温度，并以此对热电偶冷端进行补偿	发送：FE 03 00 02 00 01 31 C5 接收：FE 03 02 00 02 2D 91
线性输入或变送输出下限	LoL	0x03	-999 ~ 9999	线性输入的量程下限	发送：FE 03 00 03 00 01 60 05 接收：FE 03 02 00 DE 2C 08
线性输入或变送输出上限	HiL	0x04	-999 ~ 9999	线性输入的量程上限	发送：FE 03 00 04 00 01 D1 C4 接收：FE 03 02 11 30 A0 14
平移修正	AdJu	0x05	-99.9 ~ 999.9	AdJu 参数用于对测量的静态误差进行修正。AdJu 参数通常为 0，当有静态误差和特殊要求时才进行设置。当输入为温度时，小数点固定在十位	发送：FE 03 00 05 00 01 80 04 接收：FE 03 02 00 0D 6D 95
滤波系数	FiL	0x06	0 ~ 99	数字滤波使输入数据光滑，0 表示没有滤波，数值越大，响应越慢，测量值越稳定	发送：FE 03 00 06 00 01 70 04 接收：FE 03 02 00 04 AD 93
变送输出方式	trAn	0x07	0 → 4-20 mA； 1 → 0-10 mA	与 LoL、HiL 配合设置产生变送电流输出，trAn 表示电流输出的下限到上限	发送：FE 03 00 07 00 01 21 C4 接收：FE 03 02 00 01 6D 90
1 号辅助输出	out1	0x08			发送：FE 03 00 08 00 01 11 C7 接收：FE 03 02 00 02 2D 91
2 号辅助输出	out2	0x09	0 → LA； 1 → HA； 2 → LLA； 3 → HHA； 4 → dFLA； 5 → dFHA	辅助输出可以任意配置。 LA：下限报警； HA：上限报警； LLA：下下限报警； HHA：上上限报警； dFLA：负偏差报警； dFHA：正偏差报警	发送：FE 03 00 09 00 01 40 07 接收：FE 03 02 00 05 6C 53
3 号辅助输出	out3	0x0A			发送：FE 03 00 0A 00 01 B0 07 接收：FE 03 02 00 03 EC 51
4 号辅助输出	out4	0x0B			发送：FE 03 00 0B 00 01 E1 C7 接收：FE 03 02 00 01 6D 90
下限报警值	LA	0x0C	-999 ~ 9999	当 PV < LA 时，报警输出	发送：FE 03 00 0C 00 01 50 06 接收：FE 03 02 00 15 6D 9F
上限报警值	HA	0x0D	-999 ~ 9999	当 PV > HA 时，报警输出	发送：FE 03 00 0D 00 01 01 C6 接收：FE 03 02 00 0B ED 97
下下限报警值	LLA	0x0E	-999 ~ 9999	当 PV < LLA 时，报警输出	发送：FE 03 00 0E 00 01 F1 C6 接收：FE 03 02 00 06 2C 52
上上限报警值	HHA	0x0F	-999 ~ 9999	当 PV > HHA 时，报警输出	发送：FE 03 00 0F 00 01 A0 06 接收：FE 03 02 00 15 6D 9F
下偏差报警值	dFLA	0x10	-999 ~ 9999	当 SV-PV>dFLA 时，报警输出	发送：FE 03 00 10 00 01 91 C0 接收：FE 03 02 00 03 EC 51
上偏差报警值	dFHA	0x11	-999 ~ 9999	当 PV-SV>dFHA 时，报警输出	发送：FE 03 00 11 00 01 C0 00 接收：FE 03 02 00 14 AC 5F

续表

参数	显示符号	寄存器地址（十六进制）	取值范围	说明	读参数 Modbus RTU 指令
回差、死区、不灵敏区	Hy	0x12	0 ~ 2000	回差是控制和报警输出的缓冲量，用于避免因测量输入值波动而导致控制频繁变化或报警频繁产生 / 解除。当输入为温度时，小数点固定在十位	发送：FE 03 00 12 00 01 30 00 接收：FE 03 02 00 0C AC 55
小信号切除	Cut	0x13	-999 ~ 9999	用于切除测量中无效的小信号，当测量值小于该值时，测量的显示值采用 Cut2 设定的值。设定值为 0 时无效	发送：FE 03 00 13 00 01 61 C0 接收：FE 03 02 00 0C AC 55
小信号切除替代	Cut2	0x14	-999 ~ 9999	当测量值小于 Cut 设定值时，测量值的显示值。当 Cut 为 0 时无效	发送：FE 03 00 14 00 01 D0 01 接收：FE 03 02 00 0F EC 54
调整系数	K	0x15	0.000 ~ 2.000	斜率调整系数	发送：FE 03 00 15 00 01 81 C1 接收：FE 03 02 00 05 6C 53
变送输出下限	tr_L	0x16	-999 ~ 9999	变送输出的下限	发送：FE 03 00 16 00 01 71 C1 接收：FE 03 02 00 02 2D 91
变送输出上限	tr_H	0x17	-999 ~ 9999	变送输出的上限	发送：FE 03 00 17 00 01 20 01 接收：FE 03 02 13 8C A0 C5
本机地址	Addr	0x18	0 ~ 254	254：万能地址； 0 ~ 253：多从机时地址取不同值	发送：FE 03 00 18 00 01 10 02 接收：FE 03 02 00 0A 2C 57
波特率	bAud	0x19	0 → 2400； 1 → 4800； 2 → 9600； 3 → 192b	0：2400 bit/s； 1：4800 bit/s； 2：9600 bit/s； 3：19200 bit/s	发送：FE 03 00 19 00 01 41 C2 接收：FE 03 02 00 02 2D 91
设定值	SEt（SV）	0x1A	-999 ~ 9999	SV，目标设定值为 12.4℃	发送：FE 03 00 1A 00 01 B1 C2 接收：FE 03 02 00 7C AD B1

　　仪表参数以数值方式存放在 4 区的保持寄存器中。所谓保持寄存器是指断电仍然能保存数据的寄存器，如同硬盘和 U 盘。仪表寄存器中存放的是整型数据，而仪表面板显示的是对应符号，由于仪表面板为四位数码管，因此，能够显示的符号最多为四位。例如，tyPE 参数表示仪表连接传感器类型，当 tyPE 参数对应寄存器的值为 9 时，显示符号为 "Cu50"，代表铜 50 热电阻；trAn 参数表示仪表的变送输出方式，当 trAn 参数对应寄存器的值为 1 时，显示符号为 "0-10"，代表 0 ~ 10 mA 电流输出；bAud 参数为仪表的通信波特率，当 bAud 参数对应寄存器的值为 3 时，显示符号为 "192b"，代表波特率为 19200 bit/s。

（1）当前值

　　当前值是指仪表面板上方以红色数码管显示的四位实时测量值。从寄存器中获得的数据为整数，即不带小数点的数值，根据 Poin 参数设置的小数点位数决定显示在仪表面板上的数值。例如，从寄存器读取的数值为 281，Poin 参数设置为十位 "_ _ ¯._" 格式，即含有一位小数点，需要将从寄存器读取的值乘以 0.1，显示值为 28.1。

（2）仪表地址

笔记本电脑或台式机为主机，LD102EG 为从机，由于 LD102EG 采用 RS-232 电平，主机与从机只能进行一对一通信。LD102EG 的 Addr 参数设置为 10，主机与从机既可采用地址 10 通信，也可以采用万能地址 254 通信。

（3）通信波特率

主机与从机必须设置为相同的通信波特率才能进行通信。通信波特率存放在 4 区保持寄存器 25 中，对应十六进制为"0x19"。该内部寄存器存放的数据为 0 ~ 3。"0"对应 2400 bit/s，"1"对应 4800 bit/s，"2"对应 9600 bit/s，"3"对应 19200 bit/s。LD102EG 的 bAud 参数设为 2，即波特率为 9600 bit/s。

10.1.2 仪表参数 Modbus RTU 读指令

Modbus RTU
读写指令

主机与从机通信，必须构造 Modbus RTU 通信指令，指令最后两个字节为循环冗余校验码 CRC。CRC 为两个字节，低字节在前，高字节在后，如图 10-2 所示。在"循环冗余校验码 CRC"程序输入框中以空格为间隔输入十六进制"FE 03 00 1A 00 01"，点击"计算 CRC"按钮，程序自动识别要计算字节的个数，计算结果将低字节显示为"L[XX]"，高字节显示为"H[XX]"。本例"FE 03 00 1A 00 01"对应的 CRC 为 L[B1] H[C2]，即 B1 C2，完整的指令为"FE 03 00 1A 00 01 B1 C2"。

图 10-2　循环冗余校验码 CRC 计算结果展示图

主机向从机发送 Modbus RTU 读指令读取仪表参数的值，两者都需要构造 Modbus RTU 指令。仪表参数中有些参数为选择型参数，例如，"输入类型""小数点""热电偶冷端温度补偿方式""平移修正"和"滤波系数"等，这些参数对应第 4 区保持寄存器，用户在仪表面板选择的显示值映射为寄存器中的数值。以"小数点"为例，当选择"_ ¯ . _ _"时，对应保持寄存器的内容为"2"，其读指令为"FE 03 00 01 00 01 C1 C5"。读指令的第 1 个字节代表仪表地址，采用万能地址 254，转化为十六进制为"FE"；第 2 个字节为功能码，"03"代表读保持寄存器的值；第 3 个字节为"00"，第 4 个字节为"01"，两个字节合在一起为"0001"，表示要读取数据所在寄存器的起始地址为"0001"；第 5 个字节为"00"，第 6 个字节为"01"，两个字节合并在一起为"0001"，表示数据的长度为 1 个字，一个字包括两个字节；第 7 个与第 8 个字节为前面 6 个字节的 CRC，第 7 个字节对应 CRC 的低字节，第 8 个字节对应 CRC 的高字节。主机发送的指令称为问询帧，从机接收指令后回复主机的指令称为应答帧。此处应答帧为"FE 03 02 00 02 2D 91"。其前两个字节与问询帧相同；第 3 个字节"02"表示返回的数据字节个数为 2；第 3 个字节后紧接着是数据的内容，其字节个数与第 3 个字节数目一致，由于字节数为 2，所以后面第 4 个字节与第 5 个字节为数据，其值为"0002"，代表保持寄存器内的内容为 2，对应两位小数点显示格式；最后两个字节为 CRC，仍然是按低字节在前、高字节在后的顺序排列。表 10-2 为读取当前值和设定值指令解析表，表中给出了各个仪表参数读指令和返回指令，这些指令的共同点是读取寄存器个数为 1，也可以一次读取多个寄存器，需要改变第 5 个字节和第 6 个字节的数值，修改为需要读取寄存器的个数。

表 10-2　液位报警仪 LD102EG 读指令解析表

指令功能	字段	含义	备注
读当前值	问询帧：FE 04 00 00 00 01 25 C5 功　能：读当前值		
	FE	仪表地址	仪表地址为 254
	04	功能码	读输入寄存器
	00 00	寄存器地址	当前值存放在第 0000 个寄存器
	00 01	寄存器个数	读取 1 寄存器的内容
	25 C5	CRC	前 6 个字节数据的 CRC
	应答帧：FE 04 02 01 19 6D 7E		
	FE	仪表地址	仪表地址为 254
	04	功能码	读输入寄存器
	02	返回字节数	返回 2 个字节
	01 19	返回内容	寄存器的内容为 0119，表示当前值为 281
	6D 7E	CRC	前 6 个字节数据的 CRC
读取设定值	问询帧：FE 03 00 1A 00 01 B1 C2 功　能：读取面板设定值		
	FE	仪表地址	仪表地址为 254
	03	功能码	读保持寄存器
	00 1A	寄存器地址	第 26 个寄存器的起始地址
	00 01	寄存器个数	读取 1 个寄存器
	B1 C2	CRC	前 6 个字节数据的 CRC
	应答帧：FE 03 02 00 7C AD B1		
	FE	仪表地址	仪表地址为 254
	03	功能码	读保持寄存器
	02	返回字节数	返回 2 个字节
	00 7C	寄存器内容	007C 对应十进制为 124
	AD B1	CRC	前 6 个字节数据的 CRC

　　采用 SSCOM 串口 / 网络数据调试器，如图 10-3 所示，设置通信参数为"9600 bps，8，1，None，None"，即波特率为 9600 bit/s，8 位数据位，1 位停止位，无奇偶校验，无流控制。在调试器软件右侧窗格中输入读指令，点击窗格右侧"读滤波系数""读变送输出方式"和"读下限报警值"等按钮发送，图 10-3 左上侧即为 LD102EG 读指令的应答帧。

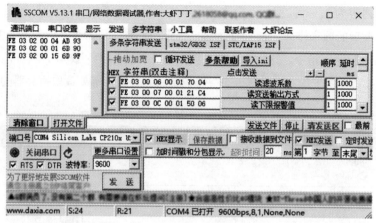

图 10-3　主机向 LD102EG 从机发送读指令问询帧与应答帧展示图

10.1.3　仪表参数 Modbus RTU 写指令

表 10-3 为液位报警仪 LD102EG 仪表写参数 Modbus RTU 指令列表，由于各参数在仪表面板上显示为四位符号，而在寄存器中存储为对应数值，因此，写指令需要根据数值进行操作。以"设定值"为例，将设定值设为"23.6"，对应寄存器的值为 236，转换为十六进制为"00EC"。LD102EG 的本机地址为 10，此处采用万能通信地址 254，转化为十六进制为"FE"，指令的第 1 个字节为"FE"；第 2 个字节代表功能码，对单个保持寄存器写入采用"06"；第 3 个字节与第 4 个字节代表要写入的寄存器地址，"设定值"对应"001A"寄存器，因此，第 3 个字节为"00"，第 4 个字节也为"1A"；第 5 个字节和第 6 个字节表示要写入的内容，此处为"00 EC"；最后两个字节为 CRC，第 7 个字节为 CRC 低字节，第 8 个字节为 CRC 高字节；完整发送指令为"FE 06 00 1A 00 EC BD 8F"，返回指令与发送指令相同。

表 10-3　液位报警仪 LD102EG 仪表写参数 Modbus RTU 指令列表

参数	显示符号	寄存器地址（十六进制）	取值范围	写入值	写参数 Modbus RTU 指令
输入类型	tyPE	0x00（4区）	0→k; 1→S; 2→b; 3→t; 4→E; 5→J; 6→n; 7→E325; 8→Pt1b; 9→Cu50; 10→Cu1b; 11→_2_; 12→0-5; 13→1-5; 14→4-20; 15→0-10; 16→dP4	设定为"1-5"直流电压输入，对应数字为 13	发送: FE 06 00 00 00 0D 5C 00 接收: FE 06 00 00 00 0D 5C 00

续表

参数	显示符号	寄存器地址（十六进制）	取值范围	写入值	写参数 Modbus RTU 指令
小数点	Poin	0x01	0 → _ _ _ _.; 1 → _ _ _._; 2 → _ _ ._ _; 3 → _ ._ _ _	小数点位数设定为 3 位，对应数字为 3	发送：FE 06 00 01 00 03 8C 04 接收：FE 06 00 01 00 03 8C 04
热电偶冷端温度补偿方式	tCCP	0x02	0 → null; 1 → diod; 2 → Cu50	将冷端补偿设为 Cu50 热电阻，对应数字为 2	发送：FE 06 00 02 00 02 BD C4 接收：FE 06 00 02 00 02 BD C4
线性输入或变送输出下限	LoL	0x03	-999 ~ 9999	线性输入下限设为 30，30 转换为十六进制为"1E"	发送：FE 06 00 03 00 1E ED CD 接收：FE 06 00 03 00 1E ED CD
线性输入或变送输出上限	HiL	0x04	-999 ~ 9999	线性输入上限设为 8866，8866 转换为十六进制为"22A2"	发送：FE 06 00 04 22 A2 45 1D 接收：FE 06 00 04 22 A2 45 1D
平移修正	AdJu	0x05	-99.9 ~ 999.9	平移修正设为 27，27 转换为十六进制为"1B"	发送：FE 06 00 05 00 1B CD CF 接收：FE 06 00 05 00 1B CD CF
滤波系数	FiL	0x06	0 ~ 99	滤波系数为 13，13 转换为十六进制为"0D"	发送：FE 06 00 06 00 0D BC 01 接收：FE 06 00 06 00 0D BC 01
变送输出方式	trAn	0x07	0 → 4-20 mA; 1 → 0-10 mA	变送输出方式选"4 - 20 mA"，对应数字为 0	发送：FE 06 00 07 00 00 2C 04 接收：FE 06 00 07 00 00 2C 04
1 号辅助输出	out1	0x08	0 → LA; 1 → HA; 2 → LLA; 3 → HHA; 4 → dFLA; 5 → dFHA	1 号辅助输出设为"LLA"，对应数字为 2	发送：FE 06 00 08 00 02 9D C6 接收：FE 06 00 08 00 02 9D C6
2 号辅助输出	out2	0x09		2 号辅助输出设为"HHA"，对应数字为 3	发送：FE 06 00 09 00 03 0D C6 接收：FE 06 00 09 00 03 0D C6
3 号辅助输出	out3	0x0A		3 号辅助输出设为"dFLA"，对应数字为 4	发送：FE 06 00 0A 00 04 BC 04 接收：FE 06 00 0A 00 04 BC 04
4 号辅助输出	out4	0x0B		4 号辅助输出设为"dFHA"，对应数字为 5	发送：FE 06 00 0B 00 05 2C 04 接收：FE 06 00 0B 00 05 2C 04
下限报警值	LA	0x0C	-999 ~ 9999	下限报警值设为 188，对应十六进制为"BC"	发送：FE 06 00 0C 00 BC 5C 77 接收：FE 06 00 0C 00 BC 5C 77
上限报警值	HA	0x0D	-999 ~ 9999	上限报警值设为 222，对应十六进制为"DE"	发送：FE 06 00 0D 00 DE 8C 5E 接收：FE 06 00 0D 00 DE 8C 5E
下下限报警值	LLA	0x0E	-999 ~ 9999	下下限报警值设为 166，对应十六进制为"A6"	发送：FE 06 00 0E 00 A6 7C 7C 接收：FE 06 00 0E 00 A6 7C 7C
上上限报警值	HHA	0x0F	-999 ~ 9999	上上限报警值设为 233，对应十六进制为"E9"	发送：FE 06 00 0F 00 E9 6C 48 接收：FE 06 00 0F 00 E9 6C 48
下偏差报警值	dFLA	0x10	-999 ~ 9999	下偏差报警值设为 4，对应十六进制为"04"	发送：FE 06 00 10 00 04 9D C3 接收：FE 06 00 10 00 04 9D C3
上偏差报警值	dFHA	0x11	-999 ~ 9999	上偏差报警值设为 3，对应十六进制为"03"	发送：FE 06 00 11 00 03 8D C1 接收：FE 06 00 11 00 03 8D C1
回差、死区、不灵敏区	Hy	0x12	0 ~ 2000	回差设为 2，对应十六进制为"02"	发送：FE 06 00 12 00 02 BC 01 接收：FE 06 00 12 00 02 BC 01

续表

参数	显示符号	寄存器地址（十六进制）	取值范围	写入值	写参数 Modbus RTU 指令
小信号切除	Cut	0x13	−999 ~ 9999	小信号切除设为 14，对应十六进制为"0E"	发送：FE 06 00 13 00 0E ED C4 接收：FE 06 00 13 00 0E ED C4
小信号切除替代	Cut2	0x14	−999 ~ 9999	小信号切除替代设为 15，对应十六进制为"0F"	发送：FE 06 00 14 00 0F 9D C5 接收：FE 06 00 14 00 0F 9D C5
调整系数	K	0x15	0.000 ~ 2.000	调整系数设为 0.007，对应数字为 7	发送：FE 06 00 15 00 07 CD C3 接收：FE 06 00 15 00 07 CD C3
变送输出下限	tr_L	0x16	−999 ~ 9999	变送输出下限设为 26，对应十六进制为"1A"	发送：FE 06 00 16 00 1A FD CA 接收：FE 06 00 16 00 1A FD CA
变送输出上限	tr_H	0x17	−999 ~ 9999	变送输出上限设为 6886，对应十六进制为"1AE6"	发送：FE 06 00 17 1A E6 A7 2B 接收：FE 06 00 17 1A E6 A7 2B
本机地址	Addr	0x18	0 ~ 254	本机地址设为 10，对应十六进制为"0A"	发送：FE 06 00 18 00 0A 9D C5 接收：FE 06 00 18 00 0A 9D C5
波特率	bAud	0x19	0 → 2400； 1 → 4800； 2 → 9600； 3 → 192b	波特率设为 9600 bit/s，对应十六进制为"2"	发送：FE 06 00 19 00 02 CD C3 接收：FE 06 00 19 00 02 CD C3
设定值	SEt（SV）	0x1A	−999 ~ 9999	设定值为 236，对应十六进制为"00EC"	发送：FE 06 00 1A 00 EC BD 8F 接收：FE 06 00 1A 00 EC BD 8F

10.2 MCGS 组态

界面组态

本例采用 K 型热电偶模拟液位传感器，LD102EG 仪表的"tyPE"参数设为"k"；当"tyPE"参数设为热电偶输入时，"Poin"参数自动设为一位小数；"LoL"参数设为"0"；"HiL"参数设为"1000"，由于小数点位数为 1，则"HiL"参数对应仪表面板显示值为"100.0"。室温为 20 ℃左右，因此，仪表面板蓝色光柱停留在 20% 附近，当热电偶靠近热水杯时，测得的温度升高，对应蓝色光柱也随之上升，在 MCGS 界面上重现该过程，并根据上限、下限等参数设定值控制四路输出的打开与闭合，从组态界面和仪表面板均能同步反映内部运算逻辑。

10.2.1 窗口关联与数据库

在"工作台"窗体选择"用户窗口"属性页，选中"public"窗口，如图 10-4 中①所示，在"编辑（E）"下拉菜单中选择"拷贝（C）"命令②，再选择"粘贴（V）"命令③，在用户窗口生成新的窗体"public_复件 1"④，点击"窗口属性"⑤，弹出"用户窗口属性设置"对话框，在"窗口名称"内输入"第 10 章 _LD102EG"⑥，点击"确认（Y）"完成新窗体"第 10 章 _LD102EG"⑦的创建。

如图 10-5 所示，在"目录"用户窗口双击"第 10 章"按钮①，弹出"标准按钮构件属性设置"对话框,点击"操作属性"属性页,勾选"打开用户窗口",在后面下拉列表中选择"第 10 章_LD102EG"用户窗口,勾选"关闭用户窗口",在后面下拉列表中选择"目录"用户窗口②。

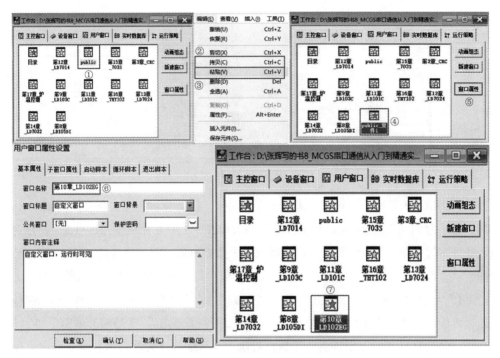

图 10-4　新建窗口过程示意图

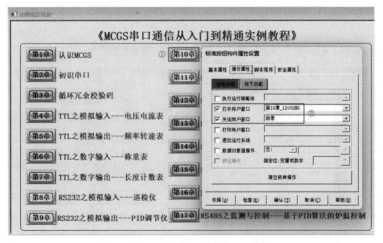

图 10-5　按钮向下关联窗口示意图

向用户窗口"第 10 章_LD102EG"拷入一个上箭头"🏠"构件,如图 10-6 所示①,双击该构件,在"标准按钮构件属性设置"对话框中选择"操作属性"属性页,勾选"打开用户窗口",在后面下拉列表中选择"目录"用户窗口,勾选"关闭用户窗口",在后面下拉列表中选择"第 10 章_LD102EG"用户窗口②。这样,上级窗口"目录"与下级窗口"第 10 章_LD102EG"实现了关联。

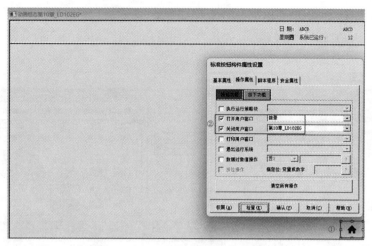

图 10-6　按钮向上关联目录窗口示意图

为了与其他仪表数据对象区别，采用"仪表型号 _ 仪表参数"形式命名。例如，下限报警值参数符号为"LA"，对应数据对象名称为"LD102EG_LA"。用鼠标左键点击"新增对象"按钮，在"实时数据库"属性页底端自动增加一个数据对象。双击该数据对象，弹出图 10-7右侧图所示"数据对象属性设置"对话框，在"对象名称"后面输入框中输入数据对象名称，"对象初值"一般设为 0，"对象类型"设为"整数"，点击"确认（Y）"完成一个数据对象的创建。再依次创建"设定值""1 号辅助输出""2 号辅助输出""3 号辅助输出""4 号辅助输出""上限报警值""下限报警值"等数据对象，在后续构件关联与组态脚本程序中使用。"LD102EG_out1_Flag"对应"OUT1"输出端状态。当 LD102EG_out1_Flag 值为 1 时，输出线圈供电；当 LD102EG_out1_Flag 值为 0 时，输出线圈断电。

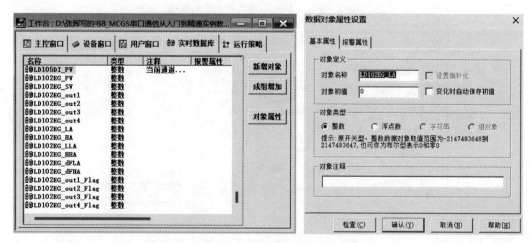

图 10-7　新增 LD102EG 仪表数据对象示意图

10.2.2　设备组态

在"工作台"窗体选择"设备窗口"属性页，双击属性页中的"设备窗口"，如图 10-8中①所示；此时，在"查看 (V)"菜单中点击下拉项中的"设备工具箱 (E)"②，弹出"设备工具箱"③；双击已有的"通用串口父设备 1--[RS-232]"④，弹出"通用串口设备属性编辑"对话框，按⑤所示将串口号改为 COM4，波特率改为 9600 bit/s，与 LD102EG 相一致；再从"设备工具箱"中选择"ModbusRTU_ 串口"⑥放入"通用串口父设备 1--[RS-232]"形成子设备⑦，双击该图标，将"设备名称"改为"液位显示仪"⑧，"设备地址"设为 10 ⑨，"设备注释"改为"LD102EG"，"校验数据字节序"设为"0-LH[低字节，高字节]"⑩。完成串口设备组态，程序运行时，通过 SetDevice 函数中的"Read"和"Write"指令操作串口设备。

图 10-8　液位报警仪 LD102EG 设备窗口组态界面图

10.2.3　报表与按钮

如图 10-9 所示，在"工具栏"中点击"工具箱"按钮①，在弹出的"工具箱"中选择"报表"按钮②，将新建的"报表"构件放入"第 10 章 _LD102EG"窗体中，

程序脚本

	C1	C2	C3	C4	C5	C6
R1	符号	参数	地址	数值	读	写
R2	Out1	1号辅助输出	0x08			
R3	Out2	2号辅助输出③	0x09			
R4	Out3	3号辅助输出	0x0A			
R5	Out4	4号辅助输出	0x0B			
R6	LA	下限报警值	0x0C			
R7	HA	上限报警值	0x0D			
R8	LLA	下下限报警值	0x0E		②	
R9	HHA	上上限报警值	0x0F			
R10	dFLA	下偏差报警值	0x10			
R11	dFHA	上偏差报警值	0x11			

图 10-9　MCGS 报表设计界面

双击"报表"构件，向其中输入表头，以及各行符号、参数和地址等内容③，完成 MCGS 报表界面设计。液位报警主要涉及各个输出端口的参数设置及报警数值。例如，在"OUT1"输出端设置为"LA"参数，即"OUT1"输出端为下限报警，下限报警值由"LA"参数数值确定。

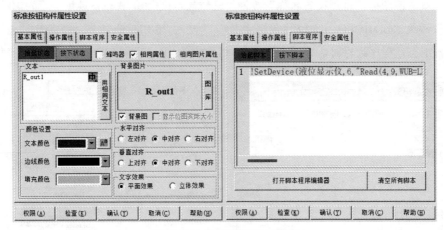

图 10-10　标准按钮制作流程图

在"工作台"窗体选择"用户窗口"属性页，双击"第 10 章 _LD102EG"图标进入窗体，在"工具栏"窗口中点击"工具箱"图标，在弹出的"工具箱"窗口中点击"标准按钮"，向"第 10 章 _LD102EG"窗体添加标准按钮，双击该按钮，弹出"标准按钮构件属性设置"对话框，如图 10-10 所示。在"基本属性"属性页中对应的"文本"中输入参数的名字"R_out1"，表示读"out1"参数；在"脚本程序"属性页中输入对应的脚本代码"!SetDevice（液位显示仪，6,"Read（4,9,WUB=LD102EG_out1)"）"，完成读按钮的设置。同理，向"第 10 章 _LD102EG"窗体添加标准按钮，新建其他读写按钮，各按钮对应 MCGS 脚本如表 10-4 所示。

表 10-4　液位报警仪 LD102EG 仪表部分参数 MCGS 指令列表

参数	显示符号	寄存器地址（十六进制）	取值范围	按钮	MCGS 指令
1 号辅助输出	out1	0x08		读	!SetDevice(液位显示仪 ,6,"Read(4,9,WUB=LD102EG_out1)")
				写	!SetDevice(液位显示仪 ,6,"Write(4,9,WUB=LD102EG_out1)")
2 号辅助输出	out2	0x09	0→LA; 1→HA; 2→LLA; 3→HHA; 4→dFLA; 5→dFHA	读	!SetDevice(液位显示仪 ,6,"Read(4,10,WUB=LD102EG_out2)")
				写	!SetDevice(液位显示仪 ,6,"Write(4,10,WUB=LD102EG_out2)")
3 号辅助输出	out3	0x0A		读	!SetDevice(液位显示仪 ,6,"Read(4,11,WUB=LD102EG_out3)")
				写	!SetDevice(液位显示仪 ,6,"Write(4,11,WUB=LD102EG_out3)")
4 号辅助输出	out4	0x0B		读	!SetDevice(液位显示仪 ,6,"Read(4,12,WUB=LD102EG_out4)")
				写	!SetDevice(液位显示仪 ,6,"Write(4,12,WUB=LD102EG_out4)")
下限报警值	LA	0x0C	-999 ~ 9999	读	!SetDevice(液位显示仪 ,6,"Read(4,13,WUB=LD102EG_LA)")
				写	!SetDevice(液位显示仪 ,6,"Write(4,13,WUB=LD102EG_LA)")

续表

参数	显示符号	寄存器地址（十六进制）	取值范围	按钮	MCGS 指令
上限报警值	HA	0x0D	-999 ~ 9999	读	!SetDevice(液位显示仪 ,6,"Read(4,14,WUB=LD102EG_HA)")
				写	!SetDevice(液位显示仪 ,6,"Write(4,14,WUB=LD102EG_HA)")
下下限报警值	LLA	0x0E	-999 ~ 9999	读	!SetDevice(液位显示仪 ,6,"Read(4,15,WUB=LD102EG_LLA)")
				写	!SetDevice(液位显示仪 ,6,"Write(4,15,WUB=LD102EG_LLA)")
上上限报警值	HHA	0x0F	-999 ~ 9999	读	!SetDevice(液位显示仪 ,6,"Read(4,16,WUB=LD102EG_HHA)")
				写	!SetDevice(液位显示仪 ,6,"Write(4,16,WUB=LD102EG_HHA)")
下偏差报警值	dFLA	0x10	-999 ~ 9999	读	!SetDevice(液位显示仪 ,6,"Read(4,17,WUB=LD102EG_dFLA)")
				写	!SetDevice(液位显示仪 ,6,"Write(4,17,WUB=LD102EG_dFLA)")
上偏差报警值	dFHA	0x11	-999 ~ 9999	读	!SetDevice(液位显示仪 ,6,"Read(4,18,WUB=LD102EG_dFHA)")
				写	!SetDevice(液位显示仪 ,6,"Write(4,18,WUB=LD102EG_dFHA)")

10.2.4 标签与组合框

在"工作台"窗体属性页窗口中选择"用户窗口"，双击"第 10 章 _LD102EG"图标进入窗体，在"工具栏"窗口中点击"工具箱"图标，在弹出的"工具箱"窗口中点击"标签"按钮，向"第 10 章 _LD102EG"窗体添加标签。如图 10-11 所示，在"标签动画组态属性设置"对话框"属性设置"属性页中设置"填充颜色"为白色，"边线颜色"为黑色，"字符颜色"为绿色，"边线线型"为最细线，在"输入输出连接"中勾选"显示输出"与"按钮输入"两项；以"设定值"参数为例，在"显示输出"属性页的"表达式"中输入"LD102EG_SV*0.1"；在"按钮输入"属性页的"对应数据对象的名称"中关联"LD102EG_SV"数据对象。该标签将用户输入的内容传递给"LD102EG_SV"数据对象，同时，从仪表内存读入到"LD102EG_SV"的内容显示在该标签。

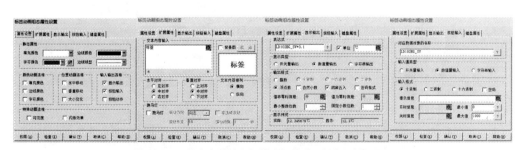

图 10-11 仪表参数输入与输出标签动画组态属性设置图

在"工作台"窗体属性页窗口中选择"用户窗口"，双击"第 10 章 _LD102EG"图标进入窗体，在"工具栏"窗口中点击"工具箱"图标，在弹出的"工具箱"窗口中点击"组合框"按钮，向"第 10 章 _LD102EG"窗体添加组合框。在"组合框属性编辑"对话框"基本属性"属性页中按图 10-12 所示设置"奇行背景""偶行背景"和"文本颜色"等属性,以"1号辅助输出"参数为例,将"序号关联"与"LD102EG_out1"数据对象关联;在"选项设置"属性页中选择"静态选项",并通过"添加"按钮添加"LA""HA""LLA""HHA""dFLA"和"dFHA"等内容。其他诸如"2 号辅助输出""3 号辅助输出"和"4 号辅助输出"等仪表参数也按上述方式设置对应组合框。

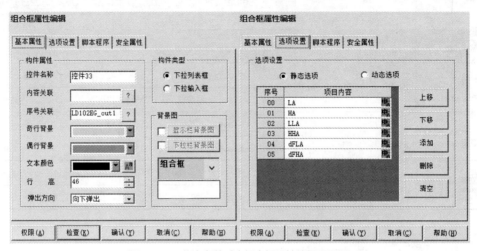

图 10-12　仪表参数对应组合框属性编辑界面图

10.2.5　运行策略

策略组态

如图 10-13 所示,在"工作台"窗体属性页窗口中选择"运行策略"①,点击右侧的"新建策略"按钮②,在弹出的"选择策略的类型"中选择"事件策略",点击"确认 (Y)"按钮后生成新的策略。点击"策略属性"按钮弹出"策略属性设置"对话框,在"事件策略属性"③中"数据对象"后面的输入框中输入"LD102EG_SV"④,或点击右侧的"?"按钮从中选择实时数据库中的数据对象,在"策略内容注释"中输入"用户设定值发生改变时写仪表寄存器"⑤作为备注,"执行条件"选择"数

图 10-13　新建运行策略过程示意图

据对象值有改变时，执行一次"，点击"确认 (Y)"按钮完成"用户设定值发生改变时写仪表寄存器"事件策略⑥的属性设置。右键点击"用户设定值发生改变时写仪表寄存器"图标⑦，在弹出菜单中选择"新增策略行 (A)"选项，双击"脚本程序"⑧，在脚本程序框中输入脚本⑨：

```
!SetDevice(液位显示仪,6,"Write(4,27,WUB=LD102EG_SV)")
```

双击"第 10 章 _LD102EG"图标进入窗体，在右侧灰色区域中双击鼠标左键，弹出"用户窗口属性设置"对话框，在"启动脚本"中输入以下脚本：

```
'读取各通道的参数值
!SetDevice(液位显示仪,6,"Read(4,27,WUB=LD102EG_SV)")
!SetDevice(液位显示仪,6,"Read(4,9,WUB=LD102EG_out1)")
!SetDevice(液位显示仪,6,"Read(4,10,WUB=LD102EG_out2)")
!SetDevice(液位显示仪,6,"Read(4,11,WUB=LD102EG_out3)")
!SetDevice(液位显示仪,6,"Read(4,12,WUB=LD102EG_out4)")
!SetDevice(液位显示仪,6,"Read(4,13,WUB=LD102EG_LA)")
!SetDevice(液位显示仪,6,"Read(4,14,WUB=LD102EG_HA)")
!SetDevice(液位显示仪,6,"Read(4,15,WUB=LD102EG_LLA)")
!SetDevice(液位显示仪,6,"Read(4,16,WUB=LD102EG_HHA)")
!SetDevice(液位显示仪,6,"Read(4,17,WUB=LD102EG_dFLA)")
!SetDevice(液位显示仪,6,"Read(4,18,WUB=LD102EG_dFHA)")
```

在"循环脚本"中输入以下脚本：

```
'读取当前值
!SetDevice(液位显示仪,6,"Read(3,1,WUB=LD102EG_PV)")

'第1路输出out1
if(LD102EG_out1=0)THEN
    LD102EG_out1_Flag=(LD102EG_PV<LD102EG_LA)
else
    if(LD102EG_out1=1)then
        LD102EG_out1_Flag=(LD102EG_PV>LD102EG_HA)
    else
        if(LD102EG_out1=2)then
            LD102EG_out1_Flag=(LD102EG_PV<LD102EG_LLA)
        else
            if(LD102EG_out1=3)then
                LD102EG_out1_Flag=(LD102EG_PV>LD102EG_HHA)
            else
                if(LD102EG_out1=4)then
                    LD102EG_out1_Flag=((LD102EG_SV-LD102EG_PV)>LD102EG_dFLA)
                else
                    LD102EG_out1_Flag=((LD102EG_PV-LD102EG_SV)>LD102EG_dFHA)
                endif
            endif
        endif
    endif
endif

'第2路输出out2
if(LD102EG_out2=0)THEN
    LD102EG_out2_Flag=(LD102EG_PV<LD102EG_LA)
```

```
else
    if(LD102EG_out2=1)then
        LD102EG_out2_Flag=(LD102EG_PV>LD102EG_HA)
    else
        if(LD102EG_out2=2)then
            LD102EG_out2_Flag=(LD102EG_PV<LD102EG_LLA)
        else
            if(LD102EG_out2=3)then
                LD102EG_out2_Flag=(LD102EG_PV>LD102EG_HHA)
            else
                if(LD102EG_out2=4)then
                    LD102EG_out2_Flag=((LD102EG_SV-LD102EG_PV)>LD102EG_dFLA)
                else
                    LD102EG_out2_Flag=((LD102EG_PV-LD102EG_SV)>LD102EG_dFHA)
                endif
            endif
        endif
    endif
endif

'第3路输出out3
if(LD102EG_out3=0)THEN
    LD102EG_out3_Flag=(LD102EG_PV<LD102EG_LA)
else
    if(LD102EG_out3=1)then
        LD102EG_out3_Flag=(LD102EG_PV>LD102EG_HA)
    else
        if(LD102EG_out3=2)then
            LD102EG_out3_Flag=(LD102EG_PV<LD102EG_LLA)
        else
            if(LD102EG_out3=3)then
                LD102EG_out3_Flag=(LD102EG_PV>LD102EG_HHA)
            else
                if(LD102EG_out3=4)then
                    LD102EG_out3_Flag=((LD102EG_SV-LD102EG_PV)>LD102EG_dFLA)
                else
                    LD102EG_out3_Flag=((LD102EG_PV-LD102EG_SV)>LD102EG_dFHA)
                endif
            endif
        endif
    endif
endif

'第4路输出out4
if(LD102EG_out4=0)THEN
    LD102EG_out4_Flag=(LD102EG_PV<LD102EG_LA)
else
    if(LD102EG_out4=1)then
        LD102EG_out4_Flag=(LD102EG_PV>LD102EG_HA)
    else
        if(LD102EG_out4=2)then
            LD102EG_out4_Flag=(LD102EG_PV<LD102EG_LLA)
        else
            if(LD102EG_out4=3)then
```

```
            LD102EG_out4_Flag=(LD102EG_PV>LD102EG_HHA)
        else
            if(LD102EG_out4=4)then
                LD102EG_out4_Flag=((LD102EG_SV-LD102EG_PV)>LD102EG_dFLA)
            else
                LD102EG_out4_Flag=((LD102EG_PV-LD102EG_SV)>LD102EG_dFHA)
            endif
        endif
    endif
  endif
endif
```

点击工具栏中"下载运行"按钮，选择"模拟"运行方式，依次点击"工程下载"和"启动运行"按钮，运行界面如图 10-14 所示。

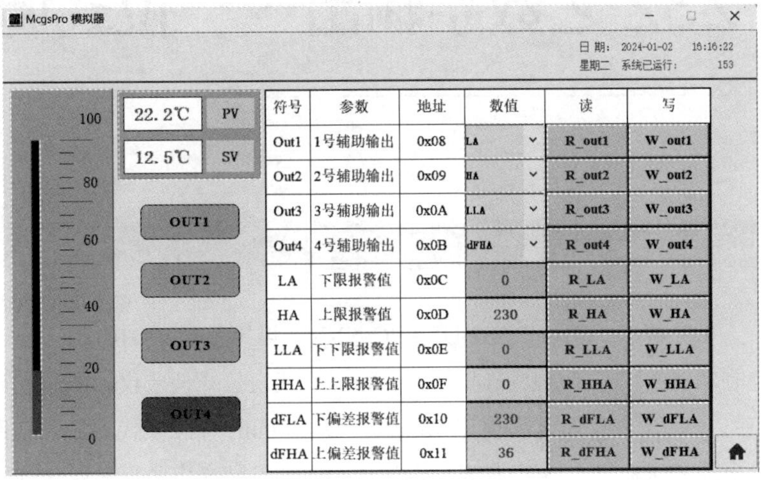

图 10-14　LD102EG 运行界面显示图

第11章

RS-232 之数字输出——位式调节仪

11.1 位式调节仪

LD101C仪表
介绍

LD101C端子
连线

亨立德 LD101C-T2-S2-U3-R2C-NNN（以下简称 LD101C）是一款具有开关控制功能的仪表，如图 11-1 所示。"101"代表位式调节仪，即通过开与关控制输出；"C"代表仪表前面板宽 96 mm，高 48 mm；"T2"代表仪表辅助输出 OUT1为电流变送输出；"S2"代表辅助输出 OUT2 安装光电隔离 RS-232 通信接口模块；"U3"代表辅助输出 OUT3 安装隔离的 24V 直流电压模块，给外部变送器或其他电路供电，3 端子为直流 24 V，4 端子为直流地 GND（grand）；"R2C"代表辅助输出 OUT4 安装 3 A 大容量继电器常开常闭触点开关输出模块，9 端子连接继电器公共端 COM，10 端子连接继电器常开触点 NO，11 端子连接继电器常闭触点

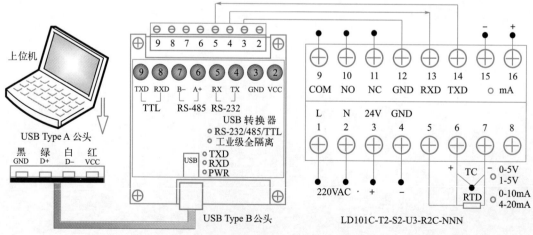

图 11-1　位式调节仪 LD101C 通信线路连接示意图

NC，9 端子与 10 端子在继电器未通电时为断开状态，9 端子与 11 端子在继电器未通电时为闭合状态；LD101C 的 1 端子与 2 端子分别连接交流 220V 的火线与零线；将 6 端子连接 K 型热电偶的正极，7 端子连接 K 型热电偶的负极。

上位机采用笔记本电脑或台式机，称为主机，通过 USB 转换器的 RS-232 接口与下位机 LD101C 相连，下位机 LD101C 称为从机，主机与从机仅能进行一对一通信。由于 RS-232 为单端驱动电路，USB 转换器的 GND 端子 3 必须与 LD101C 的 12 端子相连，USB 转换器的 TX 端子 4 必须与 LD101C 的 13 端子相连，USB 转换器的 RX 端子 5 必须与 LD101C 的 14 端子相连，三根线既不能接错，也不能漏接。LD101C 的仪表地址为 4，也可以采用万能地址 254，通信波特率为 9600 bit/s。

11.1.1 仪表参数

表 11-1 为位式调节仪 LD101C 仪表参数列表。当前值存储在第 3 区第 0 输入寄存器内，其他参数均存储在第 4 区保持寄存器内，因此，在构造 Modbus RTU 指令时，读当前值 PV 对应的功能码为"04"，而读其他参数对应功能码为"03"，在表 11-1 中发送与接收指令的第二个字节与功能码对应。仪表参数以数值方式存

仪表参数

表 11-1 位式调节仪 LD101C 仪表参数列表

参数	显示符号	寄存器地址（十六进制）	取值范围	说明	读参数 Modbus RTU 指令
当前值	无	0x00（3区）	-999 ~ 9999	PV，当前显示值为19.6℃	发送：FE 04 00 00 00 01 25 C5 接收：FE 04 02 00 C4 AC B7
输入类型	tyPE	0x00（4区）	0→k; 1→S; 2→b; 3→t; 4→E; 5→J; 6→n; 7→_1_; 8→Pt1b; 9→Cu50; 10→Cu1b; 11→_2_; 12→0-5; 13→1-5; 14→4-20; 15→0-10; 16→_3_	k：K 型热电偶; S：S 型热电偶; b：B 型热电偶; t：T 型热电偶; E：E 型热电偶; J：J 型热电偶; n：N 型热电偶; _1_：热电偶预留输入类型; Pt1b：Pt100 热电阻; Cu50：Cu50 热电阻; Cu1b：Cu100 热电阻; _2_：热电阻预留输入类型; 0-5：0 ~ 5 V; 1-5：1 ~ 5 V; 4-20：4 ~ 20 mA; 0-10：0 ~ 10 mA; _3_：线性输入预留输入类型	发送：FE 03 00 00 00 01 90 05 接收：FE 03 02 00 00 AC 50
小数点	Poin	0x01	0→____; 1→___·_; 2→__·__; 3→_·___	当输入为温度时，测量值（PV）固定有一位小数点，与 Poin 设置无关。 个位：____; 十位：___·_; 百位：__·__; 千位：_·___	发送：FE 03 00 01 00 01 C1 C5 接收：FE 03 02 00 01 6D 90

续表

参数	显示符号	寄存器地址（十六进制）	取值范围	说明	读参数 Modbus RTU 指令
热电偶冷端补偿	tCCP	0x02	0 → null; 1 → diod; 2 → Cu50	"diod"表示仪表内测温元件补偿，补偿可测量仪表后部接线端附近温度，并以此对热电偶冷端进行补偿	发送: FE 03 00 02 00 01 31 C5 接收: FE 03 02 00 01 6D 90
线性输入下限	LoL	0x03	-999 ~ 9999	线性输入的量程下限	发送: FE 03 00 03 00 01 60 05 接收: FE 03 02 00 00 AC 50
线性输入上限	HiL	0x04	-999 ~ 9999	线性输入的量程上限	发送: FE 03 00 04 00 01 D1 C4 接收: FE 03 02 13 88 A1 06
平移修正	AdJu	0x05	-99.9 ~ 999.9	AdJu 参数用于对测量的静态误差进行修正。AdJu 参数通常为 0，当有静态误差和特殊要求时才进行设置。当输入为温度时，小数点固定在十位	发送: FE 03 00 05 00 01 80 04 接收: FE 03 02 00 00 AC 50
滤波系数	FiL	0x06	0 ~ 99	数字滤波使输入数据光滑，0 表示没有滤波，数值越大，响应越慢，测量值越稳定	发送: FE 03 00 06 00 01 70 04 接收: FE 03 02 00 00 AC 50
变送输出方式	trAn.	0x07	0 → 4-20 mA; 1 → 0-10 mA	与 LoL、HiL 配合设置产生变送电流输出，trAn 表示电流输出的下限到上限	发送: FE 03 00 07 00 01 21 C4 接收: FE 03 02 00 00 AC 50
1 号辅助输出	out1	0x08	0 → LA; 1 → HA; 2 → LLA; 3 → HHA; 4 → dFLA; 5 → dFHA	辅助输出可以任意配置。 LA：下限报警； HA：上限报警； LLA：下下限报警； HHA：上上限报警； dFLA：负偏差报警； dFHA：正偏差报警	发送: FE 03 00 08 00 01 11 C7 接收: FE 03 02 00 00 AC 50
2 号辅助输出	out2	0x09			发送: FE 03 00 09 00 01 40 07 接收: FE 03 02 00 00 AC 50
3 号辅助输出	out3	0x0A			发送: FE 03 00 0A 00 01 B0 07 接收: FE 03 02 00 00 AC 50
4 号辅助输出	out4	0x0B			发送: FE 03 00 0B 00 01 E1 C7 接收: FE 03 02 00 00 AC 50
下限报警值	LA	0x0C	-999 ~ 9999	当 PV<LA 时，报警输出	发送: FE 03 00 0C 00 01 50 06 接收: FE 03 02 00 01 6D 90
上限报警值	HA	0x0D	-999 ~ 9999	当 PV>HA 时，报警输出	发送: FE 03 00 0D 00 01 01 C6 接收: FE 03 02 00 04 AD 93
下下限报警值	LLA	0x0E	-999 ~ 9999	当 PV<LLA 时，报警输出	发送: FE 03 00 0E 00 01 F1 C6 接收: FE 03 02 00 0A 2C 57
上上限报警值	HHA	0x0F	-999 ~ 9999	当 PV>HHA 时，报警输出	发送: FE 03 00 0F 00 01 A0 06 接收: FE 03 02 00 16 2D 9E
下偏差报警值	dFLA	0x10	-999 ~ 9999	当 SV-PV>dFLA 时，报警输出	发送: FE 03 00 10 00 01 91 C0 接收: FE 03 02 00 03 EC 51
上偏差报警值	dFHA	0x11	-999 ~ 9999	当 PV-SV>dFHA 时，报警输出	发送: FE 03 00 11 00 01 C0 00 接收: FE 03 02 00 06 2C 52

续表

参数	显示符号	寄存器地址（十六进制）	取值范围	说明	读参数 Modbus RTU 指令
回差	Hy	0x12	0 ~ 2000	回差是控制和报警输出的缓冲量，用于避免因测量输入值波动而导致控制频繁变化或报警频繁产生 / 解除。当输入为温度时，小数点固定在十位	发送：FE 03 00 12 00 01 30 00 接收：FE 03 02 00 0B ED 97
小信号切除	Cut	0x13	-999 ~ 9999	用于切除测量中无效的小信号，当测量值小于该值时，测量的显示值采用 Cut2 设定的值。设定值为 0 时无效	发送：FE 03 00 13 00 01 61 C0 接收：FE 03 02 00 07 ED 92
信号切除替代	Cut2	0x14	-999 ~ 9999	当测量值小于 Cut 设定值时，测量值的显示值。当 Cut 为 0 时无效	发送：FE 03 00 14 00 01 D0 01 接收：FE 03 02 00 0D 6D 95
调整系数	K	0x15	0.000 ~ 2.000	斜率调整系数	发送：FE 03 00 15 00 01 81 C1 接收：FE 03 02 00 06 2C 52
变送输出下限	tr_L	0x16	-999 ~ 9999	变送输出的下限	发送：FE 03 00 16 00 01 71 C1 接收：FE 03 02 00 10 AD 9C
变送输出上限	tr_H	0x17	-999 ~ 9999	变送输出的上限	发送：FE 03 00 17 00 01 20 01 接收：FE 03 02 13 88 A1 06
本机地址	Addr	0x18	0 ~ 254	254：万能地址； 0 ~ 253：多从机时地址取不同值	发送：FE 03 00 18 00 01 10 02 接收：FE 03 02 00 04 AD 93
波特率	bAud	0x19	0 → 2400； 1 → 4800； 2 → 9600； 3 → 192b	0: 2400 bit/s； 1: 4800 bit/s； 2: 9600 bit/s； 3: 19200 bit/s	发送：FE 03 00 19 00 01 41 C2 接收：FE 03 02 00 02 2D 91
设定值	SEt（SV）	0x1A	-999 ~ 9999	SV，目标设定值为 28.5℃	发送：FE 03 00 1A 00 01 B1 C2 接收：FE 03 02 01 1D 6D C9

放在 4 区的保持寄存器中，寄存器中存放的是整型数据，而仪表面板显示的是对应符号，由于仪表面板为四位数码管 LED（light emitting diode），因此，能够显示的符号最多为四位。例如，tyPE 参数表示仪表连接传感器类型，当 tyPE 参数对应寄存器的值为 3 时，显示符号为 "t"，代表 T 型热电偶；Poin 参数表示仪表的小数点格式，当 Poin 参数对应寄存器的值为 1 时，显示符号为 "_ ¯._"，代表一位小数点输出；tCCP 参数表示仪表的热电偶冷端温度补偿方式，当 tCCP 参数对应寄存器的值为 1 时，显示符号为 "diod"，代表仪表内测温元件补偿；Addr 参数表示仪表的地址，当 Addr 参数对应寄存器的值为 4 时，显示符号为 "4"，代表本机地址为 4。

（1）当前值

当前值是指仪表面板上方以红色数码管显示的四位实时测量值，从寄存器中获得的数据为整数，即不带小数点的数值，根据 Poin 参数设置的小数点位数决定显示在仪表面板上的数值。

例如，从寄存器读取的数值为 196，Poin 参数设置为十位"＿＿¯.＿"格式，即含有一位小数点，需要将从寄存器读取的值乘以 0.1，显示值为 19.6。

（2）仪表地址

台式机或笔记本电脑为主机，LD101C 为从机，由于 LD101C 采用 RS-232 电平，主机与从机只能进行一对一通信。LD101C 的 **Addr** 参数设置为 4，主机与从机既可采用地址 4 通信，也可以采用万能地址 254 通信，十六进制为"FE"。

（3）通信波特率

主机与从机必须设置为相同的通信波特率。通信波特率存放在 4 区保持寄存器 25 中，对应十六进制为"0x19"。该内部寄存器存放的数据为 0 ～ 3。"0"对应 2400 bit/s，"1"对应 4800 bit/s，"2"对应 9600 bit/s，"3"对应 19200 bit/s。

11.1.2　仪表参数 Modbus RTU 读指令

Modbus RTU
读写指令

主机与从机通信，必须构造 Modbus RTU 通信指令，指令最后两个字节为循环冗余校验码 CRC，低字节在前，高字节在后，如图 11-2 所示。在"循环冗余校验码 CRC"程序输入框中以空格为间隔输入十六进制"FE 03 00 1A 00 01"，点击"计算 CRC"按钮，程序自动识别要计算字节的个数，计算结果将低字节显示为"L[XX]"，高字节显示为"H[XX]"。本例"FE 03 00 1A 00 01"对应的 CRC 为 L[B1] H[C2]，即 B1 C2，完整的指令为"FE 03 00 1A 00 01 B1 C2"。

图 11-2　循环冗余校验码 CRC 计算结果展示图

主机向从机发送 Modbus RTU 读指令读取仪表参数的值，从机返回指令，两者都需要构造 Modbus RTU 指令，表 11-1 中给出了各个仪表参数读指令和返回指令。

（1）读当前值

"当前值"参数保存在第 3 区输入寄存器，其读取功能码为"04"，完整读指令为"FE 04 00 00 00 01 25 C5"。读指令的第 1 个字节代表仪表地址，本例中 LD101C 地址采用万能地址 254，转化为十六进制为"FE"；第 2 个字节为功能码，"04"代表读输入寄存器的值；第 3 个字节为"00"，第 4 个字节为"00"，两个字节合在一起为"0000"，表示要读取数据所在寄存器的起始地址为"0000"；第 5 个字节为"00"，第 6 个字节为"01"，两个字节合并在一起为"0001"，表示数据的长度为 1 个字，一个字包括两个字节；第 7 个与第 8 个字节为前面 6 个字节的 CRC，第 7 个字节对应 CRC 的低字节，第 8 个字节对应 CRC 的高字节。主机发送的指令称为问询帧，此处为"FE 04 00 00 00 01 25 C5"。从机接收指令后回复主机的指令称为应答帧。应答帧前两个字节与问询帧相同；第 3 个字节"02"表示返回数据字节的个数为 2；第 3 个字节后紧接着是数据的内容，其字节个数与第 3 个字节数目一致，由于字节数为 2，所以后面第 4 个字节与第 5 个字节为数据，对应十六进制"00C4"，转化为十进制为 196；最后两个字节为 CRC，仍然是按低字节在前、高字节在后的顺序排列。

（2）读设定选择值

仪表参数中有些参数为选择型参数，例如，"输入类型""小数点""热电偶冷端补偿""变送输出方式"和"波特率"等。这些参数对应第 4 区保持寄存器，用户在仪表面板选择的显示值映射为寄存器中的数值。以"小数点"为例，当选择"＿＿＿．＿"时，对应保持寄存器的内容为"1"，其读指令为"FE 03 00 01 00 01 C1 C5"。读指令的第 1 个字节代表仪表地址，采用万能地址 254，转化为十六进制为"FE"；第 2 个字节为功能码，"03"代表读保持寄存器的值；第 3 个字节为"00"，第 4 个字节为"01"，两个字节合在一起为"0001"，表示要读取数据所在寄存器的起始地址为"0001"；第 5 个字节为"00"，第 6 个字节为"01"，两个字节合并在一起为"0001"，表示数据的长度为 1 个字，一个字包括两个字节；第 7 个与第 8 个字节为前面 6 个字节的 CRC，第 7 个字节对应 CRC 的低字节，第 8 个字节对应 CRC 的高字节。此处应答帧为"FE 03 02 00 01 6D 90"。应答帧前两个字节与问询帧相同；第 3 个字节"02"表示返回的数据字节个数为 2；第 3 个字节后紧接着的是数据的内容，其字节个数与第 3 个字节数目一致，由于字节数为 2，所以第 4 个字节与第 5 个字节为数据，其值为"0001"，代表保持寄存器内的内容为 1，对应一位小数点显示格式；最后两个字节为 CRC，仍然是按低字节在前、高字节在后的顺序排列。

（3）读设定数值

仪表参数中有些参数为设定型参数，例如，"线性输入下限""平移修正""滤波系数""下限报警值"和"回差"等。这些参数对应第 4 区保持寄存器，用户在仪表面板选择的显示值映射为寄存器中的数值。以"变送输出下限"为例，当设定值为 1 时，对应保持寄存器的内容为"1"，其读指令为"FE 03 00 16 00 01 71 C1"。读指令的第 1 个字节代表仪表地址，采用万能地址 254，转化为十六进制为"FE"；第 2 个字节为功能码，"03"代表读保持寄存器的值；第 3 个字节为"00"，第 4 个字节为"16"，两个字节合在一起为"0016"，表示要读取数据所在寄存器的起始地址为"0016"；第 5 个字节为"00"，第 6 个字节为"01"，两个字节合并在一起为"0001"，表示数据的长度为 1 个字，一个字包括两个字节；第 7 个与第 8 个字节为前面 6 个字节的 CRC，第 7 个字节对应 CRC 的低字节，第 8 个字节对应 CRC 的高字节。此处问询帧为"FE 03 00 16 00 01 71 C1"。应答帧为"FE 03 02 00 10 AD 9C"。应答帧前两个字节与问询帧相同；第 3 个字节"02"表示返回的数据字节个数为 2；第 3 个字节后紧接着的是数据的内容，其字节个数与第 3 个字节数目一致，由于字节数为 2，所以第 4 个字节与第 5 个字节为数据，其值为"0010"，代表保持寄存器内的内容为 16，如果小数点位数设定为 1 位小数，相当于将该寄存器读取的数值乘以 0.1，即"变送输出下限"为 1.6；最后两个字节为 CRC，仍然是按低字节在前、高字节在后的顺序排列。

采用 SSCOM 串口 / 网络数据调试器，如图 11-3 所示，设置通信参数为"9600 bps，8，1，None，None"，即波特率为 9600 bit/s，8 位数据位，1 位停止位，无奇偶校验，无流控制。在调试器软件右侧窗格中输入读指令，点击窗格右侧"读当前值""读输入类型"和"读小数点"等按钮发送，图 11-3 左侧窗格中为 LD101C 读指令的应答帧。

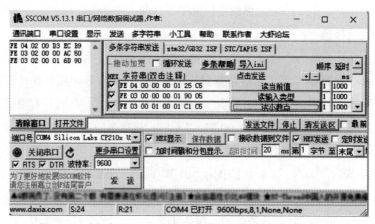

图 11-3　主机向 LD101C 从机发送读指令问询帧与应答帧展示图

11.1.3　仪表参数 Modbus RTU 写指令

表 11-2 为位式调节仪 LD101C 仪表写参数 Modbus RTU 指令列表。由于各参数在仪表面板上显示为四位符号，而在寄存器中存储为对应数值，因此，写指令需要根据数值进行操作。以"输入类型"为例，将输入类型设为 J 型热电偶，查表 11-2 可知显示符号"J"对应数字 5。LD101C 的本机地址为 4，此处采用万能通信地址 254，转化为十六进制为"FE"，指令的第一个字节为"FE"；第二个字节代表功能码，对保持寄存器写入采用"06"；第三个字节与第四个字节代表要写入的寄存器地址，"输入类型"对应"0000"寄存器，因此，第三个字节为"00"，第四个字节也为"00"。第五个和第六个字节表示要写入的内容，此处为"0005"；最后两个字节为 CRC，第七个字节为 CRC 低字节，第八个字节为 CRC 高字节；完整发送指令为"FE 06 00 00 00 05 5D C6"，返回指令与发送指令相同。

表 11-2　位式调节仪 LD101C 仪表写参数 Modbus RTU 指令列表

参数	显示符号	寄存器地址（十六进制）	取值范围	写入值	写参数 Modbus RTU 指令
输入类型	tyPE	0x00（4 区）	0→k; 1→S; 2→b; 3→t; 4→E; 5→J; 6→n; 7→_1_; 8→Pt1b; 9→Cu50; 10→Cu1b; 11→_2_; 12→0-5; 13→1-5; 14→4-20; 15→0-10; 16→_3_	设定为 J 型热电偶，对应数字为 5	发送：FE 06 00 00 00 05 5D C6 接收：FE 06 00 00 00 05 5D C6

续表

参数	显示符号	寄存器地址（十六进制）	取值范围	写入值	写参数 Modbus RTU 指令
小数点	Poin	0x01	0 → ＿ ＿ ＿ ＿ .; 1 → ＿ ＿ ￣ .; 2 → ＿ ￣ . ＿ ＿; 3 → ￣ . ＿ ＿ ＿	小数点位数设定为 1 位，对应数字为 1	发送：FE 06 00 01 00 01 0D C5 接收：FE 06 00 01 00 01 0D C5
热电偶冷端补偿	tCCP	0x02	0 → null; 1 → diod; 2 → Cu50	将冷端补偿设为 Cu50，对应数字为 2	发送：FE 06 00 02 00 02 BD C4 接收：FE 06 00 02 00 02 BD C4
线性输入下限	LoL	0x03	-999 ~ 9999	线性输入下限设为 13，13 转换为十六进制为 "0D"	发送：FE 06 00 03 00 0D AC 00 接收：FE 06 00 03 00 0D AC 00
线性输入上限	HiL	0x04	-999 ~ 9999	线性输入上限设为 4666，4666 转换为十六进制为 "123A"	发送：FE 06 00 04 12 3A 50 B7 接收：FE 06 00 04 12 3A 50 B7
平移修正	AdJu	0x05	-99.9 ~ 999.9	平移修正设为 24，24 转换为十六进制为 "18"	发送：FE 06 00 05 00 18 8D CE 接收：FE 06 00 05 00 18 8D CE
滤波系数	FiL	0x06	0 ~ 99	滤波系数设为 30，30 转换为十六进制为 "1E"	发送：FE 06 00 06 00 1E FD CC 接收：FE 06 00 06 00 1E FD CC
变送输出方式	trAn	0x07	0 → 4-20 mA; 1 → 0-10 mA	变送输出方式选 "0-10mA"，对应数字为 1	发送：FE 06 00 07 00 01 ED C4 接收：FE 06 00 07 00 01 ED C4
1 号辅助输出	out1	0x08	0 → LA; 1 → HA; 2 → LLA; 3 → HHA; 4 → dFLA; 5 → dFHA	1 号辅助输出设为 "LA"，对应数字为 0	发送：FE 06 00 08 00 00 1C 07 接收：FE 06 00 08 00 00 1C 07
2 号辅助输出	out2	0x09		2 号辅助输出设为 "HA"，对应数字为 1	发送：FE 06 00 09 00 01 8C 07 接收：FE 06 00 09 00 01 8C 07
3 号辅助输出	out3	0x0A		3 号辅助输出设为 "LLA"，对应数字为 2	发送：FE 06 00 0A 00 02 3C 06 接收：FE 06 00 0A 00 02 3C 06
4 号辅助输出	out4	0x0B		4 号辅助输出设为 "HHA"，对应数字为 3	发送：FE 06 00 0B 00 03 AC 06 接收：FE 06 00 0B 00 03 AC 06
下限报警值	LA	0x0C	-999 ~ 9999	下限报警值设为 200，对应十六进制为 "C8"	发送：FE 06 00 0C 00 C8 5C 50 接收：FE 06 00 0C 00 C8 5C 50
上限报警值	HA	0x0D	-999 ~ 9999	上限报警值设为 220，对应十六进制为 "DC"	发送：FE 06 00 0D 00 DC 0D 9F 接收：FE 06 00 0D 00 DC 0D 9F
下下限报警值	LLA	0x0E	-999 ~ 9999	下下限报警值设为 195，对应十六进制为 "C3"	发送：FE 06 00 0E 00 C3 BC 57 接收：FE 06 00 0E 00 C3 BC 57
上上限报警值	HHA	0x0F	-999 ~ 9999	上上限报警值设为 225，对应十六进制为 "E1"	发送：FE 06 00 0F 00 E1 6D 8E 接收：FE 06 00 0F 00 E1 6D 8E
下偏差报警值	dFLA	0x10	-999 ~ 9999	下偏差报警值设为 3，对应十六进制为 "03"	发送：FE 06 00 10 00 03 DC 01 接收：FE 06 00 10 00 03 DC 01
上偏差报警值	dFHA	0x11	-999 ~ 9999	上偏差报警值设为 2，对应十六进制为 "02"	发送：FE 06 00 11 00 02 4C 01 接收：FE 06 00 11 00 02 4C 01
回差	Hy	0x12	0 ~ 2000	回差设为 1，对应十六进制为 "01"	发送：FE 06 00 12 00 01 FC 00 接收：FE 06 00 12 00 01 FC 00

续表

参数	显示符号	寄存器地址（十六进制）	取值范围	写入值	写参数 Modbus RTU 指令
小信号切除	Cut	0x13	-999 ~ 9999	小信号切除设为18，对应十六进制为"12"	发送：FE 06 00 13 00 12 EC 0D 接收：FE 06 00 13 00 12 EC 0D
信号切除替代	Cut2	0x14	-999 ~ 9999	小信号切除替代设为24，对应十六进制为"18"	发送：FE 06 00 14 00 18 DD CB 接收：FE 06 00 14 00 18 DD CB
调整系数	K	0x15	0.000 ~ 2.000	调整系数设为0.007，对应数字为7	发送：FE 06 00 15 00 07 CD C3 接收：FE 06 00 15 00 07 CD C3
变送输出下限	tr_L	0x16	-999 ~ 9999	变送输出下限设为27，对应十六进制为"1B"	发送：FE 06 00 16 00 1B 3C 0A 接收：FE 06 00 16 00 1B 3C 0A
变送输出上限	tr_H	0x17	-999 ~ 9999	变送输出上限设为6666，对应十六进制为"1A0A"	发送：FE 06 00 17 1A 0A A6 A6 接收：FE 06 00 17 1A 0A A6 A6
本机地址	Addr	0x18	0 ~ 254	本机地址设为4，对应数字为4	发送：FE 06 00 18 00 04 1C 01 接收：FE 06 00 18 00 04 1C 01
波特率	bAud	0x19	0→2400； 1→4800； 2→9600； 3→192b	波特率设为9600 bit/s，对应数字为2	发送：FE 06 00 19 00 02 CD C3 接收：FE 06 00 19 00 02 CD C3
设定值	SEt（SV）	0x1A	-999 ~ 9999	设定值为285，对应十六进制为"011D"	发送：FE 06 00 1A 01 1D 7D 9B 接收：FE 06 00 1A 01 1D 7D 9B

11.2 MCGS通信过程

　　LD101C仪表参数包括两类：一类是输入指定范围的数值，例如，"滤波系数"参数，其值范围为0 ~ 99；另一类是在指定范围选择数值，例如，"1号辅助输出"参数，可以选择"LA""HA""LLA""HHA""dFLA"或"dFHA"，分别对应0、1、2、3、4和5。MCGS界面组态采用报表显示各个参数，输入框供用户输入数据，组合框供用户选择数据，采用按钮读取或写入参数值。

11.2.1 设备组态

硬件组态

　　在"工作台"窗体选择"设备窗口"属性页，双击属性页中的"设备窗口"，如图11-4中①所示，此时，在"查看（V）"菜单中点击下拉项中的"设备工具箱（E）"②，弹出"设备工具箱"③，选择"通用串口父设备"，点击鼠标左键将其放入"设备窗口"中，此时名为"通用串口父设备1--[RS-232]"④，双击该图标，弹出"通用串口设备属性编辑"对话框，按⑤所示将串口端口号改为COM4，波特率改为9600 bit/s，与LD101C相一致；再从"设备工具箱"中选择"ModbusRTU_串口"放入"通用串口父设备1--[RS-232]"形成子设备⑥，双击该图标，将"设备地址"设为4，"设备名称"改为"位式调节仪"⑦，"设备注释"改为"LD101C"，"校验数据字节序"设为"0-LH[低字节，高字节]"⑧。

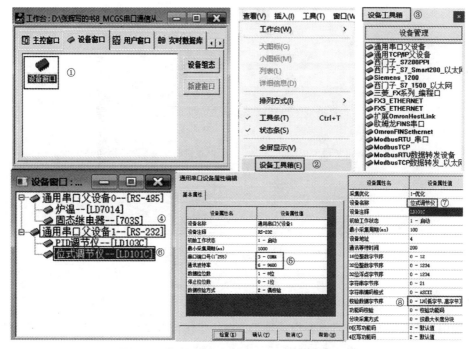

图 11-4　位式调节仪 LD101C 设备窗口组态界面图

11.2.2　数据库组态

在"工作台"窗体选择"实时数据库"属性页，如图 11-5 所示，点击右侧上方的"新增对象"按钮，弹出图 11-6 所示"数据对象属性设置"界面。例如，创建"LD101C_Addr"数据对象，在"对象名称"中输入"LD101C_Addr"，对应仪表中的 Addr 参数，"对象类型"设为整数；同理，创建"LD101C_PV_F"数据 　界面设计

对象，在"对象名称"中输入"LD101C_PV_F"，对应仪表中的"当前值"参数，"对象类型"设为浮点数。为每个参数定义对应的数据对象，存储于"实时数据库"中，图 11-5 列出了对应 LD101C 仪表参数所有的数据对象。仅有"当前值"参数包括两个数据对象，由于从仪表寄存器读取的数据为整数，因此，"LD101C_PV"直接对应寄存器中的整数数据，"LD101C_PV"

图 11-5　实时数据库中添加的 LD101C 仪表参数数据对象界面

乘以 0.1 得到的浮点数对应显示值"LD101C_PV_F"。

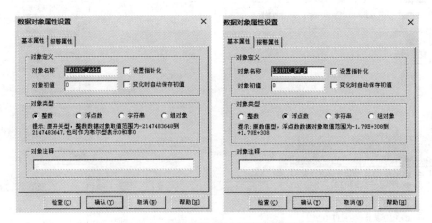

图 11-6　整数与浮点数对象类型设置界面

11.2.3　报表

　　LD101C 的仪表参数采用报表构件显示。在"工作台"窗体选择"用户窗口"属性页，选中"public"窗口，如图 11-7 中①所示，在"编辑"下拉菜单中选择"拷贝 (C)"命令②，再选择"粘贴 (V)"命令③，在用户窗口复制一个新的窗体，双击该窗体，弹出"用户窗口属性设置"对话框，在"窗口名称"内输入"第 11 章 _LD101C"④，点击"确认 (Y)"完成新窗体的创建⑤。在"工具栏"中点击"工具箱"按钮，在弹出的"工具箱"中选择"报表"按钮，将新建的"报表"构件放入"第 11 章 _LD101C"窗体中，双击"报表"构件，向其中输入序号、参数和地址等表头。

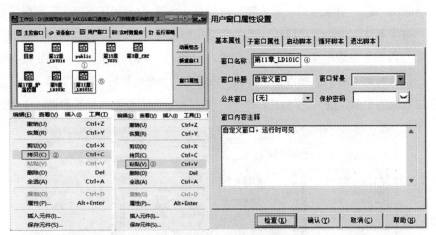

图 11-7　新建用户窗口过程示意

　　双击报表，如图 11-8 所示，选中"数值"列"输入类型"行交叉处的单元格，点击鼠标右键，在弹出菜单中选择"添加数据连接"①，在"添加数据连接"对话框中点击"数据来源"属性页②，勾选"表达式"选项③，在属性页"显示属性"④中"表格单元连接"对应表的达式中输入"LD101C_tyPE"⑤。

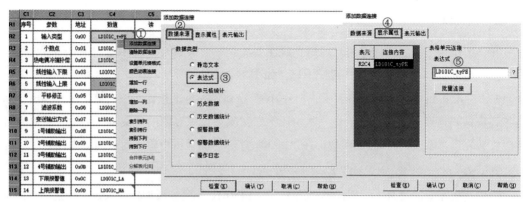

图 11-8 报表单元格添加数据连接界面

在"显示属性"属性页中关联数据对象"LD101C_tyPE",如图 11-9 所示,通过"?"
按钮查找需要关联的数据对象;同理,在"表元输出"属性页中勾选"表格单元内容输出到
变量"和"表格单元内容可编辑",点击"?"按钮选择"LD101C_tyPE"数据对象,完成
R2C4 单元格与数据对象的关联。其他单元格操作过程与之相同,只需要改变待关联的数据
对象。图 11-10 为完成关联数据对象后的报表。

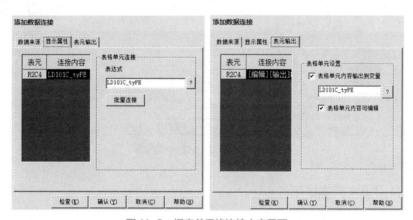

图 11-9 报表单元格连接内容界面

图 11-10 MCGS 报表设计界面

11.2.4　按钮

在"工作台"窗体选择"用户窗口"属性页，双击"第 11 章_LD101C"图标进入窗体，在"工具栏"窗口中点击"工具箱"图标，如图 11-11 中①所示，在弹出的"工具箱"窗口中点击"标准按钮"②，向"第 11 章_LD101C"窗体添加标准按钮，双击该按钮，弹出"标准按钮构件属性设置"对话框，在"基本属性"③属性页中对应的"文本"中输入参数的名字"R_Poin"，表示读"Poin"参数，在"脚本程序"④属性页中输入对应的脚本代码：

```
!SetDevice( 位式调节仪 ,6,"Read(4,2,WUB=LD101C_Poin)")
```

完成读按钮⑤的设置；同理，向"第 11 章_LD101C"窗体添加标准按钮，新建写"Poin 参数"的"W_Poin"按钮。

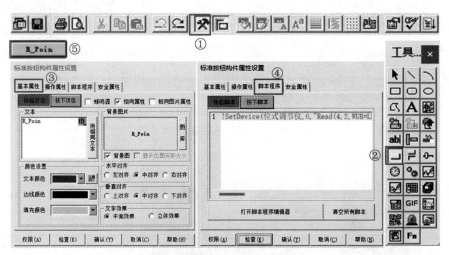

图 11-11　标准按钮制作流程图

11.2.5　脚本程序

程序运行

表 11-3 列出了读写 LD101C 仪表各个参数对应的 MCGS 指令。

表 11-3　读写位式调节仪 LD101C 仪表参数 MCGS 指令列表

序号	参数	寄存器地址（十六进制）	MCGS 读写指令
1	输入类型	0x00	读 :!SetDevice(位式调节仪 ,6,"Read(4,1,WUB=LD101C_tyPE)") 写 :!SetDevice(位式调节仪 ,6,"Write(4,1,WUB=LD101C_tyPE)")
2	小数点	0x01	读 :!SetDevice(位式调节仪 ,6,"Read(4,2,WUB=LD101C_Poin)") 写 :!SetDevice(位式调节仪 ,6,"Write(4,2,WUB=LD101C_Poin)")
3	热电偶冷端补偿	0x02	读 :!SetDevice(位式调节仪 ,6,"Read(4,3,WUB=LD101C_tCCP)") 写 :!SetDevice(位式调节仪 ,6,"Write(4,3,WUB=LD101C_tCCP)")
4	线性输入下限	0x03	读 :!SetDevice(位式调节仪 ,6,"Read(4,4,WUB=LD101C_LoL)") 写 :!SetDevice(位式调节仪 ,6,"Write(4,4,WUB=LD101C_LoL)")
5	线性输入上限	0x04	读 :!SetDevice(位式调节仪 ,6,"Read(4,5,WUB=LD101C_HiL)") 写 :!SetDevice(位式调节仪 ,6,"Write(4,5,WUB=LD101C_HiL)")

续表

序号	参数	寄存器地址（十六进制）	MCGS 读写指令
6	平移修正	0x05	读 :!SetDevice(位式调节仪 ,6,"Read(4,6,WUB=LD101C_AdJu)") 写 :!SetDevice(位式调节仪 ,6,"Write(4,6,WUB=LD101C_AdJu)")
7	滤波系数	0x06	读 :!SetDevice(位式调节仪 ,6,"Read(4,7,WUB=LD101C_FiL)") 写 :!SetDevice(位式调节仪 ,6,"Write(4,7,WUB=LD101C_FiL)")
8	变送输出方式	0x07	读 :!SetDevice(位式调节仪 ,6,"Read(4,8,WUB=LD101C_trAn)") 写 :!SetDevice(位式调节仪 ,6,"Write(4,8,WUB=LD101C_trAn)")
9	1 号辅助输出	0x08	读 :!SetDevice(位式调节仪 ,6,"Read(4,9,WUB=LD101C_out1)") 写 :!SetDevice(位式调节仪 ,6,"Write(4,9,WUB=LD101C_out1)")
10	2 号辅助输出	0x09	读 :!SetDevice(位式调节仪 ,6,"Read(4,10,WUB=LD101C_out2)") 写 :!SetDevice(位式调节仪 ,6,"Write(4,10,WUB=LD101C_out2)")
11	3 号辅助输出	0x0A	读 :!SetDevice(位式调节仪 ,6,"Read(4,11,WUB=LD101C_out3)") 写 :!SetDevice(位式调节仪 ,6,"Write(4,11,WUB=LD101C_out3)")
12	4 号辅助输出	0x0B	读 :!SetDevice(位式调节仪 ,6,"Read(4,12,WUB=LD101C_out4)") 写 :!SetDevice(位式调节仪 ,6,"Write(4,12,WUB=LD101C_out4)")
13	下限报警值	0x0C	读 :!SetDevice(位式调节仪 ,6,"Read(4,13,WUB=LD101C_LA)") 写 :!SetDevice(位式调节仪 ,6,"Write(4,13,WUB=LD101C_LA)")
14	上限报警值	0x0D	读 :!SetDevice(位式调节仪 ,6,"Read(4,14,WUB=LD101C_HA)") 写 :!SetDevice(位式调节仪 ,6,"Write(4,14,WUB=LD101C_HA)")
15	下下限报警值	0x0E	读 :!SetDevice(位式调节仪 ,6,"Read(4,15,WUB=LD101C_LLA)") 写 :!SetDevice(位式调节仪 ,6,"Write(4,15,WUB=LD101C_LLA)")
16	上上限报警值	0x0F	读 :!SetDevice(位式调节仪 ,6,"Read(4,16,WUB=LD101C_HHA)") 写 :!SetDevice(位式调节仪 ,6,"Write(4,16,WUB=LD101C_HHA)")
17	下偏差报警值	0x10	读 :!SetDevice(位式调节仪 ,6,"Read(4,17,WUB=LD101C_dFLA)") 写 :!SetDevice(位式调节仪 ,6,"Write(4,17,WUB=LD101C_dFLA)")
18	上偏差报警值	0x11	读 :!SetDevice(位式调节仪 ,6,"Read(4,18,WUB=LD101C_dFHA)") 写 :!SetDevice(位式调节仪 ,6,"Write(4,18,WUB=LD101C_dFHA)")
19	回差	0x12	读 :!SetDevice(位式调节仪 ,6,"Read(4,19,WUB=LD101C_Hy)") 写 :!SetDevice(位式调节仪 ,6,"Write(4,19,WUB=LD101C_Hy)")
20	小信号切除	0x13	读 :!SetDevice(位式调节仪 ,6,"Read(4,20,WUB=LD101C_Cut)") 写 :!SetDevice(位式调节仪 ,6,"Write(4,20,WUB=LD101C_Cut)")
21	信号切除替代	0x14	读 :!SetDevice(位式调节仪 ,6,"Read(4,21,WUB=LD101C_Cut2)") 写 :!SetDevice(位式调节仪 ,6,"Write(4,21,WUB=LD101C_Cut2)")
22	调整系数	0x15	读 :!SetDevice(位式调节仪 ,6,"Read(4,22,WUB=LD101C_K)") 写 :!SetDevice(位式调节仪 ,6,"Write(4,22,WUB=LD101C_K)")
23	变送输出下限	0x16	读 :!SetDevice(位式调节仪 ,6,"Read(4,23,WUB=LD101C_tr_L)") 写 :!SetDevice(位式调节仪 ,6,"Write(4,23,WUB=LD101C_tr_L)")
24	变送输出上限	0x17	读 :!SetDevice(位式调节仪 ,6,"Read(4,24,WUB=LD101C_tr_H)") 写 :!SetDevice(位式调节仪 ,6,"Write(4,24,WUB=LD101C_tr_H)")
25	本机地址	0x18	读 :!SetDevice(位式调节仪 ,6,"Read(4,25,WUB=LD101C_Addr)") 写 :!SetDevice(位式调节仪 ,6,"Write(4,25,WUB=LD101C_Addr)")
26	波特率	0x19	读 :!SetDevice(位式调节仪 ,6,"Read(4,26,WUB=LD101C_bAud)") 写 :!SetDevice(位式调节仪 ,6,"Write(4,26,WUB=LD101C_bAud)")
27	设定值	0x1A	读 :!SetDevice(位式调节仪 ,6,"Read(4,27,WUB=LD101C_SEt)") 写 :!SetDevice(位式调节仪 ,6,"Write(4,27,WUB=LD101C_SEt)")

以“变送输出上限”参数为例，该参数在寄存器中的存储地址为 0x17，采用 MCGS 指令操作时地址需要加 1，其读指令为：

```
!SetDevice(位式调节仪,6,"Read(4,24,WUB=LD101C_tr_H)")
```

其写指令为：

```
!SetDevice(位式调节仪,6,"Write(4,24,WUB=LD101C_tr_H)")
```

以上指令表示向“位式调节仪”发送读和写指令，操作“4”区第“24”个寄存器，读时将读取的内容置于“LD101C_tr_H”中，写时将“LD101C_tr_H”内容写入对应的寄存器。

点击工具栏中“下载运行”按钮，选择“模拟”运行方式，依次点击“工程下载”和“启动运行”按钮，运行界面如图 11-12 所示。

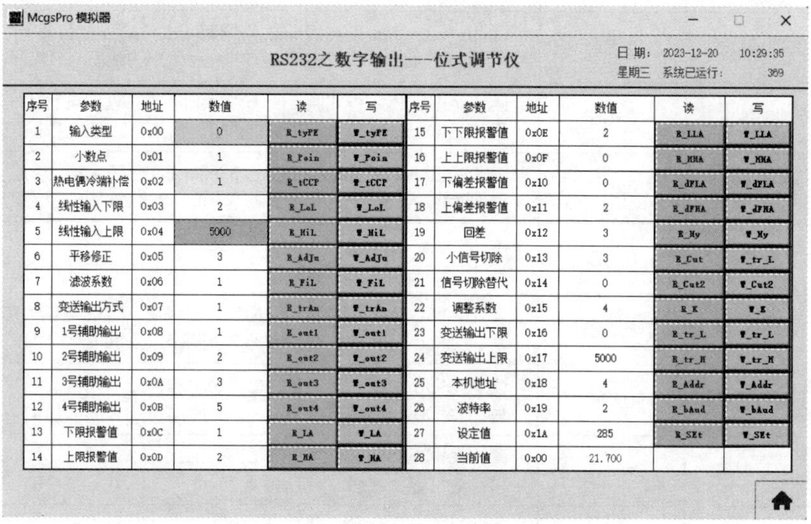

序号	参数	地址	数值	读	写	序号	参数	地址	数值	读	写
1	输入类型	0x00	0	R_tyPE	W_tyPE	15	下下限报警值	0x0E	2	R_LLA	W_LLA
2	小数点	0x01	1	R_Poin	W_Poin	16	上上限报警值	0x0F	0	R_HHA	W_HHA
3	热电偶冷端补偿	0x02	1	R_tCCP	W_tCCP	17	下偏差报警值	0x10	0	R_dFLA	W_dFLA
4	线性输入下限	0x03	2	R_LoL	W_LoL	18	上偏差报警值	0x11	2	R_dFHA	W_dFHA
5	线性输入上限	0x04	5000	R_HiL	W_HiL	19	回差	0x12	3	R_Hy	W_Hy
6	平移修正	0x05	3	R_AdJu	W_AdJu	20	小信号切除	0x13	3	R_Cut	W_tr_L
7	滤波系数	0x06	1	R_FiL	W_FiL	21	信号切除替代	0x14	0	R_Cut2	W_Cut2
8	变送输出方式	0x07	1	R_trAn	W_trAn	22	调整系数	0x15	4	R_K	W_K
9	1号辅助输出	0x08	1	R_out1	W_out1	23	变送输出下限	0x16	0	R_tr_L	W_tr_L
10	2号辅助输出	0x09	2	R_out2	W_out2	24	变送输出上限	0x17	5000	R_tr_H	W_tr_H
11	3号辅助输出	0x0A	3	R_out3	W_out3	25	本机地址	0x18	4	R_Addr	W_Addr
12	4号辅助输出	0x0B	5	R_out4	W_out4	26	波特率	0x19	2	R_bAud	W_bAud
13	下限报警值	0x0C	1	R_LA	W_LA	27	设定值	0x1A	285	R_SEt	W_SEt
14	上限报警值	0x0D	2	R_HA	W_HA	28	当前值	0x00	21.700		

图 11-12 读写 LD101C 仪表参数界面图

第12章

RS-485 之模拟输入——多路模拟量采集模块

12.1 多路模拟量采集模块

亨立德 LD7014（简称 LD7014）是一款多路模拟量采集模块，能够同时输入四路信号，包括不同类型热电偶、电阻信号、电压信号和电流信号，每一路输入信号类型均可以单独设置。LD7014 通过 USB2.0 TO RS-422/RS-485 转换接口与上位机连接，采用 Modbus RTU 协议与上位机通信，如图 12-1 所示。上位机为主机，LD7014 为从机，主机与从机的通信速率均设置为相同的通信波特率，主机通过仪表地址访问从机，可以实现一台主机访问多台从机。该例中 LD7014 仪表地址设置为 3。

LD7014仪表
介绍

LD7014端子
连线

12.1.1 通信参数

多路模拟量采集模块 LD7014 通信参数包括仪表地址、通信波特率、奇偶校验和通信异常，如表 12-1 所示。

通信参数

（1）仪表地址

当一台主机连接多台从机时，主机通过仪表地址区分每台从机，因此，联网的每台仪表不能具有相同的地址。255 为广播地址，主机通过 255 向网络播送信息，各个从机只能侦听，不能应答。254 为万能地址，当只有一台主机和一台从机时，主机通过 254 地址可以访问从机，从机收到问询帧后回复应答帧；如果一台从机的仪表地址未知，可以将该从机与主机单独连接，通过万能地址 254 进行通信，获得从机地址，然后再将从机并入网络，使用获得的从机地址通信，如图 12-2 所示。

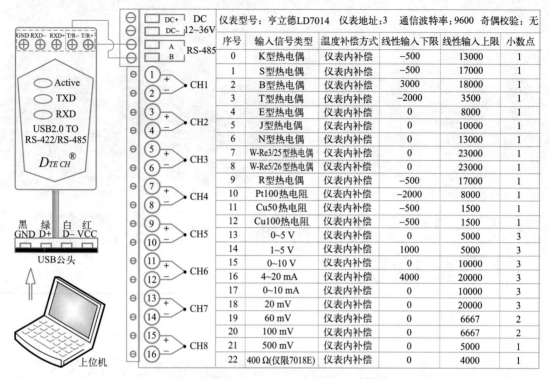

下图中仪表说明：

仪表型号：亨立德LD7014 仪表地址：3 通信波特率：9600 奇偶校验：无

序号	输入信号类型	温度补偿方式	线性输入下限	线性输入上限	小数点
0	K型热电偶	仪表内补偿	−500	13000	1
1	S型热电偶	仪表内补偿	−500	17000	1
2	B型热电偶	仪表内补偿	3000	18000	1
3	T型热电偶	仪表内补偿	−2000	3500	1
4	E型热电偶	仪表内补偿	0	8000	1
5	J型热电偶	仪表内补偿	0	10000	1
6	N型热电偶	仪表内补偿	0	13000	1
7	W-Re3/25热电偶	仪表内补偿	0	23000	1
8	W-Re5/26热电偶	仪表内补偿	0	23000	1
9	R型热电偶	仪表内补偿	−500	17000	1
10	Pt100热电阻	仪表内补偿	−2000	8000	1
11	Cu50热电阻	仪表内补偿	−500	1500	1
12	Cu100热电阻	仪表内补偿	−500	1500	1
13	0~5 V	仪表内补偿	0	5000	3
14	1~5 V	仪表内补偿	1000	5000	3
15	0~10 V	仪表内补偿	0	10000	3
16	4~20 mA	仪表内补偿	4000	20000	3
17	0~10 mA	仪表内补偿	0	10000	3
18	20 mV	仪表内补偿	0	20000	3
19	60 mV	仪表内补偿	0	6667	2
20	100 mV	仪表内补偿	0	6667	2
21	500 mV	仪表内补偿	0	5000	1
22	400 Ω(仅限7018E)	仪表内补偿	0	4000	1

图 12-1　多路模拟量采集模块 LD7014 通信参数及输入信号类型说明图

表 12-1　多路模拟量采集模块 LD7014 通信参数列表

名称	寄存器地址	取值范围	说明
仪表地址	500	0 ~ 255	254：万能地址； 255：广播地址
通信波特率	501	0 ~ 6	0: 1200 bit/s;　1: 2400 bit/s; 2: 4800 bit/s;　3: 9600 bit/s; 4: 19200 bit/s;　5: 38400 bit/s; 6: 57600 bit/s
奇偶校验	502	0 ~ 2	0：无校验；1：偶校验；2：奇校验
通信异常	506	0 ~ 2	0：测量值为最大值（32751）； 1：测量值为最小值（-32751）； 2：测量值保持不变

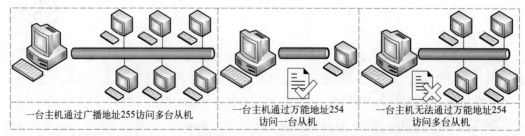

图 12-2　广播地址 255 与万能地址 254 工作原理示意图

（2）通信波特率

通信波特率是指每秒传输的比特数。波特率越大，数据传输越快；波特率越小，数据传输越慢。通常采用的波特率包括 1200 bit/s、2400 bit/s、4800 bit/s、9600 bit/s、19200 bit/s、38400 bit/s 和 57600 bit/s。例如，一页 A4 纸可以布满 2000 个汉字，每个汉字编码为 2 个字节，打包 1 个字节共计需要 10 bit，则 2000 个汉字需要 40000 bit。如果波特率设置为 9600 bit/s，发送完一页 A4 纸内容约需要 4.2 s，如果波特率设置为 57600 bit/s，则只需要 0.7 s。主机与从机必须设置为相同的通信波特率才能进行通信。线路质量和数据线的长短也会影响数据的传输，线路质量较差或数据线较长，数据容易丢失。

（3）奇偶校验

奇偶校验是计算机通信领域中一种校验代码传输正确性的方法。根据被传输的一组二进制代码的数位中"1"的个数是奇数或偶数来进行校验。采用奇数的称为奇校验，反之，称为偶校验。多路模拟量采集模块 LD7014 的校验方式约定如表 12-1 所示，寄存器地址 502 处存储的数值为 0 时，表示无校验；该数值为 1 时，表示偶校验；数值为 2 时，表示奇校验。

（4）通信异常

在通信过程中，出现开路、短路、输入超量程等通信异常情况时，LD7014 每个通道的测量值将按通信异常参数代表的数值输出。例如，通信异常参数设定为 0，表示测量值为最大值 32751，当 LD7014 的第一个通道"CH1"开路时，第一通道的测量值显示为 32751；如果设定为 1，表示测量值为 −32751，则当第一通道"CH1"开路时，第一通道的测量值显示为 −32751；如果设定为 2，表示测量值不变，则当第一通道"CH1"开路时，假设前一时刻的值为 66，则开路后保持不变，第一通道的测量值仍然显示为 66。

12.1.2　通信参数读写指令

主机可以向从机发送 Modbus RTU 读指令读取通信参数的值，或者发送写指令改变通信参数的值，两者都需要构造 Modbus RTU 指令。

通道参数读写指令

假设 LD7014 地址为 3，以图 12-3 中所示的"03 03 01 F4 00 01 C5 E6"读指令为例。读指令的第 1 个字节代表仪表地址 3，转化为十六进制为"03"；第 2 个字节"03"为功能码，代表"读"保持寄存器的值；第 3 个字节"01"与第 4 个字节"F4"连在一起表示"01F4"，转化为十进制为 500，查表 12-1 可知地址为 500 的寄存器存放的是"仪表地址"，即"03"，因此，第 3 个字节与第 4 个字节合在一起表示要读取数据所在寄存器的

Modbus RTU 发送读指令问询帧						寄存器地址	寄存器内容	Modbus RTU 接收读指令应答帧					
地址码	功能码	起始地址	数据长度	CRC低字节	CRC高字节			地址码	功能码	返回字节数	字节内容	CRC低字节	CRC高字节
1字节	1字节	2字节	2字节	1字节	1字节			1字节	1字节	1字节	X字节	1字节	1字节
03	03	01 F4	00 01	C5	E6	01F4	03	03	03	02	00 03	81	85
仪表地址	读保持寄存器	从01F4地址开始	读0001个字	"03 03 01 F4 00 01"这6个字节对应的CRC码			00 … …	仪表地址	读保持寄存器	返回2个字节	内容为0003，表示当前仪表地址为03	"03 03 02 00 03"这5个字节对应的CRC码	
03	03	01 F5	00 01	94	26	01F5	00	03	03	02	00 03	81	85
							00	内容为0003，换算为十进制3，对应9600，表示通信波特率为9600 bit/s					
03	03	01 F6	00 01	64	26	01F6	00	03	03	02	00 00	C1	84
							00	内容为0000，换算为十进制0，表示无奇偶校验					
03	03	01 FA	00 01	A4	25	01FA	00	03	03	02	00 00	C1	84
							00	内容为0000，换算为十进制0，表示测量值为最大值32751					

图 12-3　多路模拟量采集模块 LD7014 通信参数读指令问询帧与应答帧分解示意图

起始地址；第 5 个字节为"00"，第 6 个字节为"01"，两个字节合在一起为"0001"，转化为十进制为 1，表示从起始地址开始要读取数据的长度，为 1 个"字"，即两个字节；第 7 个字节与第 8 个字节为前面 6 个字节"03 03 01 F4 00 01"对应的循环冗余校验码 CRC，CRC 包括两个字节，第 7 个字节对应 CRC 的低字节，第 8 个字节对应 CRC 的高字节。主机发送的指令称为问询帧，从机接收指令后回复主机的指令称为应答帧。应答帧前两个字节与问询帧相同；第 3 个字节表示返回的数据字节个数；第 3 个字节后紧接着的是数据的内容，其字节个数与第 3 个字节数目一致；最后两个字节为 CRC，仍然是按低字节在前、高字节在后的顺序排列。如图 12-4 所示，在"循环冗余校验码 CRC"程序输入框中以空格为间隔输入十六进制"03 03 01 F4 00 01"，点击"计算 CRC"按钮，程序自动识别要计算字节的个数为 6 个字节，计算结果将低字节显示为"L[XX]"，高字节显示为"H[XX]"。本例"03 03 01 F4 00 01"对应的 CRC 为 L[C5] H[E6]，完整的读指令为"03 03 01 F4 00 01 C5 E6"。

图 12-4　循环冗余校验码 CRC 计算结果展示图

同样假设 LD7014 地址为 3，以图 12-5 中所示的"03 06 01 F4 00 03 88 27"写指令为例。写指令的第 1 个字节代表仪表地址 3，转化为十六进制为"03"；第 2 个字节"06"为功能码，代表"写"保持寄存器的值；第 3 个与第 4 个字节表示要写入数据所在寄存器的起始地址；第 5 个与第 6 个字节表示数据的内容；第 7 个字节对应 CRC 的低字节，第 8 个字节对应 CRC 的高字节。应答帧与问询帧内容相同。

Modbus RTU 发送写指令问询帧						寄存器地址	寄存器内容	Modbus RTU 接收写指令应答帧					
地址码	功能码	起始地址	数据内容	CRC低字节	CRC高字节			地址码	功能码	起始地址	字节内容	CRC低字节	CRC高字节
1字节	1字节	2字节	2字节	1字节	1字节			1字节	1字节	2字节	2字节	1字节	1字节
03	06	01 F4	00 03	88	27	01F4	03	03	06	01 F4	00 03	88	27
仪表地址	写保持寄存器	从01F4地址开始	写入"0003"	"03 06 01 F4 00 03"这6个字节对应的CRC码			00 … …	仪表地址	写保持寄存器	地址为01F4	内容为0003，表示当前仪表地址03写入成功	"03 06 01 F4 00 03"这6个字节对应的CRC码	
03	06	01 F5	00 03	D9	E7	01F5	00	03	06	01 F5	00 03	D9	E7
								内容为0003，换算为十进制3，对应9600，表示通信波特率9600 bit/s写入成功					
03	06	01 F6	00 00	69	E6	01F6	00 00	03	06	01 F6	00 00	69	E6
								内容为0000，换算为十进制0，对应无奇偶校验，表示无奇偶校验写入成功					

图 12-5　多路模拟量采集模块 LD7014 通信参数写指令问询帧与应答帧分解示意图

采用 SSCOM 串口／网络数据调试器，如图 12-6 右下角所示，设置通信参数为"9600 bps，8，1，None，None"，即波特率为 9600 bit/s，8 位数据位，1 位停止位，无奇偶校验，无流控制。在调试器软件右侧窗格中输入读指令与写指令，点击窗格右侧按钮发送。图 12-6 左侧图左上方为读指令的应答帧，图 12-6 右侧图左上方为写指令的应答帧。通过 SSCOM 串口／网络数据调试器可以快速检测多路模拟量采集模块各项参数设置是否满足要求，减少 MCGS 通信故障检测时间。

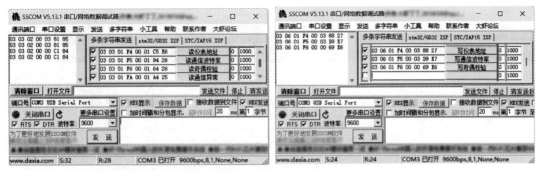

图 12-6 主机向从机发送读写指令问询帧与应答帧展示图

12.1.3 通道参数

表 12-2 列出了多路模拟量采集模块 LD7014 通道参数，包括各个通道的名称、符号、寄存器偏移量、取值范围和说明。CSXX 表示第"XX"通道对应的通道开关，SnXX 表示第"XX"通道对应的输入信号类型。在 Modbus RTU 协议中，通过各通道参数对应的寄存器地址读取或修改各通道参数，通道参数对应寄存器地址计算公式如下：

$$通道参数寄存器地址 =（通道号 -1）\times 64+1000 + 寄存器偏移量$$

例如，通道号 01 对应输入信号类型 Sn01 的寄存器地址为（1-1）×64+1000+1=1001；通道号 02 对应输入信号类型 Sn02 的寄存器地址为（2-1）×64+1000+1=1065。

表 12-2 多路模拟量采集模块 LD7014 通道参数列表

名称	符号	寄存器偏移量	取值范围	说明
通道开关	CSXX	0	0、1	0：打开通道；1：关闭通道
输入信号类型	SnXX	1	0 ~ 22	0：K 型热电偶； 1：S 型热电偶； 2：B 型热电偶； 3：T 型热电偶； 4：E 型热电偶； 5：J 型热电偶； 6：N 型热电偶； 7：W-Re3/25； 8：W-Re5/26； 9：R 型热电偶； 10：Pt100； 11：Cu50； 12：Cu100； 13：0 ~ 5 V； 14：1 ~ 5 V； 15：0 ~ 10 V； 16：4 ~ 20 mA； 17：0 ~ 10 mA； 18：0 ~ 20 mV； 19：0 ~ 60 mV； 20：0 ~ 100 mV； 21：0 ~ 500 mV；22：0 ~ 400 Ω
热电偶冷端温度补偿方式	CCXX	2	0、1	0：无；1：仪表内测温元件补偿
工程单位	UnXX	3	0、1	0：摄氏度（℃）；1：华氏度（℉）
线性输入下限	iLXX	4	-999 ~ 9999	线性输入时的量程下限
线性输入上限	iHXX	5	-999 ~ 9999	线性输入时的量程上限
斜率系数	KXX	6	-0.999 ~ 2.000	修正测量值的斜率，仪表显示值等于仪表测量值乘以 KXX
平移修正	AuXX	7	-999 ~ 9999	用于对测量的静态误差进行修正；通常为 0；当输入为温度时，保留一位小数
小信号切除	C1XX	8	-999 ~ 9999	当 C1XX 为非零并且测量值小于 C1XX 时，测量值用 C2XX 替代。例如，C101 = 5，C201 = 0，当第一通道测量值小于 5 时，用 0 替代
切除替代	C2XX	9	-999 ~ 9999	

名称	符号	寄存器偏移量	取值范围	说明
滤波系数	FiXX	10	0 ~ 99	当输入受到干扰导致数字跳动时，采用数字滤波对测量值光滑。0 表示没有任何滤波，FiXX 越大，测量值越稳定，但响应越慢。一般受到较大干扰时，逐步增大 FiXX 值，使测量值瞬时跳动少于 2 ~ 5 个数字
小数点	PnXX	11	0 ~ 3	0: ----.（个位）; 1: ---.-（十位）; 2: --.--（百位）; 3: -.---（千位）。 当输入为温度时，测量值保留一位小数，与 PnXX 设置无关

12.1.4　通道参数读写指令

（1）读通道参数指令

以读取第 3 通道"输入信号类型"Sn03 为例，构造读指令的问询帧。仪表地址为 3，第 1 个字节为"03"；读取数据，第 2 个字节为"03"；第 3 通道"输入信号类型"参数对应寄存器的地址为 (3-1)×64+1000+1=1129，转换为十六进制为"0469"，第 3 个字节为"04"，第 4 个字节为"69"；读取一个参数，对应"0001"，第 5 个字节为"00"，第 6 个字节为"01"；CRC 低字节为"54"，CRC 高字节为"C4"，则读指令的问询帧为"03 03 04 69 00 01 54 C4"，发送后返回的应答帧为"03 03 02 00 00 C1 84"。

应答帧的第 4 个字节为"00"，第 5 个字节为"00"，说明第 3 通道 Sn03 参数值为 0，该通道"输入信号类型"对应 K 型热电偶。

表 12-3 为多路模拟量采集模块 LD7014 通道参数读指令汇总列表，主机采用万能地址 254 与从机 LD7014 通信。表 12-3 中列出了读取每个通道参数对应的问询帧与应答帧。

表 12-3　多路模拟量采集模块 LD7014 通道参数读指令汇总列表

指令功能	问询帧	应答帧
读 4 个通道测量值 PV01、PV02、PV03、PV04	FE 03 00 00 00 04 50 06	FE 03 08 01 07 01 01 01 10 01 17 6C 7A
读 CS01	FE 03 03 E8 00 01 10 75	FE 03 02 00 00 AC 50
读 Sn01	FE 03 03 E9 00 01 41 B5	FE 03 02 00 03 EC 51
读 CC01	FE 03 03 EA 00 01 B1 B5	FE 03 02 00 01 6D 90
读 Un01	FE 03 03 EB 00 01 E0 75	FE 03 02 00 00 AC 50
读 iL01	FE 03 03 EC 00 01 51 B4	FE 03 02 FE 0C EC 35
读 iH01	FE 03 03 ED 00 01 00 74	FE 03 02 32 C8 B8 A6
读 K01	FE 03 03 EE 00 01 F0 74	FE 03 02 00 00 AC 50
读 Au01	FE 03 03 EF 00 01 A1 B4	FE 03 02 00 00 AC 50
读 C101	FE 03 03 F0 00 01 90 72	FE 03 02 00 00 AC 50
读 C201	FE 03 03 F1 00 01 C1 B2	FE 03 02 00 00 AC 50
读 Fi01	FE 03 03 F2 00 01 31 B2	FE 03 02 00 00 AC 50
读 Pn01	FE 03 03 F3 00 01 60 72	FE 03 02 00 01 6D 90

续表

指令功能	问询帧	应答帧
读 CS02	FE 03 04 28 00 01 11 3D	FE 03 02 00 00 AC 50
读 Sn02	FE 03 04 29 00 01 40 FD	FE 03 02 00 00 AC 50
读 CC02	FE 03 04 2A 00 01 B0 FD	FE 03 02 00 01 6D 90
读 Un02	FE 03 04 2B 00 01 E1 3D	FE 03 02 00 00 AC 50
读 iL02	FE 03 04 2C 00 01 50 FC	FE 03 02 FE 0C EC 35
读 iH02	FE 03 04 2D 00 01 01 3C	FE 03 02 32 C8 B8 A6
读 K02	FE 03 04 2E 00 01 F1 3C	FE 03 02 00 00 AC 50
读 Au02	FE 03 04 2F 00 01 A0 FC	FE 03 02 00 00 AC 50
读 C102	FE 03 04 30 00 01 91 3A	FE 03 02 00 00 AC 50
读 C202	FE 03 04 31 00 01 C0 FA	FE 03 02 00 00 AC 50
读 Fi02	FE 03 04 32 00 01 30 FA	FE 03 02 00 00 AC 50
读 Pn02	FE 03 04 33 00 01 61 3A	FE 03 02 00 01 6D 90
读 CS03	FE 03 04 68 00 01 10 E9	FE 03 02 00 00 AC 50
读 Sn03	FE 03 04 69 00 01 41 29	FE 03 02 00 00 AC 50
读 CC03	FE 03 04 6A 00 01 B1 29	FE 03 02 00 01 6D 90
读 Un03	FE 03 04 6B 00 01 E0 E9	FE 03 02 00 00 AC 50
读 iL03	FE 03 04 6C 00 01 51 28	FE 03 02 FE 0C EC 35
读 iH03	FE 03 04 6D 00 01 00 E8	FE 03 02 32 C8 B8 A6
读 K03	FE 03 04 6E 00 01 F0 E8	FE 03 02 00 00 AC 50
读 Au03	FE 03 04 6F 00 01 A1 28	FE 03 02 00 00 AC 50
读 C103	FE 03 04 70 00 01 90 EE	FE 03 02 00 00 AC 50
读 C203	FE 03 04 71 00 01 C1 2E	FE 03 02 00 00 AC 50
读 Fi03	FE 03 04 72 00 01 31 2E	FE 03 02 00 00 AC 50
读 Pn03	FE 03 04 73 00 01 60 EE	FE 03 02 00 01 6D 90
读 CS04	FE 03 04 A8 00 01 10 D5	FE 03 02 00 00 AC 50
读 Sn04	FE 03 04 A9 00 01 41 15	FE 03 02 00 03 EC 51
读 CC04	FE 03 04 AA 00 01 B1 15	FE 03 02 00 01 6D 90
读 Un04	FE 03 04 AB 00 01 E0 D5	FE 03 02 00 00 AC 50
读 iL04	FE 03 04 AC 00 01 51 14	FE 03 02 F8 30 EF 84
读 iH04	FE 03 04 AD 00 01 00 D4	FE 03 02 0D AC A8 BD
读 K04	FE 03 04 AE 00 01 F0 D4	FE 03 02 00 00 AC 50
读 Au04	FE 03 04 AF 00 01 A1 14	FE 03 02 00 00 AC 50
读 C104	FE 03 04 B0 00 01 90 D2	FE 03 02 00 00 AC 50
读 C204	FE 03 04 B1 00 01 C1 12	FE 03 02 00 00 AC 50
读 Fi04	FE 03 04 B2 00 01 31 12	FE 03 02 00 00 AC 50
读 Pn04	FE 03 04 B3 00 01 60 D2	FE 03 02 00 01 6D 90

（2）写通道参数指令

将第 4 通道"输入信号类型"Sn04 设置为 T 型热电偶。查表 12-2 可知，输入信号类型为 T 型热电偶时，Sn04 的值为 3。构造写指令，第 1 个字节为"03"，表示仪表地址；第 2 个字节为"06"，表示将数据写入操作寄存器；Sn04 对应寄存器地址为（4-1）×64+1000+1=1193，转换为十六进制"04A9"，第 3 个字节为"04"，第 4 个字节为"A9"；写入内容为"0003"，第 5 个字节为"00"，第 6 个字节为"03"；CRC 低字节为"19"，CRC 高字节为"39"，则写指令的问询帧为"03 06 04 A9 00 03 19 39"，发送写指令后返回的应答帧为"03 06 04 A9 00 03 19 39"。再次发送读指令问询帧"03 03 04 A9 00 01 54 F8"，返回读指令应答帧"03 03 02 00 03 81 85"。其第 4 个字节为"00"，第 5 个字节为"03"，与写入的数据 3 相同，表示写操作成功。

12.2 MCGS设备组态

设备组态

各种外部设备或传感器，只要具有 Modbus RTU 通信功能，都可以通过 MCGS 设备组态与主机互联为网络。主机通过读写指令与各从机通信，完成测量与控制。安装完"McgsPro 组态软件"后，通过该软件的"设备窗口"可以实现对各个串口子设备的访问。

12.2.1 通用串口父设备

运行"McgsPro 组态软件"，在"设备窗口"属性页中双击"设备窗口"图标，点击"工具栏"中的"工具箱"图标，如图 12-7 ①所示，在"设备工具箱"中用鼠标左键点击"通用串口父设备"②，将其放入"设备窗口"中，显示为"通用串口父设备 0--[通用串口父设备]"③，双击该图标，弹出"通用串口设备属性编辑"框。"设备名称"与"设备注释"均可以双击"设备属性值"对应的项进行修改；"初始工作状态"选择"1- 启动"；"串口端口号（1～255）"设置为用户具有的端口号，本例为"2-COM3"；"通讯波特率"与"数据校验方式"

图 12-7　通用串口父设备通信参数设置界面图

要与 LD7014 的设置保持一致，"数据位位数"选择"1-8 位"，"停止位位数"选择"0-1 位"。

12.2.2　多路模拟量采集模块 LD7014 串口子设备

在"设备工具箱"中选择"ModbusRTU_串口"，如图 12-8 ①所示，用鼠标左键选中，然后放入设备窗口"通用串口父设备 0--[通用串口父设备]"作为子设备②，双击子设备图标，弹出图 12-8 所示界面，更改"设备名称"为"炉温"，"设备注释"为"LD7014"，初始工作状态选择"1- 启动"。

图 12-8　Modbus RTU 串口子设备通信参数设置界面图

（1）最小采集周期

最小采集周期是 MCGS 对设备进行操作的时间周期，单位为 ms，默认为 100 ms，根据采集数据量的大小，设置值可适当调整，此处设置为 500 ms。

（2）设备地址

必须和仪表的地址相一致，范围为 0 ～ 255。此处设置为 3，与 LD7014 仪表地址相同。

（3）通信等待时间

通信（软件中为通讯）等待时间默认设置为 200 ms，根据采集数据量的大小，设置值可适当调整，值设置过小会导致数据来不及返回。

（4）16 位整数字节序

其作用为调整字元件的解码顺序。一个字由两个字节构成，在解码时有两种情况：一种是低字节在前，另一种是高字节在前（表 12-4）。对于 Modicon(莫迪康)PLC 及标准 PLC 设备，使用默认值即可。

表 12-4　16 位整数解码顺序表

字节顺序	16 位整数解码顺序	案例
0-12	表示字元件高低字节不颠倒（默认值）	例如：0001H，表示 1（00 01H）
1-21	表示字元件高低字节颠倒	例如：0001H，表示 256（01 00H）

（5）32 位整数字节序

其作用为调整双字元件的解码顺序。32 位整数解码顺序表如表 12-5 所示。对于 Modicon

PLC，设置为"2-3412"顺序解码。

表12-5　32位整数解码顺序表

字节顺序	32 位整数解码顺序	案例
0-1234	双字元件不做处理直接解码（默认值）	例如：00 00 00 01H，表示 1（00 00 00 01H）
1-2143	双字元件高低字不颠倒，但字内高低字节颠倒	例如：00 00 00 01H，表示 256（00 00 01 00H）
2-3412	双字元件高低字颠倒，但字内高低字节不颠倒	例如：00 00 00 01H，表示 65536（00 01 00 00H）
3-4321	双字元件内 4 个字节全部颠倒	例如：00 00 00 01H，表示 1677 7216（01 00 00 00H）

（6）32 位浮点字节序

其作用为调整双字元件的解码顺序。32 位浮点数解码顺序表如表 12-6 所示。对于 Modicon PLC，设置为"2-3412"顺序解码。

表12-6　32位浮点数解码顺序表

字节顺序	32 位浮点数解码顺序	案例
0-1234	表示双字元件不做处理直接解码（默认值）	例如：3F 80 00 00H，表示 1.0
1-2143	表示双字元件高低字不颠倒，但字内高低字节颠倒	例如：3F 80 00 00H，表示 -5.78564×10^{-39}
2-3412	表示双字元件高低字颠倒，但字内高低字节不颠倒	例如：3F 80 00 00H，表示 2.27795×10^{-41}
3-4321	表示双字元件内 4 个字节全部颠倒	例如：3F 80 00 00H，表示 4.60060×10^{-41}

（7）校验数据字节序

其作用是选择 CRC 校验值的组合方式，对于 Modicon PLC 及标准 PLC 设备，使用默认设置即可，即 0-LH[低字节，高字节] 设置。

0-LH[低字节，高字节]：校验结果为 2 个字节，低字节在前，高字节在后。

1-HL[高字节，低字节]：校验结果为 2 个字节，高字节在前，低字节在后。

（8）分块采集方式

驱动采集数据分块包括按最大长度分块和按连续地址分块两种方式。对于 Modicon PLC 及标准 PLC 设备，使用默认设置可以提高采集效率。

0- 按最大长度分块（默认设置）：采集分块按最大块长处理，对地址不连续但地址相近的多个分块，分为一块一次性读取，以优化采集效率。

1- 按连续地址分块：采集分块按地址连续性处理，对地址不连续的多个分块，每次只采集连续地址，不做优化处理。

例如：4 区寄存器地址分别为 1 ～ 5、7、9 ～ 12 的数据需要采集，如果选择"0- 按最大长度分块"，则两块可优化为地址 1 ～ 12 的数据打包 1 次完成采集；如果选择"1- 按连续地址分块"，则需要采集 3 次。

（9）4 区写功能码

其作用为选择写 4 区单字时的功能码。这个属性主要是针对自己制作设备的用户而设置的，这样的设备 4 区单字写只支持 0x10 功能码，而不支持 0x06 功能码。

0-0x06：单字写功能码使用 0x06。

1-0x10：单字写功能码使用 0x10。

解码顺序及"校验数据字节序"设置主要是针对非标准 Modbus RTU 协议的不同解码及校验顺序。当用户通过本驱动软件与设备通信时，如果出现解析数据值不对，或者通信校验错误，可向厂家咨询后对以上两项进行设置；而对于 Modicon PLC 及支持标准 Modbus RTU 的 PLC 及控制器等设备，一般需将"32 位整数字节序"和"32 位浮点字节序"设置为"2-3412"。另外，在使用本驱动与"Modbus 串口数据转发设备"构件通信时，"解码顺序"及"校验方式"均须按默认值设置，否则会导致通信失败或解析数据错误。

"分块采集方式"设置主要是针对非标准 Modbus RTU 协议设备。当用户通过本驱动软件与设备通信时，如果按默认"0- 按最大长度分块"时，出现读取连续地址正常，而不连续地址不正常时，可与厂家咨询，并设置为"1- 按连续地址分块方式"尝试是否能够正常通信；而对于 Modicon PLC 和支持标准 Modbus RTU 的 PLC 控制器等设备，直接使用默认设置即可，提高采集效率。

12.2.3　MCGS 串口通道设置方式

从串口子设备读取数据的一种简便方法是采用设备通道，存放 LD7014 各个参数的寄存器称为通道，通道类型对应 Modbus RTU 协议中的寄存器类型，如表 12-7 所示；数据类型是指存在寄存器内的数据以何种数据类型进行处理；通道地址是指寄存器起始位置；通道个数是指寄存器的个数；地址偏移是指相对于寄存器起始位置偏移了多少个寄存器。

表 12-7　莫迪康驱动构件支持的通道类型及功能码列表

通道类型	数据类型	读功能码	写功能码	功能码说明	操作方式	通道举例
[1 区] 输入继电器	BT	02	—	02：读取输入状态	只读	10001 表示 1 区 地址 1
[0 区] 输出继电器	BT	01	05 15	01：读取线圈状态 05：强制单个线圈 15：强制多个线圈	读写	00001 表示 0 区 地址 1
[3 区] 输入寄存器	BT、WUB、 WB、WD DUB、DB、 DD、DF、STR	04	—	04：读输入寄存器	只读	30001 表示 3 区 地址 1
[4 区] 输出寄存器	BT、WUB、 WB、WD DUB、DB、 DD、DF、STR	03	06 16	03：读保持寄存器 06：预置单个寄存器 16：预置多个寄存器	读写	40001 表示 4 区 地址 1

以 LD7014 为例，对应 LD7014 采集模块 CH1 通道的测量数据保存在 3 区输入寄存器，属于"[3 区] 输入寄存器"通道；起始地址为 1，对应通道地址为 1；只读取 1 个通道，对应通道个数为 1；读取的数据置于"LD7014_CH1"变量中；数据类型选择"16 位有符号二进制"；其他参数保持默认值，如图 12-9 所示。点击"确认"按钮，当前添加的通道与变量"LD7014_CH1"实现关联，通道名称为"只读 3WB0001"，如图 12-10 所示。"3"代表"[3 区] 输入寄存器"，"WB"代表"16 位有符号二进制"，"0001"代表第 1 个通道。

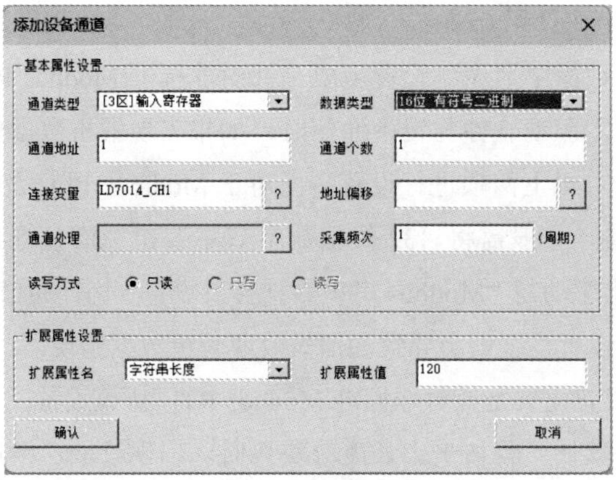

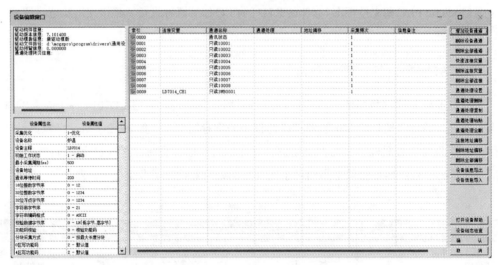

图 12-9　添加设备通道过程示意图

图 12-10　添加设备通道后示意图

　　LD7014 采集模块的 CH1 通道安装了 K 型热电偶，测定人体手指触摸热电偶温度变化过程。通道参数设置完毕后，直接运行程序，运行结果如图 12-11 所示。图 12-11 中曲线温度较高的平台部分表示手指捏着热电偶不动，下降部分表示手指松开，热电偶置于室温环境。程序从运行开始便不停地以设置好的 500 ms 周期与 LD7014 通信，适用于对数据的连续采集。

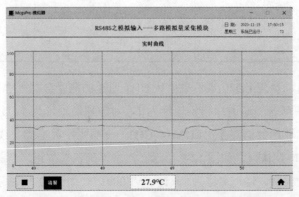

图 12-11　采用通道设置读取 LD7014 数据运行结果图

12.2.4 MCGS 串口指令方式

界面组态

MCGS 串口指令方式是指通过 SetDeivce 命令构造得到的读指令或写指令。采用通道设置方式进行通信的缺点是浪费 CPU 时间，而指令方式会根据需要进行读取，比通道设置方式更灵活。

在设备编辑窗口中选中"LD7014_CH1"连接变量，点击"删除连接变量"按钮，将"LD7014_CH1"变量与"只读 3WB0001"通道名称之间的关联断开，再次运行程序，主机将不再与从机发生通信，说明通信断开成功。在属性页界面点击用户窗口，在用户窗口下面选择"第 12 章 _LD7014"子窗口，如图 12-12 所示；双击"第 12 章 _LD7014"子窗口，弹出图 12-13 左侧所示主界面，双击"第 12 章 _LD7014"子窗口中右侧空白处灰色区域，弹出图 12-13 右侧图所示的"用户窗口属性设置"界面；在属性页中选择"循环脚本"，点击"打开脚本程序编程器"按钮，在界面中输入程序脚本。

图 12-12 选择用户窗口示意图

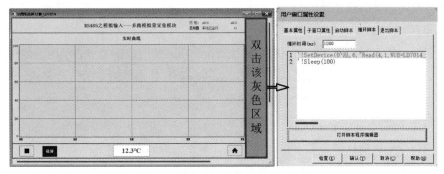

图 12-13 循环脚本程序代码输入示意图

程序脚本指令集如下：

```
!SetDevice(炉温,6,"Read(4,1,WUB=LD7014_CH1)")
!Sleep(100)
```

MCGS 设备组态中操作串口的莫迪康指令与 Modbus RTU 指令格式如图 12-14 所示，莫迪康将指令封装成命令，更容易看懂。对比 Modbus RTU 指令，其主要表现为以下几个方面。

图 12-14 操作串口莫迪康指令与 Modbus RTU 指令对比示意图

（1）仪表地址

莫迪康指令中的"设备名称"代表仪表地址，在通用串口父设备下建立子设备时，已经为该设备指定了仪表地址，本例中设备名称为"炉温"，其仪表地址为3；Modbus RTU指令中第一个字节代表仪表地址。

（2）功能码

莫迪康指令通过 SetDevice 命令中的"Read"或"Write"关键词说明对子设备进行读或写，但无法区分寄存器区域；Modbus RTU 指令通过 01、02、03、04、05、06、15、16 等功能码对寄存器区域读写，这些功能码已经包含有寄存器的分区信息，即通过功能码可以区分输入继电器、输出继电器、输入寄存器和输出寄存器等。

（3）起始地址

莫迪康指令通过"寄存器区"和"寄存器地址"两个参数定位待访问寄存器的位置。"寄存器区"指明寄存器的类型，如输入继电器、输出继电器、输入寄存器和输出寄存器。"寄存器地址"指明待访问寄存器在该区域的地址，采用十进制，地址比 Modbus RTU 指令指定的地址多 1。例如，Modbus RTU 地址为 2A，则莫迪康地址为 2A+1，转化成十进制即 43，而 Modbus RTU 指令由于在起始地址前面的功能码已经表明了寄存器所在的区域，可以直接访问某个区域指定地址的寄存器。

（4）寄存器个数

指从起始地址开始的寄存器的个数。莫迪康指令用连续的数据类型表示地址偏移，例如，WUB 表示偏移 1 个字，DB 表示偏移 2 个字。Modbus RTU 指令用字的倍数表示，寄存器通常为 16 位，即 1 个字长，相当于 2 个字节。

（5）数据类型

莫迪康指令中所用数据类型如表 12-8 所示。数据类型的第一个字母表示数据占据字节的长度。B（byte）表示是一个字节数据，W（word）表示是两个字节（一个字）数据，D（double word）表示是四个字节（两个字）数据。第二个字母及后续的字母表示数据类型。B 表示二进制数（binary）；D表示BCD(binary coded decimal)码，即用 4 个二进制位表示 1 个十进制位；F 表示浮点数（float）；字符中二进制数中带 U 表示无符号数（unsigned），不带 U 默认为有符号数。

表 12-8　莫迪康指令中数据类型列表

数据类型	说明	数据类型	说明
BTdd	位（dd 范围：00～15）	WD	16 位 4 位 BCD
BUB	8 位无符号二进制	DUB	32 位无符号二进制
BB	8 位有符号二进制	DB	32 位有符号二进制
BD	8 位 2 位 BCD	DD	32 位 8 位 BCD
WUB	16 位无符号二进制	DF	32 位浮点数
WB	16 位有符号二进制	STR	字符串

第13章

RS-485 之模拟输出——多路模拟量输出模块

13.1 多路模拟量输出模块

　　亨立德 LD7024-I3（简称 LD7024）是一款多路模拟量输出模块，能够输出 4 路电流和电压信号，其通信连接示意如图 13-1 所示。LD7024 中的数字"4"代表 4 路输出。LD7024 通过 USB2.0 TO RS-422/RS-485 转换接口与上位机连接，采用 Modbus RTU 协议与上位机通信，上位机为主机，LD7024 为从机。当主机连接多台从机时，从机地址必须互不相同，并且主机与各从机通信波特率保持相同，此时，可以实现一台主机访问多台从机。本例中 LD7024 仪

LD7024仪表
介绍

LD7024端子
连线

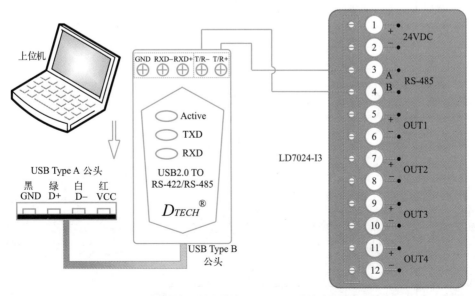

图 13-1　多路模拟量输出模块 LD7024 通信线路连接示意图

表地址设置为 7。主机向从机发送指令称为问询帧，从机应答主机称为应答帧。

LD7024 的每一路可以安装不同的模拟量输出模块，如表 13-1 所示，包括电流输出和电压输出两种类型。例如，如果在"OUT1"输出端安装了"U1"模块，表明第 5 端子可以输出 0～5V 电压，第 6 端子为直流地 GND；同理，如果在"OUT3"输出端口安装了"U3"模块，表明第 9 端子可以输出 1～5V 电压，第 10 端子为直流地 GND。本例采用 LD7024-I3，即各输出端口为电流输出，最小输出为 0 mA，最大输出为 20 mA。

表 13-1　多路模拟量输出模块 LD7024 模块输出类型说明表

电流输出类型	寄存器地址	电压输出类型	说明
I1	4～20 mA 电流输出	U1	0～5 V 电压输出
I2	0～10 mA 电流输出	U2	0～10 V 电压输出
I3	0～20 mA 电流输出	U3	1～5 V 电压输出

13.1.1　仪表参数

多路模拟量输出模块 LD7024 模块包括通道 1 输出值、通道 2 输出值、通道 3 输出值、通道 4 输出值、仪表地址、通信波特率和奇偶校验 7 个参数，如表 13-2 所示。寄存器地址代表仪表参数存放在内部寄存器的位置，也是采用 Modbus RTU 指令访问仪表内存采用的地址；而 MCGS 地址是 McgsPro 组态软件通过 SetDevice 指令读写时操作的地址。例如，"4 区 3"表示第 4 区输出寄存器地址为 3 的寄存器，地址比 Modbus RTU 指令所用地址大 1，原因是 Modbus RTU 指令以 0 为寄存器开始，而 MCGS 以 1 为寄存器开始，故两者相差 1。

表 13-2　多路模拟量输出模块 LD7024 仪表参数列表

仪表参数	寄存器地址	取值范围	说明	MCGS 地址
通道 1 输出值	0	0～10000	第 1 通道模拟量输出百分比，0～10000 对应 0.00%～100.00%	4 区 1
通道 2 输出值	1	0～10000	第 2 通道模拟量输出百分比，0～10000 对应 0.00%～100.00%	4 区 2
通道 3 输出值	2	0～10000	第 3 通道模拟量输出百分比，0～10000 对应 0.00%～100.00%	4 区 3
通道 4 输出值	3	0～10000	第 4 通道模拟量输出百分比，0～10000 对应 0.00%～100.00%	4 区 4
仪表地址	500	0～255	0～253：仪表分配地址； 254：万能地址； 255：广播地址	4 区 501
通信波特率	501	0～7	0: 1200 bit/s； 1: 2400 bit/s； 2: 4800 bit/s； 3: 9600 bit/s； 4: 19200 bit/s； 5: 38400 bit/s； 6: 57600 bit/s； 7: 115200 bit/s	4 区 502
奇偶校验	502	0～2	0：无；1：偶校验；2：奇校验	4 区 503

（1）仪表地址

RS-485 能够进行一对多寻址，当一台主机连接多台从机时，主机通过仪表地址区分每台从机，因此，联网的每台从机地址必须各不相同。一般情况下，从机地址可以选择 0～253。254 为万能地址，如果一台从机的仪表地址未知，可以将该从机与主机单独连接，主机与从机形成一对一关系，此时，主机通过 254 地址访问从机，获得从机地址，然后再将从机并入网络，使用获得的从机地址联网通信。因此，从机的地址通过主机发送指令修改后，主机采用 254 地址仍然能够继续与之通信。255 为广播地址，当一台主机与多台从机联网时，需要将各个从机某一个参数修改为相同值，此时采用广播地址写入参数值，即可实现批量修改各个从机。

（2）通信波特率

主机与从机必须设置为相同的通信波特率才能进行通信。通信波特率存放在内部寄存器 501 中，对应十六进制为 "0x01F5"。该内部寄存器存放的数据为 0～7。"0" 对应 1200 bit/s，"1" 对应 2400 bit/s，"2" 对应 4800 bit/s，"3" 对应 9600 bit/s，等等，如表 13-2 所示。通信波特率一旦被修改，下次通信将无法进行，因此，每次从上位机修改完通信波特率后，要在从机仪表面板上重新改回原来设定的通信波特率。

（3）通道输出值

LD7024 包含 4 路输出通道，上位机向对应寄存器写入的值将转化为对应的输出电压。例如，"OUT1" 输出通道，安装了 "I3" 模块，输出电流为 0～20 mA。向端口输出 0 时，用万用表测得的电流为 0 mA；向端口输出 2000 时，用万用表测得的电流为 4 mA；向端口输出 5000 时，用万用表测得的电流为 10 mA；向端口输出 10000 时，用万用表测得的电流为 20 mA。

13.1.2　Modbus RTU 读指令

Modbus RTU 指令是主机与从机通信的必要途径，主机向从机发送问询帧时需要用户构造发送指令，从机接受问询帧后向主机发回应答帧，两者一问一答，形成会话式通信。指令的构造包括仪表地址、功能码、要读或写数据所在寄存器的地址、要读或写数据的个数和 CRC 等。

Modbus RTU
读指令

现以构造读 LD7024 奇偶校验数据为例，详细说明 Modbus RTU 指令的构造过程。查表 13-2 可知，奇偶校验参数存储在地址为 502 的寄存器内，将十进制 502 转换为十六进制为 01F6；仪表地址采用万能地址 254，转换为十六进制为 FE；由于奇偶校验参数存储在输出寄存器，因此，功能码使用 03；要读入的字数目为 1。这样，构造出前几个字节为 "FE 03 01 F6 00 01"。

运行 "循环冗余校验码 CRC" 程序，如图 13-2 所示，在输入框中输入待计算的字节序

图 13-2　循环冗余校验码 CRC 计算示意图

列"FE 03 01 F6 00 01",各个字节用空格分开,点击"计算 CRC"按钮,生成 2 个字节 L[71] 和 H[CB]。L[71] 代表低字节,字母"L"表示"low";H[CB] 代表高字节,字母"H"表示"high"。 低字节放在前面,高字节放在后面。完整的 Modbus RTU 指令为"FE 03 01 F6 00 01 71 CB"。 读仪表地址和通道输出值的指令解析详见表 13-3。

表 13-3　多路模拟量输出模块 LD7024 读指令解析表

指令功能	字段	含义	备注
读仪表地址	问询帧: FE 03 01 F4 00 01 D0 0B 功　能: 读仪表地址		
	FE	仪表地址	仪表地址为 254
	03	功能码	读保持寄存器
	01 F4	寄存器地址	仪表地址存放在 500 寄存器地址
	00 01	读取个数	读取数据的个数,以字为单位
	D0 0B	CRC	前 6 个字节数据的 CRC
	应答帧: FE 03 02 00 07 ED 92		
	FE	仪表地址	仪表地址为 254
	03	功能码	读保持寄存器
	02	返回字节数	返回 2 个字节
	00 07	返回内容	寄存器的内容为 07,表示仪表地址为 7
	ED 92	CRC	前 5 个字节数据的 CRC
读通道 1 至通道 4 输出值	问询帧: FE 03 00 00 00 04 50 06 功　能: 读通道 1、通道 2、通道 3 和通道 4 的输出值		
	FE	仪表地址	仪表地址为 254
	03	功能码	读保持寄存器
	00 00	寄存器地址	通道 1 输出值存放寄存器的地址
	00 04	读取个数	读取 4 个字
	50 06	CRC	前 6 个字节数据的 CRC
	应答帧: FE 03 08 13 88 00 00 00 00 00 00 EF D1		
	FE	仪表地址	仪表地址为 254
	03	功能码	读保持寄存器
	08	返回字节数	返回 8 个字节
	13 88	第 1 通道内容	1388H 对应十进制为 5000,即输出 10 mA
	00 00	第 2 通道内容	0000H 对应十进制为 0,即输出 0 mA
	00 00	第 3 通道内容	0000H 对应十进制为 0,即输出 0 mA
	00 00	第 4 通道内容	0000H 对应十进制为 0,即输出 0 mA
	EF D1	CRC	前 6 个字节数据的 CRC

采用 SSCOM 串口 / 网络数据调试器,如图 13-3 所示,设置通信参数为"9600 bps,8, 1,None,None",即波特率为 9600 bit/s,8 位数据位,1 位停止位,无奇偶校验,无流控制。 在调试器软件右侧窗格中输入读指令问询帧,点击窗格右侧"读 OUT1""读 OUT2""读

OUT3""读 OUT4""读仪表地址""读通信波特率"和"读奇偶校验"等按钮发送。图 13-3 左侧窗口内容为应答帧，应答帧中的第一个字节表示地址，第二个字节表示功能码，第三个字节表示返回数据的字节数。例如，应答帧"FE 03 02 00 07 ED 92"，第三个字节为"02"，表示数据长度为 2 个字节，因此，后面的第 4 个字节"00"和第 5 个字节"07"为返回的数据。最后两个字节"ED 92"为 CRC。

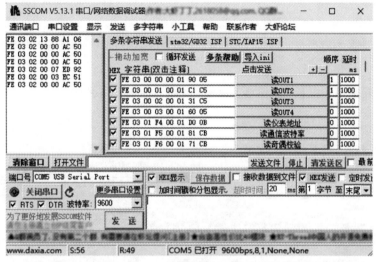

图 13-3　主机向 LD7024 从机发送读指令问询帧与应答帧展示图

13.1.3　Modbus RTU 写指令

Modbus RTU 写指令采用 06 和 16 两个功能码修改寄存器的值，06 功能码修改单个寄存器的值，16 功能码修改多个寄存器的值。下面通过案例说明。

Modbus RTU
写指令

（1）将仪表地址设为 7

LD7024 仪表使用万能地址 254，十六进制为 FE，因此，第 1 个字节为"FE"；该操作向寄存器写入数值，需采用 06 功能码，第 2 个字节为"06"；LD7024 仪表地址参数存放在 500 寄存器，对应十六进制为 1F4，第 3 个字节和第 4 个字节为"01 F4"；向寄存器写入的内容为 7，第 5 个字节和第 6 个字节为"00 07"；最后两个字节为"9C 09"，是 CRC，低字节在前，高字节在后，则写单个寄存器指令的问询帧为"FE 06 01 F4 00 07 9C 09"，发送后返回的应答帧为"FE 06 01 F4 00 07 9C 09"。应答帧与发送帧相同。

（2）写多通道模拟量输出值

将通道 1 至通道 4 模拟量输出值分别设为 20%、40%、60% 和 80%，LD7024 每个输出安装了 I3 模块，即 0 ～ 20 mA，根据比例换算为输出电流分别为 4 mA、8 mA、12 mA 和 16 mA，对应寄存器的内容分别为 2000、4000、6000 和 8000，转换为十六进制为 7D0、FA0、1770 和 1F40。已知 LD7024 仪表地址为 07，第 1 个字节为"07"；写入多个寄存器，功能码为 16，转换为十六进制为"10"；通道 1 的起始地址为 0，第 3 个字节和第 4 个字节为"00 00"；要写入 4 个通道，对应 4 个字，第 5 个字节与第 6 个字节为"00 04"；第 7 个字节为总共要写入的字节数，每个寄存器对应 2 个字节，4 个寄存器对应 8 个字节，第 7 个字节为"08"；第 8 个字节到第 15 个字节依次为"07 D0""0F A0""17 70"和"1F 40"；第 16 个字节"2D"为 CRC 低字节，第 17 个字节"1A"为 CRC 高字节。完整写指令问询帧为"07 10 00 00 00 04 08 07 D0 0F A0 17 70 1F 40 2D 1A"。发送后返回的应答帧为"07 10 00 00 00 04 C1 AC"。应答帧第 1 个字节为仪表地址，第 2 个字节为写多个寄存器功能码，第 3 个字节和第 4 个字节为寄存器起始地址，第 5 个字节和第 6 个字节为要写入的寄存器个数，第 7 个字节为 CRC 低字节，第 8 个字节为 CRC 高字节。

再次发送读多通道指令问询帧"FE 03 00 00 00 04 50 06"，返回应答帧为"FE 03 08 07 D0 0F A0 17 70 1F 40 BB A2"。

写通道 1 至通道 4 内容及读通道 1 至通道 4 内容如图 13-4 所示。

图 13-4　主机向 LD7024 从机发送读写多个寄存器指令问询帧与应答帧展示图

表 13-4 列出了多路模拟量输出模块 LD7024 部分写指令，以 FE 为仪表的万能通信地址，对每个通道写入不同的输出电流值，构造各条问询帧指令，发送后接收各个应答帧。采用 UT52 万用表测定对应输出端子的电流，以"OUT1"输出端写入 20 mA 电流为例，写入指令"FE 06 00 00 27 10 87 F9"发送完毕后，测定其电流为 20.2 mA，如图 13-5 所示。

表 13-4　多路模拟量输出模块 LD7024 写指令汇总列表

指令功能	说明	问询帧与应答帧	UT52 万用表测定电流
向 OUT1 写入 0 mA	0 mA 对应 0（0000H）	问询帧：FE 06 00 00 00 00 9D C5 应答帧：FE 06 00 00 00 00 9D C5	0.1 mA
向 OUT1 写入 5 mA	5 mA 对应 2500（09C4H）	问询帧：FE 06 00 00 09 C4 9A 06 应答帧：FE 06 00 00 09 C4 9A 06	5.1 mA
向 OUT1 写入 10 mA	10 mA 对应 5000（1388H）	问询帧：FE 06 00 00 13 88 90 93 应答帧：FE 06 00 00 13 88 90 93	10.1 mA
向 OUT1 写入 15 mA	15 mA 对应 7500（1D4CH）	问询帧：FE 06 00 00 1D 4C 95 60 应答帧：FE 06 00 00 1D 4C 95 60	15.1 mA
向 OUT1 写入 20 mA	20 mA 对应 10000（2710H）	问询帧：FE 06 00 00 27 10 87 F9 应答帧：FE 06 00 00 27 10 87 F9	20.2 mA
向 OUT2 写入 2 mA	2 mA 对应 1000（03E8H）	问询帧：FE 06 00 01 03 E8 CC BB 应答帧：FE 06 00 01 03 E8 CC BB	2.1 mA

续表

指令功能	说明	问询帧与应答帧	UT52 万用表测定电流
向 OUT2 写入 4 mA	4 mA 对应 2000（07D0H）	问询帧：FE 06 00 01 07 D0 CF A9 应答帧：FE 06 00 01 07 D0 CF A9	4.1 mA
向 OUT2 写入 6 mA	6 mA 对应 3000（0BB8）	问询帧：FE 06 00 01 0B B8 CB 47 应答帧：FE 06 00 01 0B B8 CB 47	6.1 mA
向 OUT2 写入 8 mA	8 mA 对应 4000（0FA0）	问询帧：FE 06 00 01 0F A0 C9 8D 应答帧：FE 06 00 01 0F A0 C9 8D	8.1 mA
向 OUT2 写入 10 mA	10 mA 对应 5000（1388H）	问询帧：FE 06 00 01 13 88 C1 53 应答帧：FE 06 00 01 13 88 C1 53	10.1 mA
向 OUT3 写入 3 mA	3 mA 对应 1500（05DCH）	问询帧：FE 06 00 02 05 DC 3E CC 应答帧：FE 06 00 02 05 DC 3E CC	3.1 mA
向 OUT3 写入 6 mA	6 mA 对应 3000（0BB8H）	问询帧：FE 06 00 02 0B B8 3B 47 应答帧：FE 06 00 02 0B B8 3B 47	6.1 mA
向 OUT3 写入 9 mA	9 mA 对应 4500（1194H）	问询帧：FE 06 00 02 11 94 31 FA 应答帧：FE 06 00 02 11 94 31 FA	9.1 mA
向 OUT3 写入 12 mA	12 mA 对应 6000（1770H）	问询帧：FE 06 00 02 17 70 32 11 应答帧：FE 06 00 02 17 70 32 11	12.1 mA
向 OUT3 写入 15 mA	15 mA 对应 7500（1D4CH）	问询帧：FE 06 00 02 1D 4C 34 A0 应答帧：FE 06 00 02 1D 4C 34 A0	15.1 mA
向 OUT4 写入 4 mA	4 mA 对应 2000（07D0H）	问询帧：FE 06 00 03 07 D0 6E 69 应答帧：FE 06 00 03 07 D0 6E 69	4.1 mA
向 OUT4 写入 8 mA	8 mA 对应 4000（0FA0）	问询帧：FE 06 00 03 0F A0 68 4D 应答帧：FE 06 00 03 0F A0 68 4D	8.1 mA
向 OUT4 写入 12 mA	12 mA 对应 6000（1770H）	问询帧：FE 06 00 03 17 70 63 D1 应答帧：FE 06 00 03 17 70 63 D1	12.1 mA
向 OUT4 写入 16 mA	16 mA 对应 8000（1F40H）	问询帧：FE 06 00 03 1F 40 64 05 应答帧：FE 06 00 03 1F 40 64 05	16.1 mA
向 OUT4 写入 20 mA	20 mA 对应 10000（2710H）	问询帧：FE 06 00 03 27 10 77 F9 应答帧：FE 06 00 03 27 10 77 F9	20.1 mA

图 13-5　UT52 万用表测定输出端电流展示图

13.2　MCGS 组态

　　LD7024 地址设为 7。在"工作台"窗体选择"用户窗口"属性页，选中"public"窗口，如图 13-6 中①所示；在"编辑"下拉菜单中选择"拷贝 (C)"命令②，再选择"粘贴 (V)"命令③，在用户窗口复制一个新的窗体"public_ 复件1"④；双击该窗体，弹出"用户窗口属性设置"对话框，在"窗口名称"内输

MCGS 界面
组态

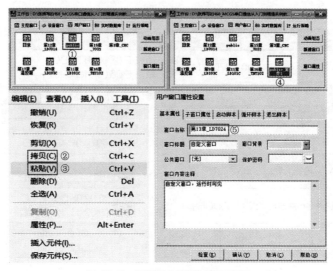

图 13-6　新建用户窗口过程示意图

入"第 13 章 _LD7024"⑤，点击"确认 (Y)"完成新窗体的创建。

在"目录"用户窗口双击"第 13 章"按钮，弹出"标准按钮构件属性设置"对话框，点击"操作属性"属性页，如图 13-7 中①所示，勾选"打开用户窗口"，在后面下拉列表中选择"第 13 章 _LD7024"用户窗口，勾选"关闭用户窗口"，在后面下拉列表中选择"目录"用户窗口。从其他用户窗口向"第 13 章 _LD7024"拷入一个上箭头"🏠"构件，双击该构件，在"标准按钮构件属性设置"对话框中选择"操作属性"属性页；如图 13-7 中②所示，勾选"打开用户窗口"，在后面下拉列表中选择"目录"用户窗口，勾选"关闭用户窗口"，在后面下拉列表中选择"第 13 章 _LD7024"用户窗口。这样，上级窗口"目录"与下级窗口"第 13 章 _LD7024"实现了关联。

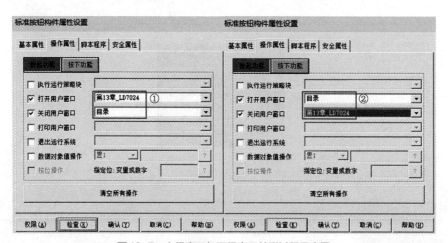

图 13-7　上级窗口与下级窗口关联过程示意图

13.2.1　数据库与界面组态

在"工作台"窗体选择"实时数据库"属性页，点击"新增对象"按钮，在左侧的数据区会增加新的数据对象，如图 13-8 ①所示；双击新增的数据对象，弹出"数据对象属性设置"对话框，在"对象名称"中输入"LD7024_OUT1"作为数据对象名称②，"对象初值"设为"0"③，"对象类型"设为"浮点数"④，完成一个数据对象的创建。同理，创建"LD7024_OUT2""LD7024_OUT3"和"LD7024_OUT4"三个数据对象，这四个数据对象存放 LD7024的四个输出值。

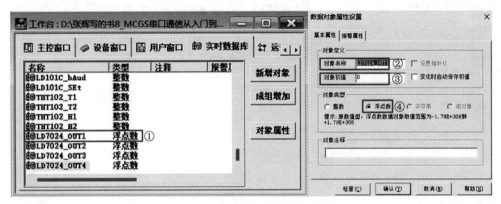

图 13-8　新建数据对象过程示意图

（1）标签

在属性页窗口中选择"用户窗口"，双击"第 13 章 _LD7024"窗口，在"工具栏"窗口中点击"工具箱"图标，在弹出的"工具箱"窗口中点击"标签"按钮，向"第 13 章 _LD7024"窗口添加标签，双击标签，弹出"标签动画组态属性设置"对话框。标签设置如图13-9 所示。在"属性设置"属性页中设置字符颜色为蓝色，勾选"显示输出"选项，"标签动画组态属性设置"窗口会增加"显示输出"属性页，在"显示输出"属性页"表达式"对应的方框中输入该标签需要关联的表达式"LD7024_OUT3*0.002"，勾选"单位"，在其输入框中填写"mA"，显示类型选中"数值量输出"。

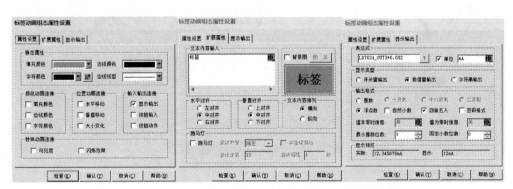

图 13-9　LD7024 第三路模拟输出显示标签制作过程示意图

（2）滑动输入器

在工具栏中选择"工具箱"按钮，如图 13-10 ①所示，弹出工具箱，在工具箱中选择"滑动输入器"②，将构件置于用户窗口中，双击该构件，弹出"滑动输入器构件属性设置"对话框；在"操作属性"属性页"对应数据对象的名称"中输入数据对象名称③，或通过右侧的"**?**"按钮从数据库中选择数据对象；在"滑块在最左（下）边时对应的值"后面输入框中填入"0"，对应 I3 模块输出 0 mA 在寄存器中的值；在"滑块在最右（上）边时对应的值"后面输入框中填入"10000"，对应 I3 模块输出 20 mA 在寄存器中的值④；其他参数按图 13-10 所示选择或输入。

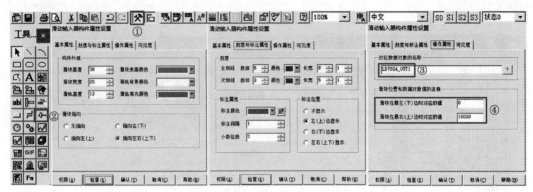

图 13-10　滑动输入器制作过程示意图

（3）旋转仪表

在工具栏中选择"工具箱"按钮，弹出工具箱，在工具箱中选择"旋转仪表"，将构件置于用户窗口中，双击该构件，弹出"旋转仪表构件属性设置"对话框。旋转仪表设置如图 13-11 所示。在"操作属性"属性页"指针位置""表达式"后面输入框中输入"LD7024_OUT1*0.002"，或通过右侧的"**?**"按钮从数据库中选择数据对象。"偏移范围"逆时针角度"135"对应值输入"0"，对应 OUT1 输出电流最小值，顺时针角度"135"对应值输入"20"，对应 OUT1 输出电流最大值。

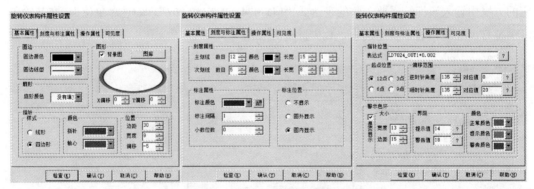

图 13-11　旋转仪表构件属性设置图

（4）柱状显示条

在工具栏中点击"工具箱"按钮，弹出工具箱，在工具箱中选择"插入元件"，弹出"元件图库管理"对话框，如图 13-12 所示。对于"类型"一项，从下拉列表中选择"公共图库"，点选"仪表"文件夹，选择"仪表 37"，将构件置于用户窗口中。

双击仪表构件，弹出"单元属性设置"对话框，在"变量列表"百分比显示值对应变量关联中输入"LD7024_OUT2*0.002"。由于 LD7024 设置输出为 I3 模块，即最大输出电流为

20 mA，对应寄存器内容最大值为 10000，因此，比例系数为 20/10000=0.002。在"%100 对应值"中输入 20，"%0 对应值"中输入 0。仪表构件单元属性设置如图 13-13 所示。

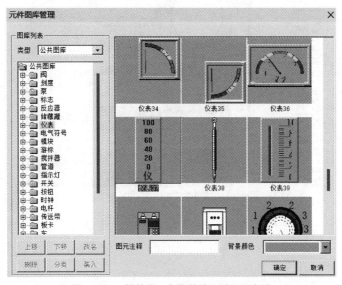

图 13-12　柱状显示条构件选取过程示意图

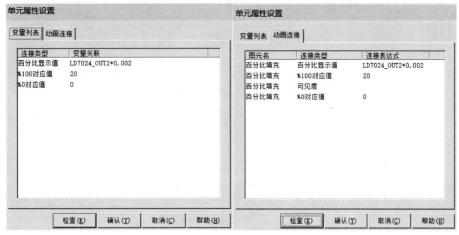

图 13-13　仪表构件单元属性设置过程示意图

（5）指针仪表

在工具栏中点击"工具箱"按钮，弹出工具箱，在工具箱中选择"插入元件"，弹出"元件图库管理"对话框，如图 13-14 所示。对于"类型"一项，从下拉列表中选择"公共图库"，点选"仪表"文件夹，选择"仪表 12"，将构件置于用户窗口中。

双击仪表构件，弹出"单元属性设置"对话框，如图 13-15 所示。在"变量列表"属性页"显示输出表达式"一项中输入"LD7024_OUT4*0.002"，"仪表显示值"中输入"LD7024_OUT4*0.002"，由于 I3 模块对应电流输出为 0 ～ 20 mA，寄存器值对应 0 ～ 10000，因此，数据对象"LD7024_OUT4"乘以系数 0.002 转换为电流值。"动画连接"属性页对应的"显示输出表达式"和"仪表显示值"默认为"变量列表"中的输入值。

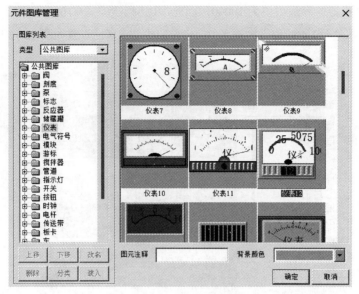

图 13-14　指针仪表构件选取过程示意图

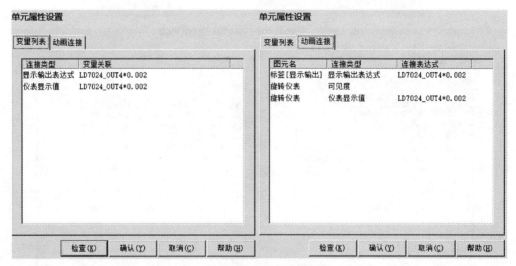

图 13-15　指针仪表单元属性设置过程示意图

13.2.2　设备窗口组态

MCGS 硬件
组态

　　　　选择"设备窗口"属性页，双击属性页中的"设备窗口"，此时，在"查看 (V)"菜单中点击下拉项中的"设备工具箱 (E)"，弹出"设备工具箱"，选择"ModbusRTU_ 串口"，"设备地址"设为 7，与 LD7024 仪表地址保持相同，如图 13-16 所示。

　　双击"设备窗口"图标，再双击"多路模拟量输出 --[LD7024]"图标，弹出"设备编辑窗口"界面。点击右侧的"增加设备通道"按钮，如图 13-17 所示，在通道类型下拉菜单中选择"[4 区] 输出寄存器"，通道地址输入"1"，通道个数输入"1"，连接变量选择"LD7024_OUT1"；同理，添加"LD7024_OUT2"对应的通道 2。

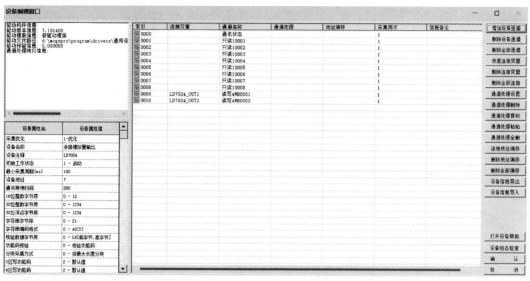

图 13-16　LD7024 第一路与第二路模拟输出通道与连接数据对象对应关系图

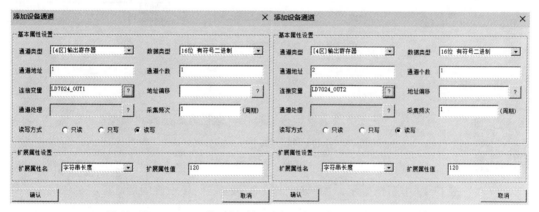

图 13-17　LD7024 第一路与第二路模拟输出通道基本属性设置界面图

13.2.3　运行策略

在"工作台"窗体选择"运行策略"属性页，点击"新建策略"按钮，在弹出的"选择策略的类型"中选择"事件策略"，选中新建策略，点击"策略属性"按钮，如图 13-18 ①所示；在"策略属性设置"对话框中输入策略名称"LD7024_OUT3"，执行条件选择"数据对象值有改变时，执行一次"②；双击新建策略，弹出"策略组态"界面，选中"LD7024_OUT3"图标，点击鼠标右键，在弹出菜单中选择"新增策略行 (A)"，双击"脚本程序"图标③，输入以下脚本指令④：

```
!SetDevice(多路模拟量输出,6, "Write(4,3,WUB=LD7024_OUT3)")
```

"多路模拟量输出"表示仪表地址，"Write"表示向寄存器写入数据，"4"代表第 4 区输出寄存器，"3"表示第 3 个通道，写入的内容为数据对象"LD7024_OUT3"的值，"WUB"表示该变量为双字节无符号数。

同理，新建"LD7024_OUT4"策略，对应脚本程序中输入以下脚本指令：

```
!SetDevice(多路模拟量输出,6, "Write(4,4,WUB=LD7024_OUT4)")
```

图 13-18　新建事件策略过程示意图

13.2.4　运行结果

MCGS运行

在工具栏中点击"下载运行"按钮，运行方式选择"模拟"（图13-19），依次点击"工程下载""启动运行"按钮。点击"工程下载"按钮后，程序正常会出现"程序下载成功！0个错误，0个警告！"；再点击"启动运行"按钮，出现图13-19中右侧所示画面。此时，LD7024通信灯不停闪烁，说明上位机中的组态程序与下位机LD7024在进行信息交换。滑动各个通道下方滑动输入器的游标，上方仪表构件显示相应数字或移动指针到对应设定值位置。用万用表测量各个输出通道的电流值，与界面设定值一致，说明利用上述方式可以实现多路模拟量的输出。

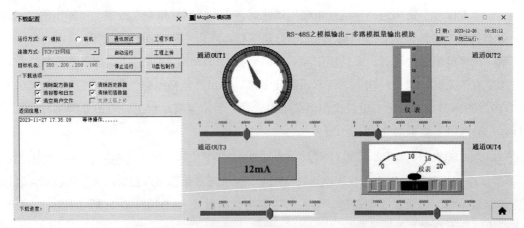

图 13-19　LD7024 四路模拟量输出展示界面图

第14章

RS-485 之数字输入——开关量输入模块

14.1 开关量输入模块

亨立德 LD7032（简称 LD7032）是一款多路开关量输入模块，能够输入 16 路开关量信号，如图 14-1 所示。LD7032 通过 USB2.0 TO RS-422/RS-485 转换接口与台式机或笔记本电脑等上位机连接，采用 RS-485 接口与上位机通信，上位机称为主机，LD7032 称为从机。一台主机可以访问多台从机，各从机地址互不相同，主机与从机通信波特率保持相同。RS-485 接口通过 A 线与 B 线间的电压差传输信号，仅需要两根信号线即可建立起一对多的分布式网络。本例中 LD7032 仪表地址设置为 8。主机向从机发送的指令称为问询帧，从机应答主机的指令称为应答帧。

LD7032 仪表介绍

LD7032 连接 24V 直流电源。LD7032 包括 16 路开关量输入，每一路连接一个开关，开关供电端连接 24V 直流，另一端与 LD7032 各个输入端相连。当开关断开时，输入端为低电平；当开关闭合时，输入端为 24V 高电平，同时输入端下方的红色指示灯点亮。

LD7032 端子连线

14.1.1 通信参数

LD7032 通信参数包括仪表地址、通信波特率和奇偶校验 3 项内容，如表 14-1 所示。Modbus RTU 指令从 0 开始寻址各个寄存器。仪表地址参数存放在从 0 开始的第 500 个寄存器，十进制数 500 转换为十六进制为 1F4；通信波特率参数存放在从 0 开始的第 501 个寄存器，十进制数 501 转换为十六进制为 1F5；奇偶校验参数存放在从 0 开始的第 502 个寄存器，十进制数 502 转换为十六进制为 1F6。在 McgsPro 组态软件中，SetDevice 指令从 1 开始寻址各个寄存器。例如，仪表地址参数存放在从 1 开始的第 501 个寄存器；通信波特率参数存放在

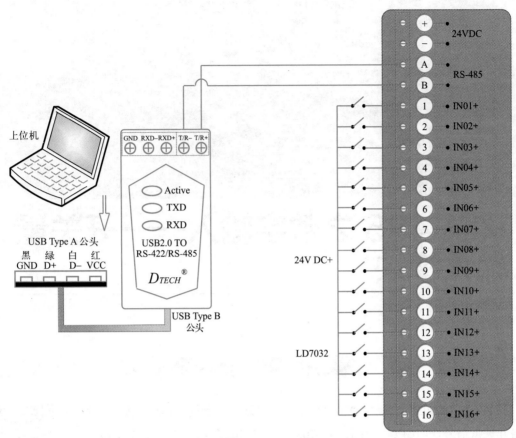

图14-1 开关量输入模块 LD7032 通信线路连接示意图

从 1 开始的第 502 个寄存器；奇偶校验参数存放在从 1 开始的第 503 个寄存器。由于 Modbus RTU 指令从 0 开始对寄存器寻址，而 MCGS 从 1 开始对寄存器寻址，故两者相差 1。此外，Modbus RTU 指令通过功能码识别各个寄存器所在区域和位置，而 SetDevice 指令通过区与通道识别各个寄存器所在区域和位置。

表 14-1 开关量输入模块 LD7032 通信参数列表

通信参数	寄存器地址	取值范围	说明	MCGS 地址
仪表地址	500	0 ~ 255	0 ~ 253：仪表分配地址； 254：万能地址； 255：广播地址	4 区 501 通道
通信波特率	501	0 ~ 7	0：1200 bit/s； 1：2400 bit/s； 2：4800 bit/s； 3：9600 bit/s； 4：19200 bit/s； 5：38400 bit/s； 6：57600 bit/s； 7：115200 bit/s	4 区 502 通道
奇偶校验	502	0 ~ 2	0：无；1：偶校验；2：奇校验	4 区 503 通道

（1）仪表地址

RS-485 接口能够进行一对多寻址，当一台主机连接多台从机时，各台从机的仪表地址必须各不相同，一般情况下，从机地址可以选择 0 ~ 253，主机通过各不相同的仪表地址区分各台从机。254 为万能地址，如果一台从机的仪表地址未知，可以将该从机与主机单独连接，主机与从机形成一对一关系，此时，主机通过 254 地址访问从机，获得从机地址，然后再将从机并入网络，使用获得的从机地址联网通信。从机的地址通过主机发送指令修改后，主机采用万能地址 254 仍然能够继续与之通信。255 为广播地址，当一台主机与多台从机联网时，需要将各个从机某一个共同参数修改为相同值，此时采用广播地址写入参数值，即可实现批量修改各个从机参数。

（2）通信波特率

主机与从机必须设置为相同的通信波特率才能进行通信。主机通过串口调试工具设置通信波特率，仪表通过面板按键或上位机修改通信波特率，通信波特率参数存储在保持寄存器 501 中，对应十六进制为"1F5"。该内部寄存器存放的数据为 0 ~ 7。"0"对应 1200 bit/s，"1"对应 2400 bit/s，"2"对应 4800 bit/s，"3"对应 9600 bit/s，……，如表 14-1 所示。如果通过主机发送指令修改通信波特率，发送指令结束后，要将仪表断电，等待 20 s 后再接通电源，相当于仪表重启，仪表的通信波特率参数才能修改成功。通信波特率一旦被修改，下次通信将无法进行，因为主机与从机的波特率已不相同。因此，每次从上位机修改完通信波特率后，要在从机仪表面板上重新改回原来设定的通信波特率。

14.1.2 通信参数 Modbus RTU 读指令

通信参数 Modbus RTU 读指令是主机向从机发送读取仪表地址、通信波特率和奇偶校验参数的指令，从机向主机返回应答帧，内容包括主机要读取的信息，主机与从机一问一答，完成信息获取功能。LD7032 的通信参数存储在连续的寄存器中，可以采用单寄存器和多寄存器指令读取参数。两者的区别在于读取寄存器的个数不同。单寄存器指令只需读取一个寄存器，多寄存器指令需要一次读取设定值数目的寄存器，前者灵活，后者效率高。Modbus RTU 读指令的构造包括仪表地址、功能码、要读或写数据所在寄存器的地址、要读或写数据的个数和 CRC 等。

Modbus RTU
读写指令

现以构造读 LD7032 仪表地址参数为例，详细说明 Modbus RTU 读指令的构造过程。查表 14-1 可知，仪表地址参数存储在地址为 500 的寄存器内，将十进制 500 转换为十六进制为 1F4；仪表地址采用万能地址 254，转换为十六进制为 FE；由于仪表地址参数存储在保持寄存器，因此，功能码使用 03；要读入的字数目为 1。这样，构造出前几个字节为"FE 03 01 F4 00 01"。

运行"循环冗余校验码 CRC"程序，如图 14-2 所示，在输入框中输入待计算的字节序列"FE 03 01 F4 00 01"，各个字节用空格分开，点击"计算 CRC"按钮，生成 2 个字节 L[D0] 和 H[0B]。L[D0] 代表低字节，字母"L"表示 low；H[0B] 代表高字节，字母"H"表示 high。低字节放在前面，高字节放在后面。完整的 Modbus RTU 指令为"FE 03 01 F4 00 01 D0 0B"。读通信波特率和奇偶校验参数的指令解析详见表 14-2。

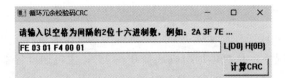

图 14-2   循环冗余校验码 CRC 计算示意图

表 14-2   开关量输入模块 LD7032 读指令解析表

指令功能	字段	含义	备注
读通信波特率	问询帧: FE 03 01 F5 00 01 81 CB 功　能: 读通信波特率参数		
	FE	仪表地址	仪表地址为 254, 采用万能地址
	03	功能码	读保持寄存器
	01 F5	寄存器地址	仪表地址参数存放在从 0 开始的第 501 个寄存器
	00 01	读取个数	读取寄存器的个数, 1 个寄存器相当于 2 个字节
	81 CB	CRC	前 6 个字节数据的 CRC
	应答帧: FE 03 02 00 03 EC 51		
	FE	仪表地址	仪表地址为 254, 即万能地址
	03	功能码	读保持寄存器
	02	返回字节数	返回 2 个字节
	00 03	返回内容	寄存器的内容为 03, 对应波特率为 9600 bit/s
	EC 51	CRC	前 5 个字节数据的 CRC
读 3 个参数寄存器	问询帧: FE 03 01 F4 00 03 51 CA 功　能: 读仪表地址、通信波特率和奇偶校验三个参数		
	FE	仪表地址	仪表地址为 254
	03	功能码	读保持寄存器
	01 F4	寄存器地址	从 0 开始的第 500 个寄存器
	00 03	读取个数	读取 3 个寄存器, 相当于 6 个字节
	51 CA	CRC	前 6 个字节数据的 CRC
	应答帧: FE 03 06 00 08 00 03 00 00 75 40		
	FE	仪表地址	仪表地址为 254
	03	功能码	读保持寄存器
	06	返回字节数	返回 6 个字节
	00 08	仪表地址	0008H 对应十进制为 8, 仪表地址为 8
	00 03	通信波特率	0003H 对应十进制为 3, 表示波特率为 9600 bit/s
	00 00	奇偶校验	0000H 对应十进制为 0, 表示无奇偶校验
	75 40	CRC	前 9 个字节数据的 CRC

采用 SSCOM 串口 / 网络数据调试器, 如图 14-3 所示, 设置通信参数为 "9600 bps, 8, 1, None, None", 即波特率为 9600 bit/s, 8 位数据位, 1 位停止位, 无奇偶校验, 无流控制。在调试器软件右侧窗格中输入读指令问询帧, 点击窗格右侧 "读仪表地址" "读通信波特率" "读奇偶校验" 和 "读 3 个参数寄存器" 等按钮发送, 图 14-3 左侧窗口内容为应答帧。

应答帧中的第一个字节表示地址，第二个字节表示功能码，第三个字节表示返回数据的字节数。例如，应答帧"FE 03 06 00 08 00 03 00 00 75 40"，第三个字节为"06"，表示数据长度为 6 个字节，因此，后面的第 4 个字节到第 9 个字节"00 08 00 03 00 00"为返回的数据。最后两个字节"75 40"为 CRC。

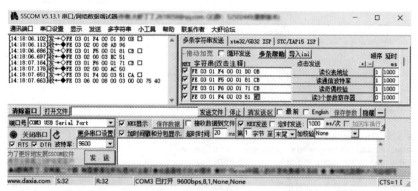

图 14-3　主机向 LD7032 从机发送读指令问询帧与应答帧展示图

14.1.3　通信参数 Modbus RTU 写指令

Modbus RTU 写指令采用 06 功能码修改保持寄存器的值。06 功能码修改单个寄存器的值，例如，将仪表地址改为 8。

将主机与 LD7032 一对一相连，LD7032 仪表使用万能地址 254，十六进制为 FE，因此，第 1 个字节为"FE"；功能码 06 表示向保持寄存器写入数据，第 2 个字节为"06"；LD7032 仪表地址参数存放在从 0 开始的第 500 个寄存器，十六进制为 1F4，第 3 个字节和第 4 个字节为"01 F4"；若将仪表地址改为 8，向寄存器写入的内容为"00 08"，即第 5 个字节和第 6 个字节；最后两个字节为"DC 0D"，是 CRC，低字节在前，高字节在后。因此，写第 500 个寄存器指令的问询帧为"FE 06 01 F4 00 08 DC 0D"，发送后返回的应答帧为"FE 06 01 F4 00 08 DC 0D"。应答帧与发送帧相同。

写通信波特率与奇偶校验参数指令构造过程如表 14-3 所示。指令发送采用 SSCOM 串口 / 网络数据调试器，如图 14-4 所示。

表 14-3　开关量输入模块 LD7032 写指令解析表

指令功能	字段	含义	备注
写通信波特率	问询帧：FE 06 01 F5 00 03 CC 0A 功　能：写通信波特率参数		
	FE	仪表地址	仪表地址为 254，采用万能地址
	06	功能码	写保持寄存器
	01 F5	寄存器地址	通信波特率参数存放在从 0 开始的第 501 个寄存器
	00 03	写入内容	设波特率为 9600 bit/s，对应数值为 3，将 00 03 写入寄存器
	CC 0A	CRC	前 6 个字节数据的 CRC
	应答帧：FE 06 01 F5 00 03 CC 0A		

续表

指令功能	字段	含义	备注
写奇偶校验参数	问询帧: FE 06 01 F6 00 01 BD CB 功　能: 将奇偶校验参数写入第 502 个寄存器		
	FE	仪表地址	仪表地址为 254
	06	功能码	写保持寄存器
	01 F6	寄存器地址	从 0 开始的第 502 个寄存器
	00 01	写入内容	设为偶校验,对应数值为 1,将 00 01 写入寄存器
	BD CB	CRC	前 6 个字节数据的 CRC
	应答帧: FE 06 01 F6 00 01 BD CB		

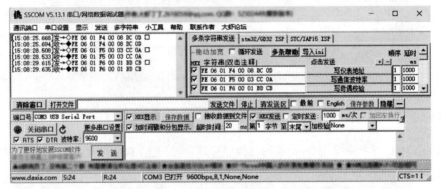

图 14-4　主机向 LD7032 从机发送写单个寄存器指令问询帧与应答帧展示图

14.2 MCGS组态

MCGS组态

在"工作台"窗体选择"用户窗口"属性页,选中"public"窗口,如图 14-5 中①所示,在"编辑"下拉菜单中选择"拷贝 (C)"命令②,再选择"粘贴 (V)"命令③,在用户窗口复制一个新的窗体"public_ 复件 1",点击"窗口属性"④,弹出"用户窗口属性设置"对话框,在"窗口名称"内输入"第 14 章 _LD7032",点击"确认 (Y)"完成新窗体的创建⑤。点击"实时数据库"属性页,点击"新增对象"按钮,添加

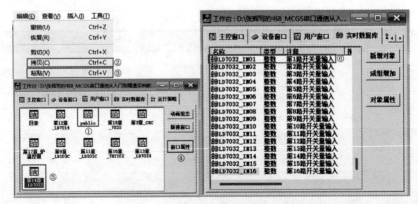

图 14-5　新建用户窗口过程示意图

新的数据对象；双击新增加的数据对象图标，弹出"数据对象属性设置"对话框，在"对象名称"后面的输入框输入"LD7032_IN01"，"对象初值"设为0，"对象类型"勾选"整数"，完成数据对象的新建⑥。依此类推，建立与各个开关量输入对应的数据对象，用于接收各个通道的状态值。LD7032 具有 16 个开关量输入，需要建立 16 个数据对象。

在"目录"用户窗口双击"第 14 章"按钮，弹出"标准按钮构件属性设置"对话框，点击"操作属性"属性页，如图 14-6 中①所示，勾选"打开用户窗口"，在后面下拉列表中选择"第 14 章 _LD7032"用户窗口，勾选"关闭用户窗口"，在后面下拉列表中选择"目录"用户窗口。从其他用户窗口向"第 14 章 _LD7032"拷入一个上箭头"🏠"构件，双击该构件，在"标准按钮构件属性设置"对话框中选择"操作属性"属性页，如图 14-6 中②所示，勾选"打开用户窗口"，在后面下拉列表中选择"目录"用户窗口，勾选"关闭用户窗口"，在后面下拉列表中选择"第 14 章 _LD7032"用户窗口。这样，上级窗口"目录"与下级窗口"第 14 章 _LD7032"就能实现关联。

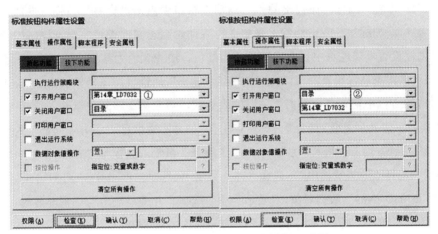

图 14-6　上级窗口与下级窗口关联过程示意图

14.2.1　界面组态

"第 14 章 _LD7032"对应用户窗口设置"提示标签""显示输出标签"和"指示灯"三种构件，下面一一列举说明。

（1）提示标签

在属性页窗口中选择"用户窗口"，双击"第 14 章 _LD7032"窗口，在"工具栏"窗口中点击"工具箱"图标，在弹出的"工具箱"窗口中点击"标签"按钮，向"第 14 章 _LD7032"窗口添加标签。双击标签，弹出"标签动画组态属性设置"对话框，如图 14-7 所示。在"属性设置"属性页中设置"填充颜色"为"没有填充"，"字符颜色"为蓝色，字体大小为宋体加粗二号，"边线颜色"为"没有边线"，"边线线型"为细线；点击"扩展属性"属性页，在"文本内容输入"下方的输入框中输入"第 1 路开关量输入"作为标签显示内容。

（2）显示输出标签

在属性页窗口中选择"用户窗口"，双击"第 14 章 _LD7032"窗口，在"工具栏"窗

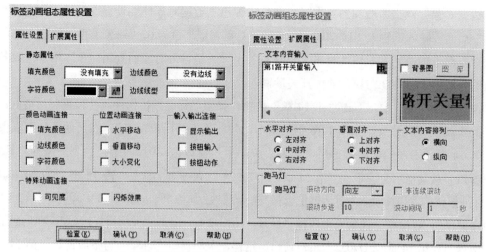

图 14-7　LD7032 第 1 路开关量输入提示标签制作过程示意图

口中点击"工具箱"图标，在弹出的"工具箱"窗口中点击"标签"按钮，向"第 14 章_LD7032"窗口添加标签。双击标签，弹出"标签动画组态属性设置"对话框，如图 14-8 所示。在"属性设置"属性页中设置字符颜色为红色，边线颜色为蓝色，勾选"显示输出"选项，"标签动画组态属性设置"窗口会增加"显示输出"属性页，在"显示输出"属性页"表达式"对应的方框中输入该标签需要关联的表达式，对应第 2 路开关量输入选择"LD7032_IN02"数据对象，"显示类型"选择"开关量输出"，"值非零时信息："后方输入框填入"开"，"值为零时信息："后方输入框填入"关"。对应第 5 路开关量输入选择"LD7032_IN05"数据对象，"显示类型"选择"数值量输出"，选择"浮点数"，勾选"自然小数"。对应第 9 路开关量输入选择"LD7032_IN09"数据对象，"显示类型"选择"开关量输出"，"值非零时信息："后方输入框填入"ON"，"值为零时信息："后方输入框填入"OFF"。

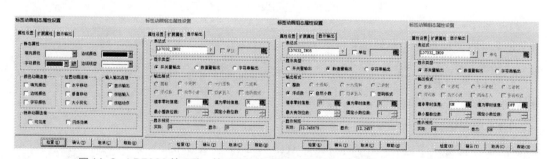

图 14-8　LD7032 第 2 路、第 5 路与第 9 路开关量输入显示输出标签制作过程示意图

（3）指示灯

在工具栏中点击"工具箱"按钮，弹出工具箱，在工具箱中选择"插入元件"，弹出"元件图库管理"对话框，如图 14-9 所示。对于"类型"一项，从下拉列表中选择"公共图库"，点选"指示灯"文件夹，第 1、2、9 和 10 路开关量输入选择"指示灯 10"，第 3、4、11 和 12 路开关量输入选择"指示灯 3"，第 5、6、13 和 14 路开关量输入选择"指示灯 11"，第 7、8、15 和 16 路开关量输入选择"指示灯 14"，将选定的构件置于用户窗口中。

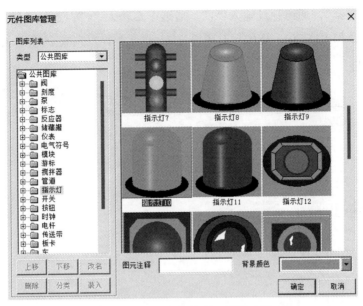

图 14-9　指示灯构件选取过程示意图

双击指示灯构件，弹出"单元属性设置"对话框，如图 14-10 所示。在"变量列表"属性页中"变量关联"一项中输入对应数据对象，例如，第 1 路开关量输入"LD7032_IN01"，"动画连接"属性页中对应的"连接表达式"会自动连接到"LD7032_IN01"数据对象。

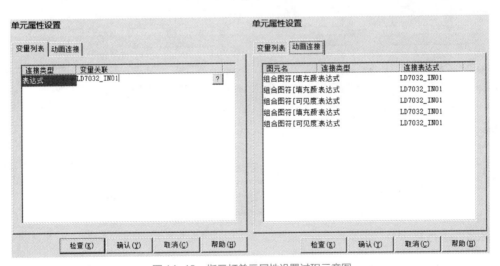

图 14-10　指示灯单元属性设置过程示意图

14.2.2　设备窗口组态

选择"设备窗口"属性页，双击属性页中的"设备窗口"，此时，在"查看（V）"菜单中点击下拉项中的"设备工具箱（E）"，弹出"设备工具箱"，选择"ModbusRTU_串口"，"设备地址"设为 8，与 LD7032 仪表地址保持相同，如图 14-11 所示。

双击"设备窗口"图标，再双击"开关量输入 --[LD7032]"图标，弹出"设备编辑窗口"界面。点击右侧的"增加设备通道"按钮，如图 14-12 所示。在通道类型下拉菜单中选择

"[1区]输入继电器"，通道地址输入"1"，通道个数输入"1"，连接变量选择"LD7032_IN01"。同理，添加"LD7032_IN02"对应通道2，以此类推，完成16个开关量输入通道与数据对象的关联。

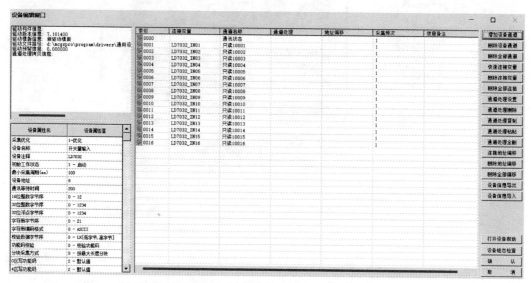

图14-11　LD7032各路开关量输入通道与数据对象对应关系图

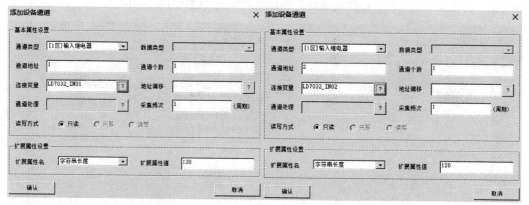

图14-12　LD7032第1路与第2路开关量输入通道基本属性设置界面图

14.2.3　运行结果

在工具栏中点击"下载运行"按钮，运行方式选择"模拟"，依次点击"工程下载""启动运行"按钮。点击"工程下载"按钮后，程序正常会出现"程序下载成功！0个错误，0个警告！"；再点击"启动运行"按钮，此时，LD7032通信灯"COM"不停闪烁，说明上位机中的组态程序与下位机LD7032在进行通信。将24 V电源正极连接"IN07+"输入端子，仪表对应指示灯点亮，界面对应的指示灯变为绿色，标签内容显示"1"，表示第7路输入端接通，如图14-13左侧界面所示；同理，将24 V电源正极同时连接"IN06+"和"IN14+"输入端子，仪表对应指示灯点亮，界面对应的指示灯变为绿色，标签内容显示"1"，表示第6路和第14路输入端同时接通，如图14-13右侧界面所示。

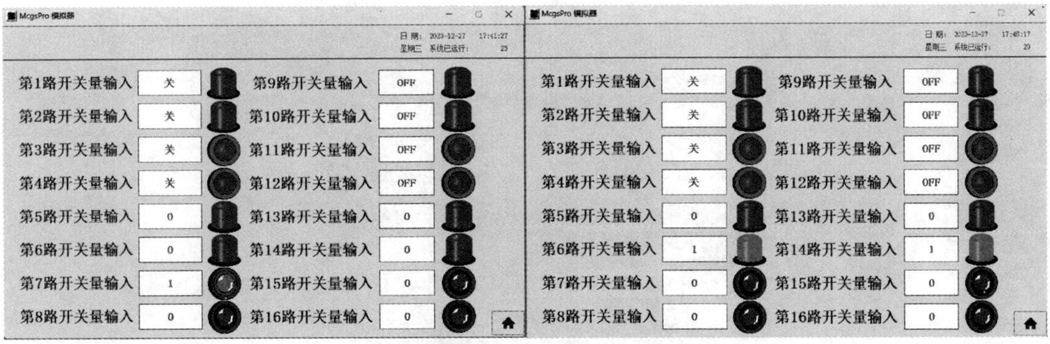

图 14-13　LD7032 开关量输入展示界面图

第15章

RS-485 之数字输出——固态继电器输出模块

15.1 固态继电器输出模块

703S仪表介绍

703S端子连线

亨立德 703S（简称 703S）是一款固态继电器（触发）输出模块，能够输出 8 路 5V 直流电压信号，输出端子与模块采用 1000 V 的 DC-DC（direct current to direct current）隔离，RS-485 接口与模块采用 350 V 光电隔离，如图 15-1 所示。703R 中的"R"代表"relay"，即"继电器"，703S 中的"S"代表"solid state relay"，即"固态继电器"。703S 通过 USB2.0 TO RS-422/RS-485 转换接口与上位机连接，采用 Modbus RTU 协议与上位机通信，上位机为主机，703S 为从机，主机与从机的通信速率均设置为相同的通信波特率，主机通过仪表地址访问从机。可以实现一台主机访问多台从机。该例中 703S 仪表地址设置为 2。

15.1.1 通信参数

通信参数

固态继电器触发输出模块 703S 通信参数包括仪表地址、通信波特率和奇偶校验，如表 15-1 所示。寄存器地址代表内部寄存器的位置，寄存器内存放数据的值必须在取值范围内。

表 15-1 固态继电器触发输出模块 703S 通信参数列表

名称	寄存器地址	取值范围	说明
仪表地址	128	0 ~ 255	255: 广播地址； 254: 万能地址
通信波特率	129	0 ~ 3	0: 2400 bit/s;　　　　1: 4800 bit/s; 2: 9600 bit/s;　　　　3: 19200 bit/s
奇偶校验	136	0 ~ 2	0: 无; 1: 偶校验; 2: 奇校验

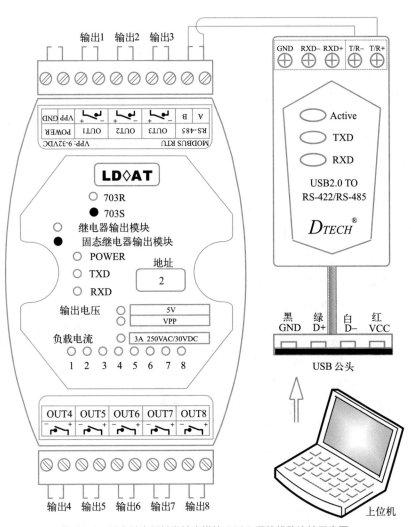

图 15-1　固态继电器触发输出模块 703S 通信线路连接示意图

（1）仪表地址

当一台主机连接多台从机时，主机通过仪表地址区分每台从机，因此，联网的每台从机不能具有相同的地址，必须各不相同。254 为万能地址，当只有一台主机和一台从机时，主机通过 254 地址可以访问从机，从机收到问询帧后回复应答帧。如果一台从机的仪表地址未知，可以将该从机与主机单独连接，通过万能地址 254 进行通信获得从机地址，然后再将从机并入网络，使用获得的从机地址联网通信。703S 仪表地址为 2，仪表地址存放在内部寄存器 128 中，对应十六进制为"0x0080"，主机通过 Modbus RTU 指令访问内部寄存器 128 实现仪表地址的读取与修改。通过 Modbus RTU 指令修改 703S 仪表地址后，需要先将 703S 断电，等待 10s 后再重新给 703S 上电，此时 703S 仪表地址才修改完毕。

（2）通信波特率

主机与从机必须设置为相同的通信波特率才能进行通信。通信波特率存放在内部寄存器 129 中，对应十六进制为"0x0081"。该内部寄存器存放的数据为 0 ~ 3。"0"对应 2400 bit/s，"1"对应 4800 bit/s，"2"对应 9600 bit/s，"3"对应 19200 bit/s。

（3）奇偶校验

主机与从机必须保持相同的奇偶校验设置，即主机为偶校验，从机也为偶校验。校验的目的是粗略检验通信过程中的错误。自主机发送的数据，如果在通信链路中发生了错误，到达从机后根据奇偶校验便能大致检测出数据的对错；反之，从机发送的数据，主机也可以进行检测。但是，这种方法并不能完全甄别出错误，只是大致发现错误。奇偶校验参数设定值存储在内部寄存器136中，对应十六进制为"0x0088"。该寄存器的值为"0"表示不进行校验，"1"表示偶校验，"2"表示奇校验。

15.1.2 通信参数读写指令

通信参数读写指令

主机与从机进行通信，必须构造 Modbus RTU 通信指令，指令最后两个字节为循环冗余校验码 CRC，CRC 为两个字节，低字节在前，高字节在后，如图 15-2 所示。在"循环冗余校验码 CRC"程序输入框中以空格为间隔输入十六进制"02 03 00 81 00 01"，点击"计算 CRC"按钮，程序自动识别要计算字节的个数，计算结果将低字节显示为"L[XX]"，高字节显示为"H[XX]"。本例"02 03 00 81 00 01"对应的 CRC 为 L[D4] H[11]，即 D4 11，完整的指令为"02 03 00 81 00 01 D4 11"。

图 15-2　循环冗余校验码 CRC 计算结果展示图

主机向从机发送 Modbus RTU 读指令读取通信参数的值，或者发送写指令修改通信参数的值，两者都需要构造 Modbus RTU 指令，如图 15-3 和图 15-4 所示。

Modbus RTU 发送读指令问询帧						寄存器地址	寄存器内容	Modbus RTU 接收读指令应答帧					
地址码	功能码	起始地址	数据长度	CRC低字节	CRC高字节			地址码	功能码	返回字节数	字节内容	CRC低字节	CRC高字节
1字节	1字节	2字节	2字节	1字节	1字节			1字节	1字节	1字节	X字节	1字节	1字节
02	03	00 80	00 01	85	D1	0080	02	02	03	02	00 02	7D	85
仪表地址	读保持寄存器	从0080地址开始	读0001个字	"02 03 00 80 00 01"这6个字节对应的CRC码			00	仪表地址	读保持寄存器	返回2个字节	内容为0002，表示当前仪表地址为02	"02 03 02 00 02"这5个字节对应的CRC码	
02	03	00 81	00 01	D4	11	0081	02	02	03	02	00 02	7D	85
							00	内容为0002，换算为十进制2，对应9600，表示通信波特率为9600bit/s					
02	03	00 88	00 01	04	13	0088	00	02	03	02	00 00	FC	44
							00	内容为0000，换算为十进制0，表示无奇偶校验					

图 15-3　固态继电器触发输出模块 703S 通信参数读指令问询帧与应答帧分解示意图

以图 15-3 中"02 03 00 80 00 01 85 D1"读仪表地址为例，读指令的第 1 个字节代表仪表地址，本例中 703S 地址为 2，转化为十六进制为"02"；第 2 个字节为功能码，"03"代表读保持寄存器的值；第 3 个字节为"00"，第 4 个字节为"80"，两个字节合在一起为"0080"，表示要读取数据所在寄存器的起始地址为"0080"；第 5 个字节为"00"，第 6 个字节为"01"，两个字节合并在一起为"0001"，表示数据的长度为 1 个字，一个字包括两个字节；第 7 个与第 8 个字节为前面 6 个字节的 CRC，第 7 个字节对应 CRC 的低字节，第 8 个字节对应 CRC

Modbus RTU 发送写指令问询帧						寄存器地址	寄存器内容	Modbus RTU 接收写指令应答帧					
地址码	功能码	起始地址	数据内容	CRC低字节	CRC高字节			地址码	功能码	起始地址	字节内容	CRC低字节	CRC高字节
1字节	1字节	2字节	2字节	1字节	1字节			1字节	1字节	2字节	2字节	1字节	1字节
02	06	00 80	00 02	09	D0	0080	02	02	06	00 80	00 02	09	D0
仪表地址	写保持寄存器	从0080地址开始	写入"0002"	"02 06 00 80 00 02"这6个字节对应的CRC码			00 …	仪表地址	写保持寄存器	地址为0080	内容为0002，表示当前仪表地址02写入成功	"02 06 00 80 00 02"这6个字节对应的CRC码	
02	06	00 81	00 02	58	10	0081	02	02	06	00 81	00 02	58	10
							00	内容为0002，换算为十进制2，对应9600，表示通信波特率9600 bit/s写入成功					
02	06	00 88	00 00	09	D3	0088	00	02	06	00 88	00 00	09	D3
							00	内容为0000，换算为十进制0，对应无奇偶校验，表示无奇偶校验写入成功					

图 15-4　固态继电器触发输出模块 703S 通信参数写指令问询帧与应答帧分解示意图

的高字节。主机发送的指令称为问询帧，从机接收指令后回复主机的指令称为应答帧。此处应答帧为 "02 03 02 00 02 7D 85"。应答帧前两个字节与问询帧相同；第 3 个字节 "02" 表示返回的数据字节个数为 2；第 3 个字节后紧接着的是数据的内容，数据内容对应字节个数与第 3 个字节数目一致，由于字节数为 2，所以后面第 4 个字节与第 5 个字节为数据；最后两个字节为 CRC，仍然是按低字节在前、高字节在后的顺序排列。

参考图 15-4 中写指令 "02 06 00 80 00 02 09 D0"，写指令的第 1 个字节代表仪表地址，本例中 703S 地址为 2，转化为十六进制为 "02"；第 2 个字节为功能码，"06" 代表写单个保持寄存器的值；第 3 个与第 4 个字节表示要写入数据所在寄存器的起始地址为 "0080"；第 5 个与第 6 个字节表示数据的内容为 "0002"；第 7 个字节对应 CRC 的低字节，第 8 个字节对应 CRC 的高字节。应答帧与问询帧内容相同。

采用 SSCOM 串口 / 网络数据调试器，如图 15-5 所示，设置通信参数为 "9600 bps，8，1，None，None"，即波特率为 9600 bit/s，8 位数据位，1 位停止位，无奇偶校验，无流控制。在调试器软件右侧窗格中输入读指令与写指令，点击窗格右侧 "读 703S 仪表地址" "写 703S 仪表地址" 等按钮发送。图 15-5 左侧图左窗口为 703S 读指令的应答帧，图 15-5 右侧图左窗口为 703S 写指令的应答帧。

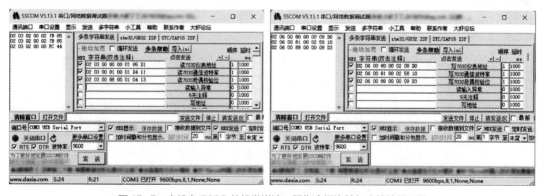

图 15-5　主机向 703S 从机发送读、写指令问询帧与应答帧展示图

15.1.3　固态继电器参数

表 15-2 列出了固态继电器触发输出模块 703S 参数及对应寄存器，包括控制周期、PWM1、

表 15-2　固态继电器触发输出模块 703S 参数及对应寄存器列表

名称	初始寄存器地址	当前寄存器地址	说明
控制周期	137	无	高电平脉冲宽度所占周期比例
PWM1	138	0	第 1 路输出固态继电器
PWM2	139	1	第 2 路输出固态继电器
PWM3	140	2	第 3 路输出固态继电器
PWM4	141	3	第 4 路输出固态继电器
PWM5	142	4	第 5 路输出固态继电器
PWM6	143	5	第 6 路输出固态继电器
PWM7	144	6	第 7 路输出固态继电器
PWM8	145	7	第 8 路输出固态继电器

PWM2……PWM8。PWM（pulse width modulation）脉宽调节，是指调节在一个振荡周期中，高电平与低电平所占的百分比，例如，一个振荡周期为 1s，高电平时间为 300 ms，低电平时间为 700 ms，则高电平所占比例为 30%，低电平所占比例为 70%。

寄存器分为初始寄存器和当前寄存器，初始寄存器存储在 EEPROM（electrically-erasable programmable read-only memory）中，称为电擦除可编程只读存储器。这种寄存器读写次数受到限制，模块上电后会将初始寄存器的参数复制到对应当前寄存器中；当前寄存器保存于 CPU 的随机存储器（random access memory，RAM）中，可以反复读写，但断电后数据会丢失，后期软件运行采用当前寄存器中的值。

15.1.4　固态继电器读写指令

（1）读某路固态继电器状态指令

固态继电器读
写指令

以读取 PWM3 为例，构造读指令问询帧。703S 仪表地址为 2，第 1 字节为 "02"；因为是读取继电器状态数据，所以第 2 字节为 "01"，代表功能码；第 3 个字节为 00，第 4 个字节为 02，两个字节合在一起是 "0002"，代表 PWM3 所在寄存器的起始地址为 2；第 5 个字节为 00，第 6 个字节为 01，两个字节合在一起为 "0001"，表示读取 1 个字节；CRC 低字节为 "5C"，CRC 高字节为 "39"。

读指令的问询帧为 "02 01 00 02 00 01 5C 39"，发送后返回的应答帧为 "02 01 01 00 51 CC"。

应答帧第 1 个字节为仪表地址 "02"；第 2 个字节为功能码 "01"，表示读继电器；第 3 个字节 "01" 表示返回字节的个数为 1；第 4 个字节 "00" 为输出固态继电器的状态（"00" 表示关闭，"01" 表示打开），说明 PWM3 对应的固态继电器为关闭状态；第 5 个字节 "51" 为 CRC 低字节；第 6 个字节 "CC" 为 CRC 高字节。

（2）读所有固态继电器状态指令

读取 PWM1、PWM2……PWM8 这 8 路固态继电器状态，构造读指令问询帧。仪表地址为 2，第 1 字节为 "02"；因为是读取继电器状态数据，所以第 2 字节为 "01"，代表功能码；第 3 个字节为 "00"，第 4 个字节为 "00"，两个字节合在一起为 "0000"，表示寄存器起始地址为 0；第 5 个字节为 "00"，第 6 个字节为 "08"，两个字节合在一起为 "0008"，表示要读取继电器的个数为 8 个；第 7 个字节为 CRC 低字节 "3D"，第 8 个字节为 CRC 高字节 "FF"。读取这 8 路固态继电器状态的指令问询帧为 "02 01 00 00 00 08 3D FF"，发送后返回的应答帧为 "02 01 01 61 90 24"。

应答帧第 1 个字节为仪表地址，即 2；第 2 个字节为功能码读继电器状态；第 3 个字节 "01" 代表返回字节的个数为 1；第 4 个字节 "61" 为 8 路输出继电器对应的状态。第 1 路继电器对应字节右边第 0 位，第 2 路对应右边第 1 位，以此类推。1 个字节共包含 8 个位，对应 8 个输出。该例中返回的字节内容为 "61"，转换为二进制为 "0110 0001"，从右侧开始第 0 位、第 5 位和第 6 位为 1，对应第 1 路、第 6 路和第 7 路固态继电器为打开状态，其余固态继电器为关闭状态。第 5 个字节 "90" 为 CRC 低字节，第 6 个字节 "24" 为 CRC 高字节。

表 15-3 为固态继电器触发输出模块 703S 读写指令汇总列表。主机通过仪表地址 2 与从机 703S 通信，表 15-3 中列出了读写每个固态继电器对应的问询帧与应答帧。

表 15-3 固态继电器触发输出模块 703S 读写指令汇总列表

指令功能	问询帧	应答帧	说明
读 8 个固态继电器状态值	02 01 00 00 00 08 3D FF	02 01 01 00 51 CC	1 ~ 8 路输出全部关闭
读 8 个固态继电器状态值	02 01 00 00 00 08 3D FF	02 01 01 61 90 24	第 1、6、7 路输出打开，第 2、3、4、5、8 路输出关闭
读 PWM1	02 01 00 00 00 01 FD F9	02 01 01 01 90 0C	第 1 路输出打开
读 PWM2	02 01 00 01 00 01 AC 39	02 01 01 01 90 0C	第 2 路输出打开
读 PWM3	02 01 00 02 00 01 5C 39	02 01 01 00 51 CC	第 3 路输出关闭
读 PWM4	02 01 00 03 00 01 0D F9	02 01 01 01 90 0C	第 4 路输出打开
读 PWM5	02 01 00 04 00 01 BC 38	02 01 01 01 90 0C	第 5 路输出打开
读 PWM6	02 01 00 05 00 01 ED F8	02 01 01 01 90 0C	第 6 路输出打开
读 PWM7	02 01 00 06 00 01 1D F8	02 01 01 01 90 0C	第 7 路输出打开
读 PWM8	02 01 00 07 00 01 4C 38	02 01 01 00 51 CC	第 8 路输出关闭
写 PWM1	02 05 00 00 FF 00 8C 09	02 05 00 00 FF 00 8C 09	打开第 1 路输出
写 PWM1	02 05 00 00 00 00 CD F9	02 05 00 00 00 00 CD F9	关闭第 1 路输出
写 PWM2	02 05 00 01 FF 00 DD C9	02 05 00 01 FF 00 DD C9	打开第 2 路输出
写 PWM2	02 05 00 01 00 00 9C 39	02 05 00 01 00 00 9C 39	关闭第 2 路输出
写 PWM3	02 05 00 02 FF 00 2D C9	02 05 00 02 FF 00 2D C9	打开第 3 路输出
写 PWM3	02 05 00 02 00 00 6C 39	02 05 00 02 00 00 6C 39	关闭第 3 路输出
写 PWM4	02 05 00 03 FF 00 7C 09	02 05 00 03 FF 00 7C 09	打开第 4 路输出
写 PWM4	02 05 00 03 00 00 3D F9	02 05 00 03 00 00 3D F9	关闭第 4 路输出
写 PWM5	02 05 00 04 FF 00 CD C8	02 05 00 04 FF 00 CD C8	打开第 5 路输出
写 PWM5	02 05 00 04 00 00 8C 38	02 05 00 04 00 00 8C 38	关闭第 5 路输出
写 PWM6	02 05 00 05 FF 00 9C 08	02 05 00 05 FF 00 9C 08	打开第 6 路输出

续表

指令功能	问询帧	应答帧	说明
写 PWM6	02 05 00 05 00 00 DD F8	02 05 00 05 00 00 DD F8	关闭第 6 路输出
写 PWM7	02 05 00 06 FF 00 6C 08	02 05 00 06 FF 00 6C 08	打开第 7 路输出
写 PWM7	02 05 00 06 00 00 2D F8	02 05 00 06 00 00 2D F8	关闭第 7 路输出
写 PWM8	02 05 00 07 FF 00 3D C8	02 05 00 07 FF 00 3D C8	打开第 8 路输出
写 PWM8	02 05 00 07 00 00 7C 38	02 05 00 07 00 00 7C 38	关闭第 8 路输出

（3）写某路固态继电器指令

表 15-4 为固态继电器触发输出模块 703S 写指令解析表，列出了打开第 2 路固态继电器和关闭第 2 路固态继电器写指令的构造过程。

表 15-4　固态继电器触发输出模块 703S 写指令解析表

指令功能	字段	含义	备注
打开第 2 路固态继电器	发送指令：02 05 00 01 FF 00 DD C9 功　　能：打开第 2 路固态继电器		
	02	仪表地址	仪表地址为 2
	05	05 功能	写单个线圈指令
	00 01	地址	要控制固态继电器寄存器的地址（第 2 路继电器）
	FF 00	开关状态	打开固态继电器的动作
	DD C9	CRC	前 6 个字节数据的 CRC
	返回指令：02 05 00 01 FF 00 DD C9		
	02	仪表地址	仪表地址为 2
	05	05 功能	写单个线圈指令
	00 01	地址	要控制固态继电器寄存器的地址（第 2 路继电器）
	FF 00	开关状态	第 2 路固态继电器为打开状态
	DD C9	CRC	前 6 个字节数据的 CRC
关闭第 2 路固态继电器	发送指令：02 05 00 01 00 00 9C 39 功　　能：关闭第 2 路固态继电器		
	02	仪表地址	仪表地址为 2
	05	05 功能	写单个线圈指令
	00 01	地址	要控制固态继电器寄存器的地址（第 2 路继电器）
	00 00	开关状态	关闭继电器的动作
	9C 39	CRC	前 6 个字节数据的 CRC
	返回指令：02 05 00 01 00 00 9C 39		
	02	仪表地址	仪表地址为 2
	05	05 功能	写单个线圈指令
	00 01	地址	要控制固态继电器寄存器的地址（第 2 路继电器）
	00 00	开关状态	第 2 路固态继电器为关闭状态
	9C 39	CRC	前 6 个字节数据的 CRC

15.2　MCGS通信过程

运行"McgsPro 组态软件",在设备窗口采用通道设置方式建立与固态继电器触发输出模块 703S 的通信联系,将数据库中的数据对与通道相关联,实时控制或显示固态继电器各路开关状态。

LD703S 包括 8 路开关,需要新建 8 个数据对象与之相关联,在"实时数据库"属性页中添加变量,即数据对象,对象类型为"整数",对象名称与通道相对应,如图 15-6 所示。例如,第一个对象名称为"LD703S_1",对应第 1 通道;第二个对象名称为"LD703S_2",对应第 2 通道……依此类推。用户窗口中的控制构件与显示构件、设备窗口中的通道名称都要与新建的数据对象进行关联,因此,在架构组态时可以一次性组态完毕,也可以在需要的时候即用即建。

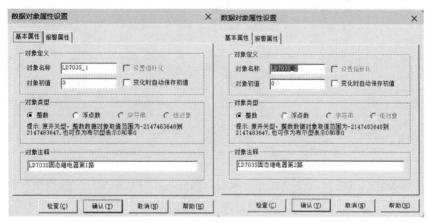

图 15-6　实时数据库中添加控制与显示变量示意图

15.2.1　用户窗口组态

如图 15-7 中左侧属性页面所示,点击"用户窗口",选中母版"public"窗口,点击下拉菜单"编辑 (E)"中的"拷贝 (C)"按钮,再点击"粘贴 (V)"按钮,建立新的窗口,命名为"第 15 章_703S"。双击该窗口,在窗口中添加标签、组合单元和动画按钮等显示与控制构件,并设置各构件的属性,完成"第 15 章_703S"用户窗口的操作界面组态。

用户窗口组态

图 15-7　用户窗口各控制与显示构件组态示意图

（1）标签

在属性页窗口中选择"用户窗口"，双击"第 15 章 _703S"窗口，在"工具栏"窗口中点击"工具箱"图标，在弹出的"工具箱"窗口中点击"标签"按钮，向"第 15 章 _703S"窗口添加标签。在"属性设置"属性页中设置字符颜色为蓝色，在"扩展属性"属性页中输入要显示的内容，即"第 1 路固态继电器"，如图 15-8 所示。以同样的方式新建剩余 7 个固态继电器 703S 各路指示标签。

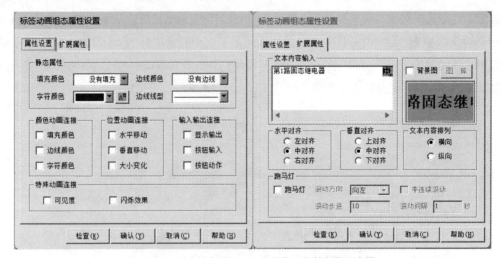

图 15-8　固态继电器 703S 各路指示标签制作示意图

另一种标签显示各路固态继电器开关状态，需要与实时数据库建立的数据对象关联。如图 15-9 所示，在"属性设置"属性页中勾选"显示输出"选项，"标签动画组态属性设置"窗口会增加"显示输出"属性页，在"显示输出"属性页"表达式"对应的方框中选择该标签需要关联的数据对象，此处选择"LD703S_1"，显示类型选中"开关量输出"。

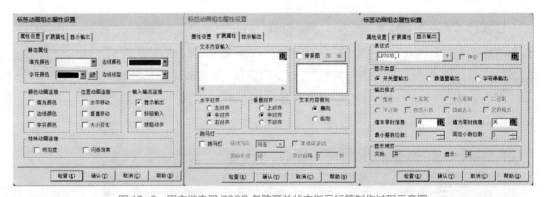

图 15-9　固态继电器 703S 各路开关状态指示标签制作过程示意图

（2）指示灯

为了清晰地展示各路固态继电器的开关状态，选择"指示灯"作为显示标识。如图 15-10 所示，在 McgsPro 组态环境工具栏中选择"工具箱"按钮①，在"工具箱"中选择"插入元件"按钮②，弹出"元件图库管理"对话框，在"类型"右侧下拉列表中选择"公共图库"，找到"指示灯"文件夹，选择"指示灯 11"③，将其添加到"第 15 章_703S"窗口，双击"指示灯 11"构件，弹出"单元属性设置"属性页，点击"变量列表"属性页，点击"表达式"窗格，关联"LD703S_1"数据对象，完成指示灯显示构件与数据对象的关联。

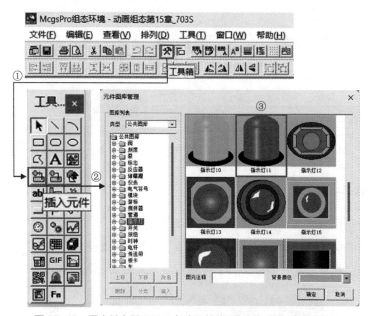

图 15-10　固态继电器 703S 各路开关动画指示灯制作过程示意图

（3）控制按钮

在属性页窗口中选择"用户窗口"，双击"第 15 章_703S"窗口，在"工具栏"窗口中点击"工具箱"图标，在弹出的"工具箱"窗口中点击"动画按钮"，向"第 15 章_703S"窗口添加动画按钮。双击该按钮，如图 15-11 所示，在"基本属性"属性页点击"图库"按钮，弹出"元件图库管理"对话框，在"类型"右侧下拉列表中选择"背景图片"，找到"操作类"文件夹，选择"动画按钮_拟物_关.svg"和"动画按钮_拟物_开.svg"背景图片，将红色按钮对应"0"分段点，蓝色按钮对应"1"分段点。在"变量属性"属性页中选择"数值操作"，与"LD703S_1"数据对象关联。固态继电器 703S 各路开关状态与变量关联示意如图 15-12 所示。

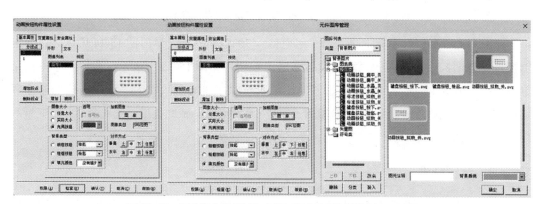

图 15-11　固态继电器 703S 各路开关状态显示制作过程示意图

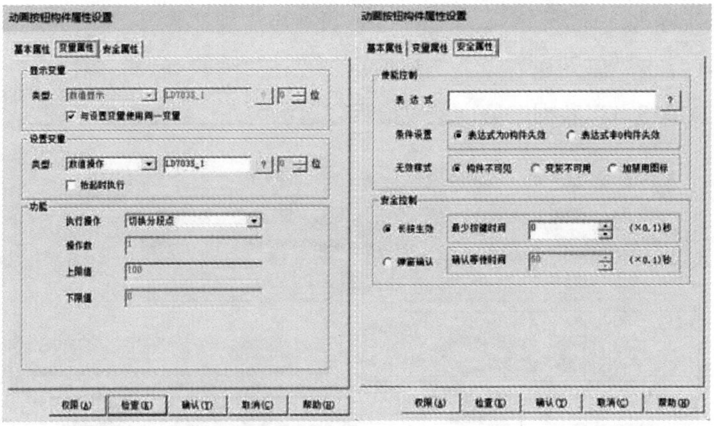

图 15-12　固态继电器 703S 各路开关状态与变量关联示意图

15.2.2　设备窗口组态

选择"设备窗口"属性页，双击属性页中的"设备窗口"，此时，在"查看 (V)"菜单中点击下拉项中的"设备工具箱 (E)"，弹出"设备工具箱"，选择"ModbusRTU_ 串口"，如图 15-13 中①所示，"设备地址"设为 2，与 703S 仪表地址保持相同，如图 15-13 中②所示。

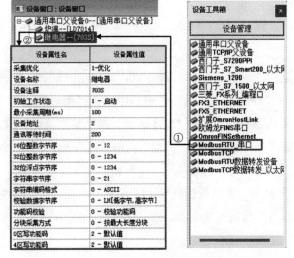

设备窗口组态

图 15-13　固态继电器 703S 子设备参数设置界面图

双击"设备窗口"图标，再双击"继电器 --[703S]"图标，弹出图 15-14 所示"设备编辑窗口"界面，点击右侧的"增加设备通道"按钮，如图 15-15 所示，在通道类型下拉菜单中选择"[0 区] 输出继电器"，通道地址输入"1"，通道个数输入"1"，连接变量选择"LD703S_1"；同样道理，添加"LD703S_2"对应的通道 2，依此类推，完成全部 8 个变量对应通道的关联。

15.2.3　运行结果

在工具栏中点击"下载运行"按钮，运行方式选择"模拟"，依次点击"工程下载""启

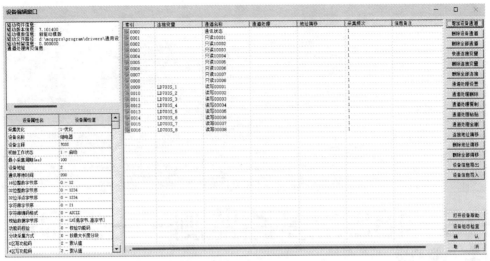

图 15-14　固态继电器 703S 各路输出继电器通道名称与连接变量对应关系图

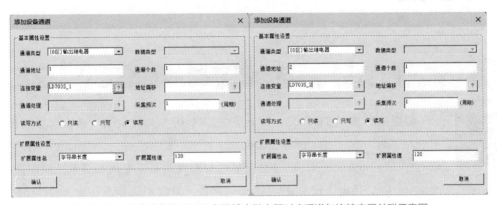

图 15-15　固态继电器 703S 各路输出继电器对应通道与连接变量关联示意图

动运行"按钮（如图 15-16），出现图 15-16 中右侧所示画面。此时，703S 通信灯不停闪烁，说明上位机中的组态程序与下位机 703S 在进行信息交换，点击红色按钮，其变为蓝色按钮，指示灯由红变为绿，对应标签由"关"变为"开"，同时，观察 703S 的变化，发现其对应通道的指示灯也随之点亮；再次点击按钮，灯熄灭，说明通过上述组态过程已经实现对开关量设备的控制。

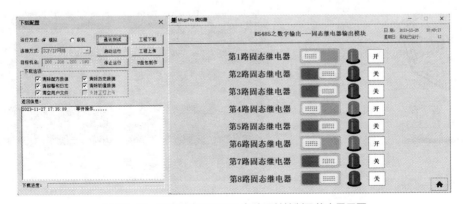

图 15-16　固态继电器 703S 各路开关控制及状态显示图

第16章

RS-485 之多路监测——温湿度传感器

16.1 温湿度传感器

THT102仪表
介绍

THT102端子
连线

温湿度传感器 THT102（以下简称 THT102）是一款数字式温湿度变送器，第一个字母"T"表示 temperature，第二个字母"H"表示 humidity，第三个字母"T"表示 transducer，同时具有温度与湿度测量、变送和显示功能，采用直流 12 ～ 36 V 供电，设有 RS-485 通信接口，可实现远距离传输。THT102 通过 USB2.0 TO RS-422/RS-485 转换接口与上位机连接，采用 Modbus RTU 协议与上位机通信，如图 16-1 所示。上位机为主机，THT102 为从机，主机与从机的通信速率设置为相同，主机通过仪表地址访问从机，可以实现一台主机访问多台从机。该例中两套 THT102 仪表地址分别设置为 5 和 6，设仪表地址为 5 的 THT102 为

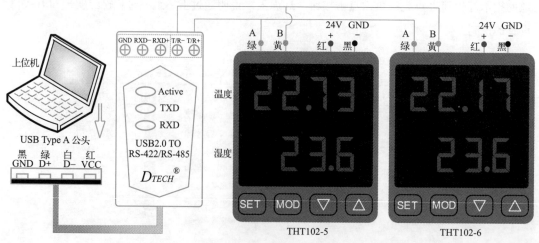

图 16-1 双路温湿度传感器 THT102 通信线路连接示意图

THT102-5，仪表地址为 6 的 THT102 为 THT102-6。

16.1.1　仪表参数

THT102 的通信指令为标准 Modbus RTU 格式，包括仪表地址、功能码、寄存器起始地址、要读取寄存器个数和循环冗余校验码五部分。各部分具体要求如下。

（1）仪表地址

仪表地址占用 1 个字节，从 00H ～ FFH，但 FF 和 FE 地址被占用。FF 为广播地址，即主机与多台从机组成一对多网络时，主机通过 FF 地址可以批量修改从机的某个参数，例如，将联网的所有从机通信波特率改为 4800 bit/s，则需要采用下述指令：

① 发送：FF 06 00 81 00 02 4D FD。

② 接收：FF 06 00 81 00 02 4D FD。

该指令执行成功后，返回指令与发送指令相同，表明修改完毕，而不需要针对每个仪表进行修改。但是有些参数需要单独设置，例如，每个仪表的地址，这些仪表联入网络后必须保证仪表地址各不相同，此时，需要一对一单独设置，若不知道每个仪表的地址，需用万能地址 FE，主机与从机通信时，必须保证其他从机没有接入网络。其他地址（00H ～ FDH）可以分配给各个仪表使用。

（2）功能码

功能码占用 1 个字节。功能码包括读与写两种。输入继电器、输出继电器、输入寄存器和输出寄存器分布在不同的内存区，对每个区的读或写操作使用不同的功能码。例如，03 为只读功能码，读的内容为保持寄存器，属于输出寄存器，该输出寄存器位于第 4 区。在指令编写中采用的是功能码编排方式，但是在 McgsPro 中采用的是寄存器分区形式，两者需要对应与转换，这是使用 McgsPro 设备组态的难点与困惑之处，只要掌握了莫迪康驱动构件支持的寄存器及功能码，转换则相对简单。

（3）寄存器起始地址

寄存器起始地址占 2 个字节。要读或写的寄存器的起始地址，在指令编写中以 0000H 为开始，但在 McgsPro 软件中，莫迪康驱动以 0001H 为开始，两者相差 1，在将 Modbus RTU 指令转换为莫迪康指令时，要将 Modbus RTU 指令对应的地址加 1。例如，Modbus RTU 对应起始地址为 0005H，莫迪康指令对应地址为 6。

（4）要读取寄存器个数

要读取寄存器个数占 2 个字节。要读或写的寄存器个数，以字为单位。例如，3 表示要读取 3 个字数据，相当于 6 个字节数据。

（5）循环冗余校验码

循环冗余校验码占 2 个字节。运行"循环冗余校验码 CRC"程序，如图 16-2 所示；在输入框中输入待计算的字节序列，此例为"05 04 00 00 00 01"，各个字节用空格分开；点击"计算 CRC"按钮，生成 2 个字节 L[30] 和 H[4E]。L[30] 代表低字节，字母"L"表示 low；H[4E] 代表高字节，字母"H"表示 high。低字节放在前面，高字节放在后面。完整的 Modbus RTU

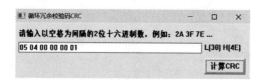

图16-2　循环冗余校验码计算示意图

指令为"05 04 00 00 00 01 30 4E"。

采用 SSCOM 串口 / 网络数据调试器，如图 16-3 所示，设置通信参数为"9600 bps，8，1，None，None"，即波特率为 9600 bit/s，8 位数据位，1 位停止位，无奇偶校验，无流控制。主机发往从机的指令称为问询帧，从机返回给主机的指令称为应答帧。在调试器软件右侧窗格中输入读指令问询帧，点击窗格右侧"读温度""读湿度""读仪表地址"和"读通信波特率"等按钮发送，图 16-3 左侧窗口内容为应答帧。应答帧中的第一个字节表示地址；第二个字节表示功能码；第三个字节表示返回数据的字节数，此例为"02"，表示数据长度为 2 个字节，因此，后面的第 4 个字节和第 5 个字节为返回的数据；最后两个字节为 CRC，低字节在前，高字节在后。

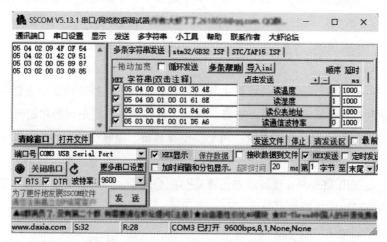

图16-3　主机向 THT102-5 从机发送读指令问询帧与应答帧展示图

16.1.2　Modbus RTU 读指令

Modbus RTU
读写指令

读指令包括只读温度、只读湿度和同时读取温度与湿度，这三者的区别在于起始地址与数据个数不同。实际上，在输入寄存器中是以连续地址进行存储的，相当于一个地址是 0008H，下一个是 0009H，以此类推，因此，读多个数据时，可以将读取的数据个数加大。例如，从 0000H 地址开始读，数据个数设为 0002H，则相当于读取了 2 个字的数据，即温度和湿度，这样可以一次读取多个数据，节省指令发送与接收时间。在大量数据通信中相当于读取数据块，然后在上位机对数据块进行解包，通信过程所用时间较长，而上位机 CPU 处理数据所用时间短，因此，读取数据块这种方式能够有效地提高数据采集速率。表 16-1 与表 16-2 给出了只读温度、只读湿度和同时读取温度与湿度指令编码过程和返回数据格式。

表16-1 温湿度传感器 THT102-5 读指令格式列表

指令格式	仪表地址	功能码	寄存器起始地址		要读取寄存器个数		循环冗余校验码	
			高字节	低字节	高字节	低字节	低字节	高字节
编码顺序	第1字节	第2字节	第3字节	第4字节	第5字节	第6字节	第7字节	第8字节
同时读取温度和湿度	05H	04H	00H	00H	00H	02H	70H	4FH
	发送指令：05 04 00 00 00 02 70 4F 返回数据：05 04 04 08 C5 01 41 6D B9 解释说明：向地址为 5（05H）的温度传感器 THT102-5 发送读输入寄存器（04H）指令，从寄存器的 0（0000H）地址开始读，读取 2（0002H）个字（寄存器），相当于 4 个字节，前 2 个字节是温度，后 2 个字节是湿度							
只读温度	05H	04H	00H	00H	00H	01H	30H	4EH
	发送指令：05 04 00 00 00 01 30 4E 返回数据：05 04 02 08 BF 0E 80 解释说明：向地址为 5（05H）的温度传感器 THT102-5 发送读输入寄存器（04H）指令，从寄存器的 0（0000H）地址开始读，读取 1（0001H）个字，相当于 2 个字节，这 2 个字节是温度值							
只读湿度	05H	04H	00H	01H	00H	01H	61H	8EH
	发送指令：05 04 00 01 00 01 61 8E 返回数据：05 04 02 00 DC 49 69 解释说明：向地址为 5（05H）的温度传感器 THT102-5 发送读输入寄存器（04H）指令，从寄存器的 1（0001H）地址开始读，读取 1（0001H）个字，相当于 2 个字节，这 2 个字节是湿度值							

注：表中数字后面的"H"表示十六进制。

表16-2 温湿度传感器 THT102-5 读指令返回数据格式列表

编码顺序	第1字节	第2字节	第3字节	第4字节	第5字节	第6字节	第7字节	第8字节	第9字节
同时读温度与湿度返回数据格式	仪表地址	功能码	字节个数	温度高字节	温度低字节	湿度高字节	湿度低字节	CRC低字节	CRC高字节
	05H	04H	04H	08H	C5H	01H	41H	6DH	B9H
	发送指令：05 04 00 00 00 02 70 4F 返回数据：05 04 04 08 C5 01 41 6D B9 解释说明：从地址为 5（05H）的温湿度传感器 THT102-5 返回输入寄存器（04H）中起始地址为 0（0000H）、个数为 2（0002H）的数据，数据共 4 个字节（04H）。温度对应十六进制为 08 C5，温度值为（8×256+197）/100 =22.45（℃）；湿度对应十六进制为 01 41，湿度值为（1×256+57）/10 =32.1%RH								
只读温度返回数据格式	传感器地址	功能码	字节个数	温度高字节	温度低字节	CRC低字节	CRC高字节		
	05H	04H	02H	08H	BFH	0EH	80H		
	发送指令：05 04 00 00 00 01 30 4E 返回数据：05 04 02 08 BF 0E 80 解释说明：从地址为 5（05H）的温湿度传感器 THT102-5 返回输入寄存器（04H）中起始地址为 0（0000H）、个数为 1（0001H）的数据，数据共 2 个字节（02H）。高字节为 8（08H），低字节为 191（BFH），温度值为（8×256+191）/10 = 22.39（℃）								
只读湿度返回数据格式	传感器地址	功能码	字节个数	湿度高字节	湿度低字节	CRC低字节	CRC高字节		
	05H	04H	02H	00H	DCH	49H	69H		
	发送：05 04 00 01 00 01 61 8E 接收：05 04 02 00 DC 49 69 解释说明：从地址为 5（05H）的温湿度传感器 THT102-5 返回输入寄存器（04H）中起始地址为 1（0001H）、个数为 1（0001H）的数据，数据共 2 个字节（02H）。高字节为 0（00H），低字节为 220（DCH），湿度值为（0×256+220）/10 = 22.0%RH								

注：表中数字后面的"H"表示十六进制。

THT102-5 的"温度"与"湿度"数据存放在输入寄存器中，其他诸如"仪表地址""波特率""系统密码"和"输入异常"等仪表参数存放在保持寄存器中，读取保持寄存器使用"03"功能码。表 16-3 列出了 THT102-5 所有仪表参数读指令对应的问询帧和应答帧。

表 16-3　温湿度传感器 THT102-5 仪表参数列表

参数	显示符号	寄存器地址（十六进制）	取值范围	说明	读参数 Modbus RTU 指令
温度值	无	0x0000（3区）	-2000 ~ 8000	THT102-5 温度为 22.39℃	发送: 05 04 00 00 00 01 30 4E 接收: 05 04 02 08 BF 0E 80
湿度值	无	0x0001（3区）	0 ~ 1000	THT102-5 湿度为 22.0%RH	发送: 05 04 00 01 00 01 61 8E 接收: 05 04 02 00 DC 49 69
仪表地址	Addr	0x0080（4区）	0 ~ 254	0 ~ 252: 多从机时地址取不同值； 254: 万能地址； 255: 广播地址。 THT102-5 地址为 5	发送: 05 03 00 80 00 01 84 66 接收: 05 03 02 00 05 89 87
波特率	bAud	0x0081	0→1200; 1→2400; 2→4800; 3→9600; 4→192b; 5→384b; 6→576b	0: 1200 bit/s; 1: 2400 bit/s; 2: 4800 bit/s; 3: 9600 bit/s; 4: 19200 bit/s; 5: 38400 bit/s; 6: 57600 bit/s。 THT102-5 波特率为 9600 bit/s	发送: 05 03 00 81 00 01 D5 A6 接收: 05 03 02 00 03 09 85
系统密码	PC_2	0x0083	0 ~ 9999	用于进入菜单进行参数操作，出厂初始密码为"2"。 THT102-5 系统密码为 2	发送: 05 03 00 83 00 01 74 66 接收: 05 03 02 00 02 C8 45
打印定时	Pr_t	0x0085	0 ~ 9999	THT102-5 打印定时为 9451	发送: 05 03 00 85 00 01 94 67 接收: 05 03 02 24 EB 12 CB
输入异常	oFF	0x0086	0 ~ 8	0: 测量值为最大值（32751）； 1: 测量值保持不变； 2: 测量值为最小值（-20000）； 3 ~ 8: 保留扩展。 THT102-5 输入异常设为 2	发送: 05 03 00 86 00 01 64 67 接收: 05 03 02 00 02 C8 45
奇偶校验	CHEC	0x0088	0→nuLL; 1→even; 2→odd	0: 无奇偶校验; 1: 偶校验; 2: 奇校验。 THT102-5 奇偶校验为奇校验 2	发送: 05 03 00 88 00 01 05 A4 接收: 05 03 02 00 02 C8 45
第1通道平移修正	Au01	0x0107	-999 ~ 9999	对测量的静态误差进行修正。 THT102-5 平移修正 Au01 为 10	发送: 05 03 01 07 00 01 35 B3 接收: 05 03 02 00 0A C9 83

续表

参数	显示符号	寄存器地址（十六进制）	取值范围	说明	读参数 Modbus RTU 指令
第 1 通道滤波系数	Fi01	0x0108	0 ~ 99	数字滤波使输入数据光滑，0 表示没有滤波，数值越大，响应越慢，测量值越稳定。THT102-5 滤波系数 Fi01 为 2	发送：05 03 01 08 00 01 05 B0 接收：05 03 02 00 02 C8 45
第 1 通道报警值 1	1A01	0x0109	-999 ~ 9999	THT102-5 第 1 通道报警值 1 为 1	发送：05 03 01 09 00 01 54 70 接收：05 03 02 00 01 88 44
第 1 通道报警值 2	2A01	0x010A		THT102-5 第 1 通道报警值 2 为 2	发送：05 03 01 0A 00 01 A4 70 接收：05 03 02 00 02 C8 45
第 1 通道报警值 3	3A01	0x010B		THT102-5 第 1 通道报警值 3 为 -10	发送：05 03 01 0B 00 01 F5 B0 接收：05 03 02 FF F6 88 32
第 1 通道报警值 4	4A01	0x010C		THT102-5 第 1 通道报警值 4 为 10	发送：05 03 01 0C 00 01 44 71 接收：05 03 02 00 0A C9 83
第 1 通道报警回差	Hy01	0x010D	0 ~ 2000	THT102-5 第 1 通道报警回差为 4	发送：05 03 01 0D 00 01 15 B1 接收：05 03 02 00 04 48 47
第 1 通道报警 1 模式	1M01	0x010E	0 → LA；1 → HA；2 → -LA；3 → -HA	THT102-5 第 1 通道报警 1 模式为 1	发送：05 03 01 0E 00 01 E5 B1 接收：05 03 02 00 01 88 44
第 1 通道报警 2 模式	2M01	0x010F		THT102-5 第 1 通道报警 2 模式为 0	发送：05 03 01 0F 00 01 B4 71 接收：05 03 02 00 00 49 84
第 1 通道报警 3 模式	3M01	0x0110		THT102-5 第 1 通道报警 3 模式为 2	发送：05 03 01 10 00 01 85 B7 接收：05 03 02 00 02 C8 45
第 1 通道报警 4 模式	4M01	0x0111		THT102-5 第 1 通道报警 4 模式为 3	发送：05 03 01 11 00 01 D4 77 接收：05 03 02 00 03 09 85
第 1 通道报警 1 输出位置	1o01	0x0112	0 → nuLL；1 → out1；2 → out2；3 → out3；4 → out4；5 → out5；6 → out6；7 → out7；8 → out8	THT102-5 第 1 通道报警 1 输出位置为 0	发送：05 03 01 12 00 01 24 77 接收：05 03 02 00 00 49 84
第 1 通道报警 2 输出位置	2o01	0x0113		THT102-5 第 1 通道报警 2 输出位置为 1	发送：05 03 01 13 00 01 75 B7 接收：05 03 02 00 01 88 44
第 1 通道报警 3 输出位置	3o01	0x0114		THT102-5 第 1 通道报警 3 输出位置为 5	发送：05 03 01 14 00 01 C4 76 接收：05 03 02 00 05 89 87
第 1 通道报警 4 输出位置	4o01	0x0115		THT102-5 第 1 通道报警 4 输出位置为 8	发送：05 03 01 15 00 01 95 B6 接收：05 03 02 00 08 48 42
第 1 通道单位	un01	0x0116	0 → ℃；1 → ℉；2 → %RH	THT102-5 第 1 通道单位为 %RH	发送：05 03 01 16 00 01 65 B6 接收：05 03 02 00 02 C8 45
第 1 通道斜率系数	K01	0x0117	-0.999 ~ 2.000	修正测量值的斜率，仪表测量显示值等于仪表不修正的测量值乘以 K01。THT102-5 第 1 通道斜率系数为 6	发送：05 03 01 17 00 01 34 76 接收：05 03 02 00 06 C9 86

续表

参数	显示符号	寄存器地址（十六进制）	取值范围	说明	读参数 Modbus RTU 指令
第 2 通道平移修正	Au02	0x0207	-999 ~ 9999	对测量的静态误差进行修正。 THT102-5 平移修正 Au02 为 2	发送: 05 03 02 07 00 01 35 F7 接收: 05 03 02 00 02 C8 45
第 2 通道滤波系数	Fi02	0x0208	0 ~ 99	数字滤波使输入数据光滑，0 表示没有滤波，数值越大，响应越慢，测量值越稳定。 THT102-5 滤波系数 Fi02 为 2	发送: 05 03 02 08 00 01 05 F4 接收: 05 03 02 00 02 C8 45
第 2 通道报警值 1	1A02	0x0209		THT102-5 第 2 通道报警值 1 为 4	发送: 05 03 02 09 00 01 54 34 接收: 05 03 02 00 04 48 47
第 2 通道报警值 2	2A02	0x020A		THT102-5 第 2 通道报警值 2 为 6	发送: 05 03 02 0A 00 01 A4 34 接收: 05 03 02 00 06 C9 86
第 2 通道报警值 3	3A02	0x020B	-999 ~ 9999	THT102-5 第 2 通道报警值 3 为 2	发送: 05 03 02 0B 00 01 F5 F4 接收: 05 03 02 00 02 C8 45
第 2 通道报警值 4	4A02	0x020C		THT102-5 第 2 通道报警值 4 为 1	发送: 05 03 02 0C 00 01 44 35 接收: 05 03 02 00 01 88 44
第 2 通道报警回差	Hy02	0x020D	0 ~ 2000	THT102-5 第 2 通道报警回差为 2	发送: 05 03 02 0D 00 01 15 F5 接收: 05 03 02 00 02 C8 45
第 2 通道报警 1 模式	1M02	0x020E		THT102-5 第 2 通道报警 1 模式为 0	发送: 05 03 02 0E 00 01 E5 F5 接收: 05 03 02 00 00 49 84
第 2 通道报警 2 模式	2M02	0x020F	0 → LA; 1 → HA; 2 → -LA; 3 → -HA	THT102-5 第 2 通道报警 2 模式为 1	发送: 05 03 02 0F 00 01 B4 35 接收: 05 03 02 00 01 88 44
第 2 通道报警 3 模式	3M02	0x0210		THT102-5 第 2 通道报警 3 模式为 3	发送: 05 03 02 10 00 01 85 F3 接收: 05 03 02 00 03 09 85
第 2 通道报警 4 模式	4M02	0x0211		THT102-5 第 2 通道报警 4 模式为 2	发送: 05 03 02 11 00 01 D4 33 接收: 05 03 02 00 02 C8 45
第 2 通道报警 1 输出位置	1o02	0x0212		THT102-5 第 2 通道报警 1 输出位置为 1	发送: 05 03 02 12 00 01 24 33 接收: 05 03 02 00 01 88 44
第 2 通道报警 2 输出位置	2o02	0x0213	0 → nuLL; 1 → out1; 2 → out2; 3 → out3; 4 → out4; 5 → out5; 6 → out6; 7 → out7; 8 → out8	THT102-5 第 2 通道报警 2 输出位置为 3	发送: 05 03 02 13 00 01 75 F3 接收: 05 03 02 00 03 09 85
第 2 通道报警 3 输出位置	3o02	0x0214		THT102-5 第 2 通道报警 3 输出位置为 5	发送: 05 03 02 14 00 01 C4 32 接收: 05 03 02 00 05 89 87
第 2 通道报警 4 输出位置	4o02	0x0215		THT102-5 第 2 通道报警 4 输出位置为 7	发送: 05 03 02 15 00 01 95 F2 接收: 05 03 02 00 07 08 46
第 2 通道单位	un02	0x0216	0 → ℃; 1 → ℉; 2 → %RH	THT102-5 第 2 通道单位为 ℉	发送: 05 03 02 16 00 01 65 F2 接收: 05 03 02 00 01 88 44
第 2 通道斜率系数	K02	0x0217	-0.999 ~ 2.000	修正测量值的斜率，仪表测量显示值等于仪表不修正的测量值乘以 K02。 THT102-5 第 2 通道斜率系数为 2	发送: 05 03 02 17 00 01 34 32 接收: 05 03 02 00 02 C8 45

16.1.3　Modbus RTU写指令

写指令功能码为 06，表示写单个保持寄存器，可以实现对传感器参数的修改，包括仪表地址、波特率、系统密码、奇偶校验和第 1 通道平移修正等，如表 16-4 所示。第 1 通道平移修正是传感器温度测量值偏移修正。例如，当前实际温度为 22.03℃（显示值），但是传感器测得的值为 21.91℃，在传感器内部以 2191 表示 21.91℃，此时计算的温度校准值为 22.03−21.91=0.12℃ , 对应在存储器中的数值为 12，转换为十六进制为 000CH。第 2 通道平移修正是传感器湿度测量值偏移修正。例如，当前实际湿度为 33.3%RH（显示值），但是传感器测得的为 31.9%RH，在传感器内部以 319 表示 31.9%RH，此时计算的温度校准值为 33.3-31.9=1.4%RH, 对应在存储器中的数值为 14，转换为十六进制为 000EH。

表 16-4　温湿度传感器写指令格式列表

指令格式	地址	功能码	命令		命令参数	CRC	
			命令字	说明		CRC 低字节	CRC 高字节
编码顺序	第 1 字节	第 2 字节	第 3 字节	第 4 字节	第 5、6 字节	第 7 字节	第 8 字节
修改 第 1 通道 平移修正	05H	06H	01 07H		00 0CH	38H	76H
	发送指令：05 06 01 07 00 0C 38 76（修改第 1 通道平移修正为 12，即 0.12℃） 返回指令：05 06 01 07 00 0C 38 76 解释说明：向仪表地址为 5（05H）的温湿度传感器 THT102-5 中寄存器地址为 263（0107H）的保持寄存器写入（06H）值为 12（000CH）的数据						
修改 第 2 通道 平移修正	05H	06H	02 07H		00 0EH	B9H	F3H
	发送指令：05 06 02 07 00 0E B9 F3（修改第 2 通道平移修正为 14，1.4%RH） 返回指令：05 06 02 07 00 0E B9 F3 解释说明：向仪表地址为 5（05H）的温湿度传感器 THT102-5 中寄存器地址为 519（0207H）的保持寄存器写入（06H）值为 14（000EH）的数据						

16.2　MCGS组态

本案例采用两个 THT102 温湿度传感器。一个仪表地址为 5，用 THT102-5 表示；另一个仪表地址为 6，用 THT102-6 表示。在"工作台"窗体选择"用户窗口"属性页，选中"public"窗口，如图 16-4 中①所示，在"编辑"下拉菜单中选择"拷贝 (C)"命令②，再选择"粘贴 (V)"命令③，在用户窗口复制一个新的窗体"public_ 复件 1"④；双击该窗体，弹出"用户窗口属性设置"对话框，在"窗口名称"内输入"第 16 章 _THT102"⑤，点击"确认 (Y)"完成新窗体的创建⑥。

界面与设备组态

16.2.1　设备组态

以 Win11 操作系统为例，在桌面左下角点击鼠标右键，弹出图 16-5 所示菜单，选择"设备管理器"选项，在"设备管理器"界面点击"端口（COM 和 LPT）"，出现"USB Serial Port（COM3）"图标，表明该计算机安装了 USB 转串口转换器，生成了"COM3"可用端口。

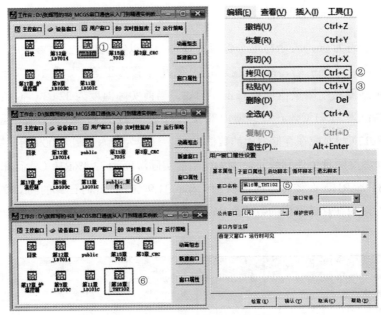

图 16-4　新建用户窗口过程示意图

图 16-5　查看计算机串行通信端口过程示意图

在"工作台"窗体选择"设备窗口"属性页，如图 16-6 中①所示，双击属性页中的"设备窗口"图标，此时，在"查看 (V)"菜单中点击下拉项中的"设备工具箱 (E)"②，弹出"设备工具箱"；双击"通用串口父设备 0--[RS-485]"图标，弹出"通用串口设备属性编辑"对话框，将"串口端口号（1 ~ 255）"设为"2-COM3"，"通讯波特率"设为"6-9600"③；在"设备管理"工具箱中选择"ModbusRTU_ 串口"④，点击鼠标左键将其放入"设备窗口"中"通用串口父设备 0--[RS-485]"下，生成"设备 0--[ModbusRTU_ 串口]"⑤，再次选中"ModbusRTU_ 串口"，在"设备窗口"点击鼠标左键生成"设备 1--[ModbusRTU_ 串口]"⑥；用鼠标左键双击"设备 0--[ModbusRTU_ 串口]"图标，将"设备名称"改为"温湿度 5"，"设备注释"改为"THT102-5"⑦，"校验数据字节序"选择"0-LH[低字节 , 高字节]"⑧；同理，再用鼠标左键双击"设备 1--[ModbusRTU_ 串口]"图标，将"设备名称"改为"温湿度 6"，"设备注释"改为"THT102-6"，形成⑨所示的串口子设备。

图 16-6　温湿度传感器 THT102 设备窗口组态界面图

16.2.2　数据组态与界面组态

每个温湿度传感器具有温度与湿度两个数值，从传感器上传数据时为整型变量，因此，需要建立与其对应的 THT102_T1、THT102_T2、THT102_H1 和 THT102_H2 四个整型变量，如图 16-7 所示。选中"实时数据库"属性页①，点击"新增对象"按钮，弹出"数据对象属性设置"对话框②，在"对象名称"对应输入框输入"THT102_T1"③，"对象初值"设为"0"④，"对象类型"勾选"整数"⑤，点击"确认 (Y)"按钮后生成"THT102_T1"数据对象。按相同过程新建"THT102_T2""THT102_H1"和"THT102_H2"数据对象。

图 16-7　实时数据库各变量定义及类型说明窗口

在"工作台"窗体选择"设备窗口"属性页，双击属性页中的"第 16 章 _THT102"图标，弹出主界面，在工具栏中点击工具箱按钮"✕"①，如图 16-8 所示，弹出"工具箱"，点击"插入元件"按钮②，弹出"元件图库管理"窗体，在"类型"中选择"公共图库"，从文件夹中选择"仪表"，此时右侧窗格中显示已有的所有仪表图标，选中"仪表 20"③，点击"确定"按钮完成向用户窗口添加构件。同理，选中"仪表 12"④图标继续向用户窗口添加构件。

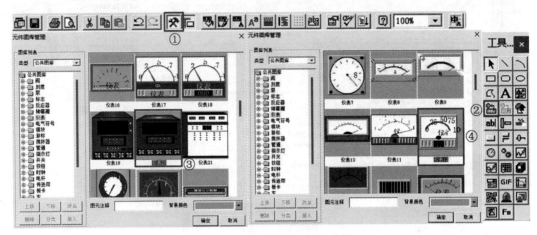

图 16-8　界面构件选取过程示意图

双击"仪表 20"对应图标，弹出"单元属性设置"对话框，如图 16-9 所示。在"变量列表"属性页①点击"显示输出表达式"，在对应的"变量关联"一列中输入表达式"THT102_T1*0.01"，在"动画连接"属性页②点击"标签 [显示输出]"，在"连接表达式"一列输入"102_T1*0.01"表达式，再点击">"按钮③，弹出"标签动画组态属性设置"对话框，在"显示输出"属性页中勾选"浮点数"，"固定小数位数"选择 2，完成对"仪表 20"构件的设置，实现构件与数据对象的关联。同理，将其他三个仪表构件与对应的 THT102_T2、THT102_H1 和 THT102_H2 三个数据对象关联。

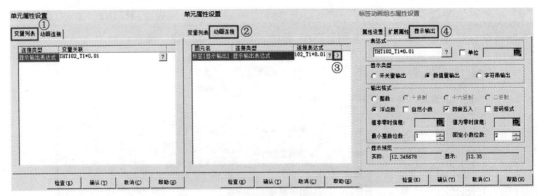

图 16-9　仪表面板显示值与变量链接过程示意图

16.2.3　MCGS 串口指令

在"工作台"窗体选择"设备窗口"属性页，双击属性页中的"第 16 章 _THT102"图标，弹出主界面，双击"第 16 章 _THT102"子窗口中右侧空白处灰色区域，弹出图 16-10 左侧"用户窗口属性设置"界面，在属性页中选择"循环脚本"，"循环时间（ms）"设为"1000"，即每隔 1000 ms 执行一次循环脚本内的程序。点击"打开脚本程序编程器"按钮，在界面中输入程序脚本（图 16-10），脚本内容如下：

```
!SetDevice( 温湿度5,6, "Read(3,1,WUB=THT102_T1;3,2,WUB=THT102_H1)")
!SetDevice( 温湿度6,6, "Read(3,1,WUB=THT102_T2;3,2,WUB=THT102_H2)")
```

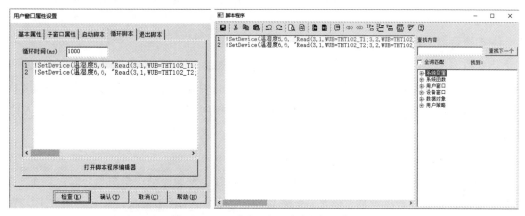

图 16-10　用户窗口循环脚本添加示意图

MCGS 设备组态中操作串口的莫迪康指令与 Modbus RTU 指令格式对比如图 16-11 所示。MCGS 将指令封装成命令，更容易看懂，对比 Modbus RTU 指令，主要表现为以下几个方面。

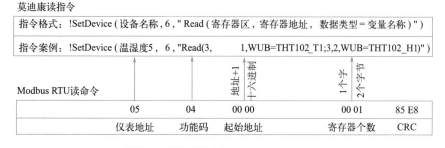

图 16-11　操作串口莫迪康指令与 Modbus RTU 指令对比示意图

（1）仪表地址

莫迪康指令中的"设备名称"代表仪表地址，在通用串口父设备下建立子设备时，已经为该设备指定了仪表地址。本例中设备名称为"温湿度 5"，其仪表地址为 5；Modbus RTU 指令中第一个字节"05"代表仪表地址。

（2）功能码

莫迪康指令通过 SetDevice 命令中的"Read"或"Write"关键词说明对子设备进行读或写，但无法区分寄存器区域，需要 Read 命令中的第一个数字区分寄存器所在的分区，"3 区"代表"输入寄存器"，"4 区"代表"输出寄存器"；而 Modbus RTU 指令通过 01、02、03、04、05、06、15 和 16 等功能码对寄存器区域读写，这些功能码已经包含有寄存器的分区信息，即通过功能码可以区分输入继电器、输出继电器、输入寄存器和输出寄存器等寄存器区域。

（3）起始地址

莫迪康指令通过"寄存器区"和"寄存器地址"两个参数定位待访问寄存器的位置。"寄存器区"指明寄存器的类型，如输入继电器、输出继电器、输入寄存器和输出寄存器。"寄存器地址"指明待访问寄存器在该区域的地址，采用十六进制，地址比 Modbus RTU 指令指定的地址多 1。例如，Modbus RTU 地址为 2C，则莫迪康地址为 2C+1，即 45；由于起始地址前面的功能码已经给出了寄存器所在区域，Modbus RTU 指令直接访问某个区域指定地址的寄存器。

（4）寄存器个数

该参数为从起始地址开始的寄存器的个数。莫迪康指令用连续的数据类型表示地址偏移。例如，WUB 中的第一个字母"W"代表 word，表示偏移 1 个字；DB 中的第一个字母"D"代表 double word，表示偏移 2 个字。Modbus RTU 指令用字的倍数表示，寄存器通常为 16 位，即 1 个字长，相当于 2 个字节。

（5）数据类型

在 McgsPro 软件中，数据个数与数据类型有关，在莫迪康驱动中书写指令时，规定了数据个数后，还要规定数据类型。例如，2 个 WUB 型与 2 个 DB 型数据，前者占用 4 个字节，后者占用 8 个字节，数据个数虽然相同，但是字节数却不相同。数据类型第一个字母表示字节的长度。"B"表示 byte，即 1 个字节；"W"表示 word，即 2 个字节；"D"表示 double word，即 4 个字节。第一个字母后的字母表示数据存储格式。"B"表示 binary，默认为有符号整数；"UB"表示 unsigned binary，即无符号整数；"D"表示 binary coded decimal，即 BCD 码整数；"F"表示 float，即浮点数。

16.2.4　窗口关联与运行

程序运行与纠错

　　在"工作台"窗体选择"设备窗口"属性页，双击"目录"窗口图标，在"目录"窗体中双击"第 16 章"按钮①，如图 16-12 所示，在弹出的"标准按钮构件属性设置"对话框中选择"操作属性"属性页，勾选"打开用户窗口"，在下拉组合框中选择"第 16 章_THT102"，勾选"关闭用户窗口"，在下拉组合框中选择"目

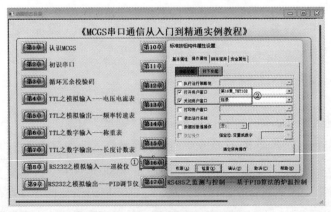

图 16-12　上级窗口关联下级窗口示意图

录"②，完成上级窗口关联下级窗口。

双击"第 16 章 _THT102"窗口图标，在"第 16 章 _THT102"窗体中双击如图 16-13 ①所示按钮，在弹出的"标准按钮构件属性设置"对话框中选择"操作属性"属性页，勾选"打开用户窗口"，在下拉组合框中选择"目录"，勾选"关闭用户窗口"，在下拉组合框中选择"第 16 章 _THT102"，完成下级窗口关联上级窗口。

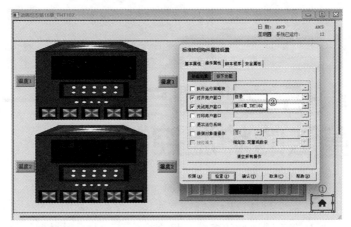

图 16-13　下级窗口关联上级窗口示意图

在"工具栏"中点击"📥"下载运行按钮，弹出下载配置对话框，运行方式选择"模拟"，然后点击"工程下载"按钮。工程下载结束后如果出现语法问题，会以黄色进行警告，红色提示错误，用户可以继续调试修改；如果正常，将提示"工程下载成功！0 个错误，0 个警告！"。再点击"启动运行"按钮，弹出正常运行界面，如图 16-14 所示。结束时，点击"停止运行"按钮退出模拟运行环境。因此，在上位机可以实现对硬件的监控，如果需要下载到 HMI 设备，则应点击"U 盘包制作"生成工程文件到指定的 U 盘。

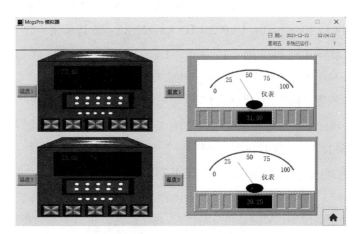

图 16-14　读取两路温湿度传感器数据运行界面图

第17章

RS-485 之监测与控制——基于 PID 算法的炉温控制

LD7014 与
703S 仪表介绍

　　RS-485 是一种通过两条线路差压信号传输数据的半双工通信协议，通过一台主机与具有不同地址的多台从机交换信息。本章以微型加热炉的温度控制为例，详细剖析温度控制系统的设计、传感器数据的采集、固态继电器开关状态的控制、MCGS 程序的开发以及数据对象与通道的关联等。

17.1 微型加热炉控制系统

微型加热炉
控制系统

　　图 17-1 为微型加热炉温度控制系统示意图。笔记本电脑作为上位机运行 MCGS 组态程序，上位机通过 USB 2.0 TO RS-422/RS-485 转换接口与下位机 LD7014 和 703S 相连，USB 2.0 TO RS-422/RS-485 转换接口的 "T/R+" 端子分别连接 LD7014 和 703S 的 "A" 端子，"T/R-" 端子分别连接 LD7014 和 703S 的 "B" 端子，上位机与下位机通过 RS-485 通信协议传输数据。703S 的 "OUT1" 输出端子输出的是电压信号。当上位机置 "FF" 时，"OUT1" 端子电压为 5 V；当上位机置 "00" 时，"OUT1" 端子电压为 0 V。该输出电压是固态继电器 D210K 的输入端控制电压。固态继电器的输入端 "3" 与 "4" 分别连接 703S "OUT1" 端的 "+" 与 "-" 接线端子，极性不能接反；固态继电器的输出端等同于一个开关，端子 "2" 连接 24V 直流电源正极。当 "3" 与 "4" 端子电压为 5 V 时，"1" 与 "2" 端子短路，相当于开关闭合，直流电流经微型加热炉开始加热；反之，当 "3" 与 "4" 端子电压为 0 V 时，"1" 与 "2" 端子断路，相当于开关断开，直流电流无法流经微型加热炉。LD7014 的 CH1 连接 K 型热电偶，K 型热电偶的正极连 CH1 的 "1" 端子，K 型热电偶的负极连 CH1 的 "2" 端子，极性不能接反；如果 K 型热电偶极性接反，当炉温越高时，测得的电压信号越低。

　　LD7014 将 K 型热电偶的 mV 电压模拟信号转化为数字信号。K 型热电偶对应下限为 -500，

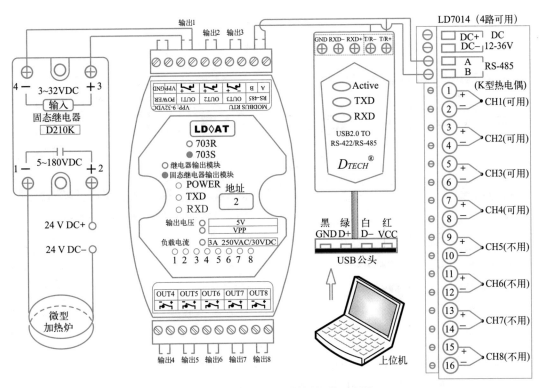

图 17-1　微型加热炉温度控制系统示意图

代表 -50 ℃；上限为 13000，代表 1300 ℃。K 型热电偶表征范围为 13000-（-500）= 13500，LD7014 用两个字节表征数据，即用 2^{16}=65536 表征 13500 个数，其分辨率可以达到 13500/65536 ≈ 0.2，即 0.02 ℃，低于 0.02 ℃的变化，K 型热电偶将无法检测与分辨。

　　703S 将数字信号转化为模拟信号。当上位机组态程序发送置"FF"或置"00"指令时，对应输出端子呈高电平或低电平。只要输出电压超过 3 V，都视为高电平；低于 3 V，视为低电平。703S 可以对多路输出同时置"1"或置"0"。

　　D210K 固态继电器为执行器，"3"与"4"端子接收高电平与低电平电压，控制输出端子"1"与"2"的通断。D210K 的特殊之处在于"1"与"2"闭合时，能够通过 10 A 的电流强度，满足加热功率的需要，因此，固态继电器是实现弱电控制强电的执行部件。

17.2　MCGS程序

　　McgsPro 组态软件通过设备组态将 LD7014 和 703S 的寄存器与数据对象关联，实时数据库中的数据对象与各用户窗口的控制构件与显示构件关联，形成从底层硬件到人机界面的信息交互。在 PC 机运行的程序模拟触摸屏运行状态，不影响与下位机的通信，方便用户在线调试。

MCGS界面
设计

　　打开 McgsPro 组态软件，在用户窗口属性页选中"public"窗口模板，如图 17-2 所示，在"编辑（E）"下拉菜单中先点击"拷贝 (C)"①，再点击"粘贴 (V)"②，此时在用户窗口属性页中增加了一个新的窗口"public_ 复件 1"③；再点击右侧的"窗口属性"④按钮，弹出

"用户窗口属性设置"对话框,在窗口名称中输入"第17章_炉温控制"⑤,点击"确认(Y)",完成名字为"第17章_炉温控制"⑥新窗口的创建。

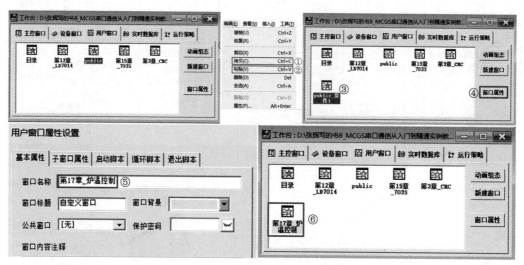

图17-2　新建用户窗口过程示意图

在用户窗口中有若干个子窗口,每一个窗口的图标都有一个"★"符号,绿色的为主窗口,即程序运行时显示的窗口,由主窗口管理其他子窗口,子窗口图标中"★"符号为黄色。主窗口与子窗口需要建立关联。双击"目录"主窗口,如图17-3所示,点击主窗口中的"第17章"①按钮,在弹出的"标准按钮构件属性设置"对话框属性页"操作属性"中勾选"打

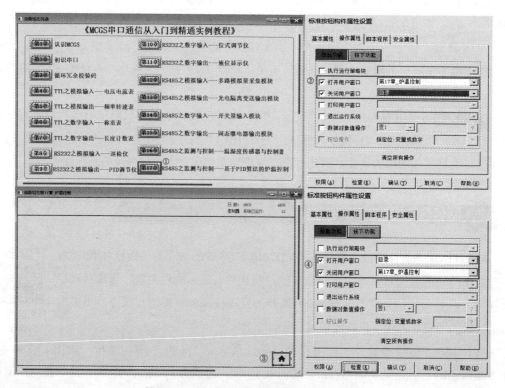

图17-3　主程序窗口与子程序窗口关联示意图

开用户窗口"和"关闭用户窗口"②，并在对应的下拉列表中选择要打开或关闭的窗口。同理，在"第 17 章_炉温控制"子窗口中双击"🏠"③按钮，在弹出的"标准按钮构件属性设置"对话框属性页"操作属性"中勾选"打开用户窗口"和"关闭用户窗口"④，并在对应的下拉列表中选择要打开或关闭的窗口，这样，主窗口与子窗口显示与消失功能关联在一起。当在主窗口点击"第 17 章"①按钮时，"目录"窗口消失，"第 17 章_炉温控制"子窗口显示；在"第 17 章_炉温控制"子窗口中点击"🏠"③按钮，子窗口消失，"目录"主窗口重新显示。

程序运行时，各构件与变量的关联、脚本的运算、设备寄存器的组态均需要引用数据对象，如图 17-4 所示，这些数据对象根据需要实时创建。

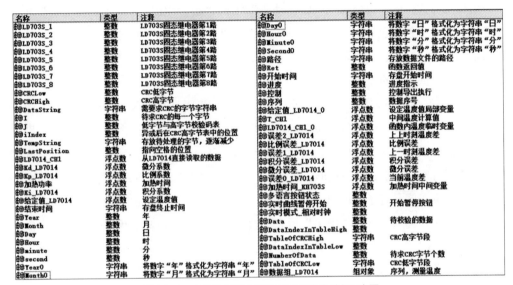

图 17-4　实时数据库中各数据对象统计列表示意图

17.2.1　用户界面组态

在用户窗口属性页双击"第 17 章_炉温控制"图标，弹出"第 17 章_炉温控制"界面，在工具栏中点击工具箱"🛠"按钮，弹出工具箱，在"工具箱"中点击标签"**A**"按钮，向窗口中加入标签，如图 17-5 中①所示。双击标签，设置其字符颜色为蓝色，标签属性设置过程如图 17-6 所示。

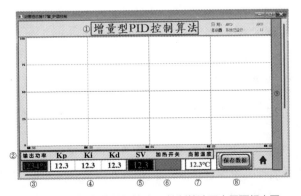

图 17-5　微型加热炉温控 PID 控制算法用户界面组态图

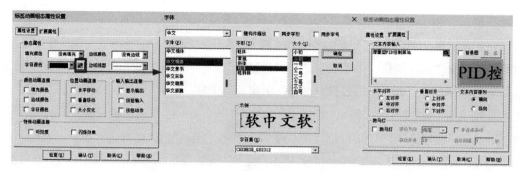

图 17-6　标签属性设置过程示意图

采用相同方式，向窗口中加入"输出功率""Kp""Ki""Kd""SV""加热开关"和"当前温度"标签，字符颜色设为黑色，字体大小设为"小一"，如图 17-5 中②所示。标签的主要作用是具有显示功能，通过不同大小、不同颜色、不同字体、不同背景色或有无边框等参数设置为用户提供醒目的提示。

"输出功率"标签下方标签构件用于与用户交互，需要具有输入与输出功能。如图 17-7所示，在标签对应的"属性设置"页中勾选"显示输出"与"按钮输入"两个特征，则"标签动画组态属性设置"对话框中多出对应的两个属性页面；在"显示输出"属性页关联"加热功率"数据对象，以十进制整数形式显示；在"按钮输入"属性页中同样关联"加热功率"数据对象，该标签就具有了与用户交互的功能，当运行程序时，点击该构件，则弹出对应的数字键盘，供用户输入，点击"确定"后完成输入操作，同时，显示用户输入的设定值。图17-5 中"③""④""⑤"与"⑦"具有相同的设置过程，只需要改变对应的字符颜色、填充颜色和关联变量即可。Kp 与数据对象"Kp_LD7014"关联；Ki 与数据对象"Ki_LD7014"关联；Kd 与数据对象"Kd_LD7014"关联；SV 与数据对象"给定值_LD7014"关联；当前温度与数据对象"LD7014_CH1"关联，当前温度仅用于显示输出，不作为输入。

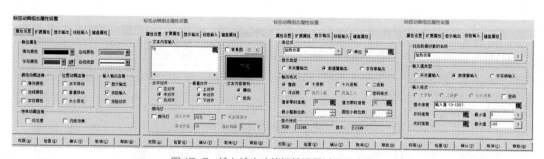

图 17-7　输入输出功能标签设置过程示意图

图 17-5 中"⑥"为"矩形"构件，设置其填充颜色为绿色，可见度与数据对象"LD703S_1"关联，如图 17-8 所示。当 LD703S_1 为非 0 值时，该矩形构件显示；反之，当 LD703S_1 为 0值时，矩形构件消隐。

图 17-5 中"⑧"为"标准按钮"构件，从工具箱中向窗口添加"标准按钮"，双击该按钮弹出"标准按钮构件属性设置"对话框。如图 17-9 所示，在"基本属性"属性页中对应的"文本"内容处填写"保存数据"，在"脚本程序"属性页中输入下述程序代码：

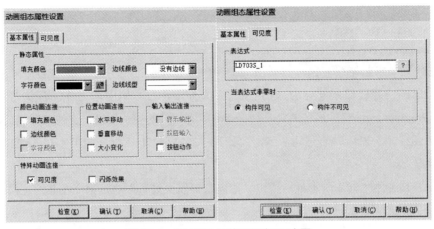

图 17-8　矩形构件参数设置过程示意图

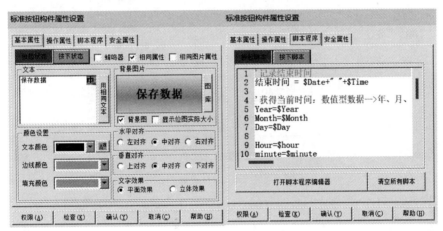

图 17-9　按钮构件参数设置过程示意图

****

```
'记录结束时间
结束时间 = $Date+" "+$Time
'获得当前时间：数值型数据-->年、月、日、时、分、秒
Year=$Year
Month=$Month
Day=$Day
Hour=$hour
minute=$minute
second=$second
'将数值型数据-->年、月、日、时、分、秒==》转化为字符型数据年、月、日、时、分、秒
Year0=!Format(Year,"0000")
Month0=!Format(Month,"00")
Day0=!Format(day,"00")
Hour0=!Format(Hour,"00")
Minute0=!Format(Minute,"00")
Second0=!Format(Second,"00")
'将当前时间转化为文件名
路径=Year0+"年"+Month0+"月"+Day0+"日"+Hour0+"时"+Minute0+"分"+Second0+"秒_增量型PID数据"+".csv"
'从开始时间-->结束时间，存储数据到文件中
Ret= !ExportHisDataToCSV( 路径,"数据组_LD7014","序列,LD7014_CH1",开始时间,结束时间,90000,1,"",
进度,控制 )
```

保存数据

```
'重新记录开始时间
开始时间 = $Date+" "+$Time
```

****

上述代码是将数据组对象"数据组 _LD7014"中对应的"序列"和"LD7014_CH1"两个数据对象的内容存储到硬盘对应的".csv"文件中。在本例中，文件的存储路径为"D:\McgsPro\Program\export"，该目录对应 McgsPro 组态软件的安装目录，文件名以当前退出"第17 章 _ 炉温控制"窗口时的时间命名，此处为"2023 年 11 月 30 日 10 时 17 分 22 秒 _ 增量型 PID 数据 .csv"。

双击图 17-5 中"⑨"阴影处，弹出"用户窗口属性设置"对话框，在其对应属性页中输入相应的程序脚本代码，如图 17-10 所示。"启动脚本"属性页对应的脚本代码如下：

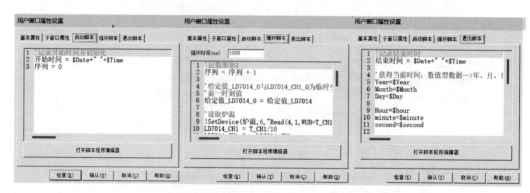

图 17-10　用户窗口属性设置对话框脚本属性页代码输入示意图

PID 脚本
代码 _ 上

****

```
'记录开始时间并初始化
开始时间 = $Date+" "+$Time
序列 = 0
```

****

"循环脚本"属性页对应的脚本代码如下：

****

```
'计数器加1
序列 = 序列 + 1
'给定值 _LD7014_0与LD7014_CH1_0为临时变量，将外部数据传入
'前一时刻值
给定值 _LD7014_0 = 给定值 _LD7014
'读取炉温
!SetDevice(炉温,6,"Read(4,1,WUB=T_CH1)")
LD7014_CH1 = T_CH1/10
LD7014_CH1_0 = LD7014_CH1
误差2_LD7014 = 给定值 _LD7014_0 - LD7014_CH1_0
比例误差 _LD7014 = 误差2_LD7014 - 误差1_LD7014
积分误差 _LD7014 = 误差2_LD7014
微分误差 _LD7014 = 误差2_LD7014 - 误差1_LD7014 * 2 + 误差0_LD7014
加热时间_KH703S = 1 * (Kp_LD7014 * 比例误差 _LD7014 + Ki_LD7014 * 积分误差 _LD7014 + Kd_LD7014 * 微分误差 _LD7014)
误差0_LD7014 = 误差1_LD7014
```

```
误差1_LD7014 = 误差2_LD7014
'添加判断，防止不需要加热时加热开关瞬时开关
IF 加热时间_KH703S > 0 THEN
    LD703S_1 = 1
    !SetDevice(固态继电器,6,"Write(0,1,WUB=LD703S_1)")
    !Sleep(加热时间_KH703S * 加热功率)
ENDIF
LD703S_1 = 0
!SetDevice(固态继电器,6,"Write(0,1,WUB=LD703S_1)")
'等1秒
!Sleep(1000)
```

****

　　"退出脚本"属性页对应的脚本代码如下：

****

PID 脚本
代码_下

```
'记录结束时间
结束时间 = $Date+" "+$Time
'获得当前时间：数值型数据-->年、月、日、时、分、秒
Year=$Year
Month=$Month
Day=$Day
Hour=$hour
minute=$minute
second=$second
'将数值型数据-->年、月、日、时、分、秒==》转化为字符型数据年、月、日、时、分、秒
Year0=!Format(Year,"0000")
Month0=!Format(Month,"00")
Day0=!Format(day,"00")
Hour0=!Format(Hour,"00")
Minute0=!Format(Minute,"00")
Second0=!Format(Second,"00")
'将当前时间转化为文件名
路径=Year0+"年"+Month0+"月"+Day0+"日"+Hour0+"时"+Minute0+"分"+Second0+"秒_增量型PID数据"+".csv"
'从开始时间-->结束时间，存储数据到文件中
Ret= !ExportHisDataToCSV(路径,"数据组_LD7014","序列,LD7014_CH1",开始时间,结束时间,90000,1,"",进
度,控制)
'关闭炉子
LD703S_1 = 0
!SetDevice(固态继电器,6,"Write(0,1,WUB=LD703S_1)")
```

****

17.2.2　设备组态

设备组态

　　LD7014 将 K 型热电偶信号转化为数字信号，703S 将程序脚本代码中的数据对象转化为电压模拟信号输出，PID 算法控制过程中定时采集温度，通过条件判断控制 703S 输出端子电压，因此，采用 SetDevice 指令更加快捷方便。向设备窗口中添加"通用串口父设备 0"，双击对应图标，在弹出的"通用串口设备属性编辑"对话框的"基本属性"页中设置串口通信参数，如图 17-11 所示，"串口端口号（1～255）"与"设备管理器"中"端口（COM 和 LPT）"相同，"通讯波特率""数据位位数""停止位位数"和"数据校验方式"等通信参数必须与下位机 LD7014 和 703S 的设置完全相同。LD7014 对

应的设备地址设为 1，703S 对应的设备地址设为 2，如图 17-12 中①所示。由于上位机要同时连接两个 RS-485 设备，因此，两个设备的地址必须加以区分，即不能相同，上位机通过地址识别每台设备，并通过 SetDevice 指令与其通信，在 SetDevice 指令中设备名称"炉温"代表地址 1，设备名称"固态继电器"代表地址 2。

图 17-11　设备窗口 LD7014 和 703S 组态过程示意图 1

设备属性名	设备属性值	设备属性名	设备属性值	索引	连接变量	通道名称
采集优化	1-优化	采集优化	1-优化	0000		通讯状态
设备名称	炉温	设备名称	固态继电器	0001		只读10001
设备注释	LD7014	设备注释	703S	0002		只读10002
初始工作状态	1 - 启动	初始工作状态	1 - 启动	0003		只读10003
最小采集周期(ms)	500	最小采集周期(ms)	100	0004		只读10004
设备地址	1	设备地址	2	0005		只读10005
通讯等待时间	200	通讯等待时间	200	0006		只读10006
16位整数字节序	0 - 12	16位整数字节序	0 - 12	0007		只读10007
32位整数字节序	0 - 1234	32位整数字节序	0 - 1234	0008		只读10008
32位浮点字节序	0 - 1234	32位浮点字节序	0 - 1234	0009	LD703S_1	读写00001
字符串字节序	0 - 21	字符串字节序	0 - 21	0010	LD703S_2	读写00002
字符串编码格式	ASCII	字符串编码格式	ASCII	0011	LD703S_3	读写00003
校验数据字节序	0 - LX[低字节,高字节]	校验数据字节序	0 - LX[低字节,高字节]	0012	LD703S_4	读写00004
功能码校验	0 - 校验功能码	功能码校验	0 - 校验功能码	0013	LD703S_5	读写00005
分块采集方式	0 - 按最大长度分块	分块采集方式	0 - 按最大长度分块	0014	LD703S_6	读写00006
0区写功能码	2 - 默认值	0区写功能码	2 - 默认值	0015	LD703S_7	读写00007
4区写功能码	2 - 默认值	4区写功能码	2 - 默认值	0016	LD703S_8	读写00008

图 17-12　设备窗口 LD7014 和 703S 组态过程示意图 2